Adobe Animate CC 中文版基础教程

杨根福　主编

内容提要

本书主要内容包括 Animate CC 中文版基础入门(Animate CC 的发展、应用领域及特点、软件安装及卸载方法、新增功能、首选参数和快捷键的设置方法、工作区的配置、菜单栏及浮动面板)、Animate CC 基本操作(文件保存与打开操作、撤销与重复操作、标尺网格和辅助线、舞台显示比例调整)、使用绘图工具编辑图形(图像处理基础知识、选择工具、基本绘图工具使用)、图形颜色处理(样本和颜色面板、笔触颜色和填充颜色、滴管工具、颜料桶工具、墨水瓶工具、渐变变形工具)、Animate CC 中的对象操作(选择对象、对象变形、对象的合并与分离、对象的对齐与分布、层叠顺序的调整)、创建与编辑文本对象(文本的类型选择、字符与段落格式设置、文本滤镜)、图层与时间轴(图层的操作、帧的操作)、应用元件、实例和库(元件的类型、创建元件的方法、元件的编辑、元件属性设置以及库面板的使用)、Animate CC 基本动画制作(从范例文件中创建动画、逐帧动画、补间动画)、Animate CC 高级动画制作(引导层动画和遮罩动画)、发布与导出动画(导出图像序列、GIF 动画、视频等)。

本书适合于二维动画设计与制作入门者的自学用书,也适合作为高等学校相关专业的教学参书。

图书在版编目(CIP)数据

Adobe Animate CC 中文版基础教程/杨根福主编. —上海:
上海交通大学出版社, 2017
ISBN 978-7-313-18707-9
Ⅰ.①A… Ⅱ.①杨… Ⅲ.①超文本标记语言—程序
设计—教材 Ⅳ.①TP312.8

中国版本图书馆 CIP 数据核字(2017)第 323749 号

Adobe Animate CC 中文版基础教程

主　　编:杨根福
出版发行:上海交通大学出版社　　地址:上海市番禺路 951 号
邮政编码:200030　　电话:021-64071208
出 版 人:谈　毅
印　　制:虎彩印艺股份有限公司　　经销:全国新华书店
开　　本:787mm×1092mm　1/16　　印张:18.5
字　　数:454 千字
版　　次:2017 年 12 月第 1 版　　印次:2018 年 11 月第 2 次印刷
书　　号:ISBN 978-7-313-18707-9/TP
定　　价:68.00 元

前　言

Animate CC 是在原 Adobe Flash Professional CC 基础上发展而来的 2D 矢量动画创作和 ActionScript 开发专业软件。Animate CC 在维持原有 Flash 开发工具及 Flash SWF、AIR 格式的同时，拥有了大量的新特性，特别是支持 HTML5 Canvas、WebGL 等新格式，并能通过可扩展架构去支持包括 SVG 在内的几乎任何动画格式。同时，Adobe 还推出适用于桌面浏览器的 HTML 5 播放器插件，作为其现有移动端 HTML 5 视频播放器的延续，从而让使用几乎任何桌面或移动设备的观看者都能观看。Animate CC 为游戏设计人员、开发人员、动画制作人员及教育内容编创等人员提供了一个多终端跨平台的基于时间轴创作环境中创建矢量动画、广告、多媒体内容、逼真体验、应用程序、游戏等作品的设计与创作工具。

本书以循序渐近的方式介绍了 Adobe Animate CC 2017 的基本操作和功能应用，结合案例剖析了基础动画及高级动画作品制作的方法与技巧。全书共分为 11 章，具体内容如下：

第 1 章，Animate CC 中文版基础入门。本章给读者介绍了 Animate CC 的发展、应用领域及特点，Animate CC 软件安装的软硬件环境需求以及软件的卸载方法，并重点介绍了 Animate CC 的新增功能、软件工作区的构成等内容，对工作界面、菜单栏、Animate 中的常用面板作了讲解，最后介绍了设置 Animate CC 首选参数和快捷键的方法。通过本章的学习，读者对 Animate CC 软件应该能有较为全面的认识。

第 2 章，Animate CC 基本操作。本章为读者介绍了 Animate CC 软件的基本操作，包括文件保存与打开操作，撤销、重做与重复操作，并讲解了使用标尺网格和辅助线以及舞台显示比例调整的基本操作方法，通过本章的学习读者应能进一步熟悉了 Animate CC 的应用。

第 3 章，使用绘图工具编辑图形。本章为读者介绍了 Animate CC 中图像处理基础知识、选择工具、基本绘图工具的技术与方法，通过本章的学习，读者可以掌握 Animate CC 中基本的图形绘制与编辑与方面的知识，为深入学习 Animate CC 知识奠定基础。

第 4 章，图形颜色处理。本章主要讲解了 Animate CC 中颜色的处理方法，包括“样本”面板和“颜色”面板的应用，创建笔触颜色和填充颜色的方法，修改笔触颜色和填充颜色的方法，并能够使用“滴管工具”“颜料桶工具”“墨水瓶工具”和“渐变变形工具”对颜色进行处理。通过本章的学习，用户能够在 Animate CC 中对图形进行熟练的填色操作，并掌握创建颜色和修改颜色的方法，能够灵活的处理图形颜色。

第 5 章，Animate CC 中的对象操作。本章主要为读者介绍了对象的操作，讲述了选择对象、对象变形、对象的合并与分离、对象的对齐与分布、层叠顺序的调整的方法。通过本章的学习读者应该能够全面地掌握对象操作的基本方法与技巧，为以后的动画设计与制作打好基础。

第 6 章，创建与编辑文本对象。本章主要为读者介绍了使用文本工具创建与编辑文本的方法，通过本章的学习，读者应该能够掌握文本的类型选择、字符与段落格式设置、文本滤镜效果制作等方面的内容。

第 7 章，图层与时间轴。本章主要为读者介绍了 Animate CC 中图层和时间轴的基本操作方法。通过本章的学习，读者应该能够了解图层的创建、命名、排序、删除等操作，掌握创建普通帧及关键帧、转换帧的基本方法与技巧，为后面学习时间轴动画的创作打下基础。

第 8 章，应用元件、实例和库。元件是制作 Animate 动画时最重要也是最基本的元素，在制作复杂动画需要通过元件来提高效率，元件作为一种动画资源保存在“库”中，在需要使用时，从“库”中将元件拖入到舞台上即创建了元件的副本，也就是实例。本章介绍了元件的类型、创建元件的方法、元件的编辑、元件属性设置以及库面板的使用等内容。

第 9 章，Animate CC 基本动画制作。本章为读者介绍了 Animate CC 中基本的动画制作方法，包括从范例文件、广告、动画等模板中创建动画，制作传统的逐帧动画，使用补间的方法创建传统补间动画、形状补间动画和补间动画，通过本章的学习，读者应该能够掌握基本的动画制作方法。

第 10 章，Animate CC 高级动画制作。本章主要为读者介绍了引导层动画和遮罩动画两种高级动画的相关知识与应用。具体包括引导层的创建、遮罩层的创建，并通过两个实例详细讲解了引导层动画和遮罩动画的制作步骤与方法，通过本章的学习读者对 Animate CC 中制作动画的技术应该会有更深入的理解。

第 11 章，发布与导出 Animate CC 动画。本章主要为读者介绍了在 Animate CC 中发布与导出动画作品的方法。在发布作品时不同的动画文件类型，其发布参数、格式不尽相同，所需要的运行环境也不一样，读者可以根据需要选择不同的发布格式。也可以将动画作品导出为静态图像、图像序列、GIF 动画、视频等格式，以适应不同的应用需求。

总之，本书将提供丰富的案例和精确的概念解析，帮助读者更好地掌握 Adobe Animate CC 的动画制作方法。

目　　录

第1章　Animate CC中文版基础入门

本章将为读者介绍Adobe Animate CC的发展、应用领域及特点，软件安装与卸载方法，并对Adobe Animate CC 2017版本的新增功能、软件工作区、菜单栏、常用面板、首选参数和快捷键设置方法进行讲解，使读者对Adobe Animate CC软件有总体的认识。

1.1　初步认识Animate CC

1.1.1　Animate CC的前身

Animate CC是由原Adobe Flash Professional CC更名得来，2015年12月Adobe公司宣布将Flash Professional更名为Animate CC，并在2016年2月份发布新版本的时候，正式更名为“AdobeAnimate CC”，缩写为An。在传统网页设计过程中，常常使用Flash来表现网页中的动画，Flash动画在很长一段时间内在网页设计领域占据着非常重要的地位。但是在浏览器浏览Flash动画必须要依赖Flash Player插件，而如今许多移动平台上并不支持Flash Player插件。另外，Flash Player插件的安全问题，导致了Flash动画的发展受到很大的限制。为了能够让Flash软件能适应新环境，Adobe公司特意将其改名为Animate CC。Animate CC在支持Flash SWF文件的基础上，加入了对HTML5的支持，以HTML5、SVG和WebGL等更安全的视频和动画格式作为新平台的重点服务对象，从而让使用几乎任何桌面或移动设备的观看者都能观看。

1.1.2　Animate CC的发展

Animate CC维持原有Flash开发工具支持外新增HTML 5创作工具，为网页开发者提供更适应现有网页应用的音频、图片、视频、动画等创作支持。Animate CC拥有大量的新特性，特别是在继续支持Flash SWF、AIR格式的同时，还支持HTML5Canvas、WebGL等格式，并能通过可扩展架构去支持包括SVG在内的几乎任何动画格式。同时，Adobe还推出适用于桌面浏览器的HTML 5播放器插件，作为其现有移动端HTML 5视频播放器的延续。

Animate CC的发展如下：

2016年2月：发布了Animate CC的第一个版，称为Adobe Animate CC 2015.1发行

版。与 Adobe Flash Professional CC 相比较，该版本发行版引入了一些出色的新功能，包括将 Animate 项目中使用的所有艺术画笔和画刷放在一个总库中，并对 Creative Cloud Libraries 和 Adobe Stock 进行了集成。此外，在 Adobe Animate CC 中可以实现舞台旋转和调整大小、根据舞台大小缩放内容、将视频以多种分辨率导出以及增强了绘图纸外观等等功能。

2016 年 6 月：发布了 Adobe Animate CC 2015. 2 发行版，该版新增了图案画笔、帧选择器、图层透明等功能，并对 Web 发布选项、用户定义的彩色绘图纸外观、高级 PSD 、AI 导入选项等功能进行了增强。

2017 年 6 月：发布了 Animate CC 2017 发行版，该版本为游戏设计人员、开发人员、动画制作人员及教育内容编创人员推出了激动人心的新功能。本书将以 Animate CC 2017 发行版为基础进行软件功能及应用的介绍。

1. 1. 3　Animate CC 的应用领域

Animate CC 不仅继承了 Flash 软件的功能与特点，此外还支持 HTML5、WebGL 创作工具，为游戏设计人员、开发人员、动画制作人员及教育内容编创等人员提供多终端跨平台的一个基于时间轴的创作环境中创建矢量动画、广告、多媒体内容、逼真体验、应用程序、游戏等作品的设计与制作，下面介绍 Animate CC 应用领域方面的知识。

1. 2D 矢量动画

2D 矢量动画是 Animate CC 最适合表现的一类动画形式，通常适合于短小精悍、有鲜明的主题的动画短片。通过 Animate CC 制作的动画短片能很快地将作者的意图传达给浏览者，动画短片的范围较广，用户可以根据需要制作出精良的动画作品，如图 1-1 所示。

图 1-1　2D 矢量动画

2. 广告

得益于 Flash 软件所占领的网络广告市场，Animate CC 在该领域具有最为广泛的应用。在 Animate CC 中为用户提供了多种尺寸的广告模板，包括全屏广告、横幅广告、弹出式广告与告示牌广告等(见图 1-2)，适合于各种大小的在线广告的设计与制作。Animate CC 的跨平台设计与开发能力会使其在桌面终端、移动终端等广告设计与发布方面有更好的前景。

图 1-2　网 络 广 告

3. 网站导航

为达到一定的视觉冲击力，很多网站会在进入主页之前播放一段使用 Animate 制作的引导页。此外，很多网站的 Logo 和 Banner 也都会采用 Animate 动画制作(见图 1-3)。当需要制作一些交互功能较强的网站时，可以使用 Animate 制作网页，互动性会更强。

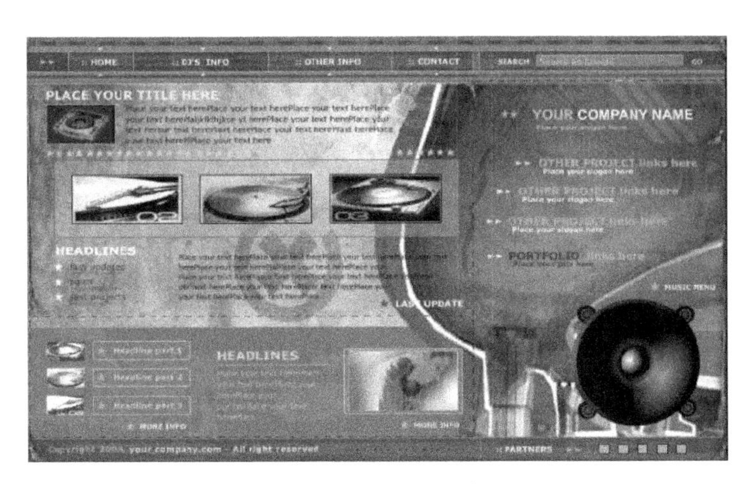

图 1-3　网 站 及 导 航

4. 多媒体教学课件

Animate CC 也可应用于教学课件的制作与开发，结合 ActionScript 脚本，可以使课件具有很强的交互性。相对于其他软件制作的课件，Animate CC 课件具有体积小、表现力强、视觉冲击力强的特点，在制作实验演示或多媒体教学光盘时，Animate 动画得到了广泛的应用，如图 1-4 所示。

5. 制作互动游戏

使用 Animate CC 的动作脚本功能可以制作一些精美、有趣的在线小游戏，由于 Animate CC 游戏具有体积小的优点，因此在手机等移动终端已嵌入了 Animate CC 游戏。目前使用 Animate CC 制作的游戏种类非常多，包括拼图、棋牌类、射击类、休闲类、益智类等(见图 1-5、图 1-6)。Animate CC 游戏具有交互性非常强的特点，用户可以通过鼠标或者是键盘进行交互体验。

图 1-4 教 学 课 件

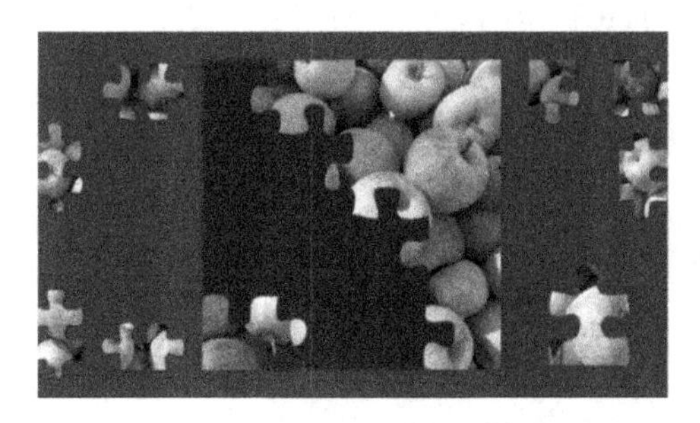

图 1-5 拼 图 游 戏

图 1-6 打 斗 游 戏

6. 电子贺卡

用户还可以通过 Animate CC 制作精美的电子贺卡，在贺卡中可以嵌入图片、声音、视频等多媒体内容，给人全方位的富媒体体验(见图 1-7)。此外，也可以在贺卡中加入一些交互性，在手机端或平板中使用手势单击图标滑动，增加用户体验。将贺卡以 Swf 文件或 HTML5 格式发送给收接者，收卡人在收到贺卡后，可以在线单击打开贺卡进行观看浏览。

图 1-7 电 子 贺 卡

1.2　Animate CC 软件的特点

Animate CC 软件具有以下特点：

矢量图像：Animate CC 中最常用的动画元素是矢量图像，和位图图像不同的是，矢量图像能适应不同的设备尺寸，放大后不会失真。因此，Animate CC 动画的灵活性较强，其情节和画面也往往更加夸张起伏，能给读者传达更深的感受。

适合网络传播：由于 Animate CC 动画文件较小且以矢量图为主，因此，在网络传输速度上具有一定的优势。Animate CC 动画采用流式播放技术，使用户以边看边下载动画，从而减少了下载等待时间，能给读者带更流畅的体验。

制作效率高：Animate CC 软件具有形状补间、传统补间、补间动画、引导层动画等多种动画制作方法，能减少了大量人力和物力资源消耗，也极大地缩短了动画的制作时间。

交互性强：Animate CC 动画能更好地满足用户交互性的需求。Animate CC 提供了丰富的动画交互组件，设计者可以在动画中加入按钮、复选框、列表、下拉菜单等各种交互组件，使观看者可以通过单击、滑动、选择等交互动作与动画进行交互。

跨平台支持：Animate CC 不仅支持 Swf 文格式，只要安装 Flash Player 插件的网页浏览器都可以观看 Animate CC 动画。此外，Animate CC 支持 HMTL5 、WebGL 等格式，使得在平板电脑和手机等新兴多媒体，Android、iOS 等不同系统平台上，也可以方便地使用 Animate CC 动画。

1.3　Animate CC 的安装与卸载

Adobe 系列软件的安装与卸载都具有一致、良好的引导界面，用户只需要按照片安装或卸载程序的提示就可以轻松完成软件的安装与卸载。在讲解 Animate CC 软件之前，首先需安装该软件，本节将向读者介绍如何在 64 位 Windows 7 操作第统中安装、卸载和运行 Animate CC 软件。

1.3.1　系统要求

Animate CC 可以在 Windows 操作系统中安装，也可以在 ios 系统中运行。Animate CC 在 Windows 系统中运行的要求如表 1-1 所示。Animate CC 在 MAC OS 系统中运行的要求如表 1-2 所示。

表 1-1　Animate CC 在 Windows 系统中运行的要求

CPU	Intel Pentium 4、Intel Centrino、Intel Xeon 或 Intel Core Duo(或兼容)处理器
操作系统	Microsoft Windows 7(64 位)、Windows 8.1(64 位)或 Windows 10(64 位)
内存	2GB 内存(建议 8GB)
硬盘空间	安装需要 4GB 可用硬盘空间；安装过程中需要额外的可用空间(不能安装在可移动闪存设备上)
显示器	1024×900 显示屏(建议 1280×1024)
产品激活	必须具备网络连接并完成注册，才能激活软件、验证订阅及访问在线服务

表 1-2　Animate CC 在 MAC OS 系统中运行的要求

CPU	Intel 多核处理器
操作系统	Mac OS X v10.10(64 位)、v10.11(64 位)或 v10.12(64 位)
内存	2GB 内存(建议 8GB)
硬盘空间	安装需要 4GB 可用硬盘空间；安装过程中需要额外的可用空间(不能安装在使用区分大小写的文件系统的卷上或可移动闪存设备上)
显示器	1024×900 显示屏(建议 1280×1024)
多媒体播放	建议使用 QuickTime 10.x 软件
产品激活	必须具备网络连接并完成注册，才能激活软件、验证订阅及访问在线服务

1.3.2　Animate CC 安装

本书将介绍 Animate CC 软件在 64 位 Windows 7 操作系统中的安装。

首先从 Adobe 公司官网上下载 Adobe Creative Cloud 软件，打开此软件注册 Adobe ID 账户并登录，从 APPs 中选择 Animate CC 安装，如图 1-8 所示。当安装进度到 100%后即完成安装。软件安装完成后，可以通过 Adobe Creative Cloud 软件检查安装的软件是否为最新版，以及是否需要更新，如图 1-9 所示。

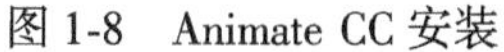
图 1-8　Animate CC 安装

图 1-9　Animate CC 更新

Animate CC 软件会自动在开始菜单添加启动快捷方式，如图 1-10 所示。

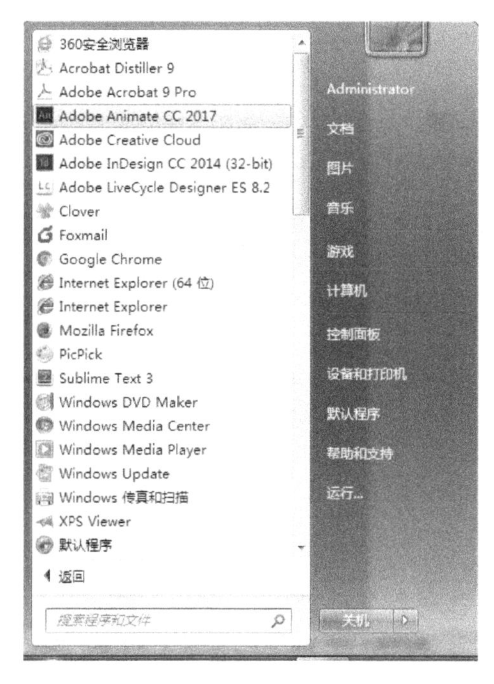

图 1-10　Animate CC 快捷方式

1.3.3 Animate CC 卸载

如果 Animate CC 出现问题，需要卸载后重新安装，则用户可以按照以下步骤进行操作。在 Windows 操作系统环境下，选择打开“开始”菜单中的“控制面板”窗口，如图 1-11 所示。单击按钮“程序和功能”选项，如图 1-12 所示。

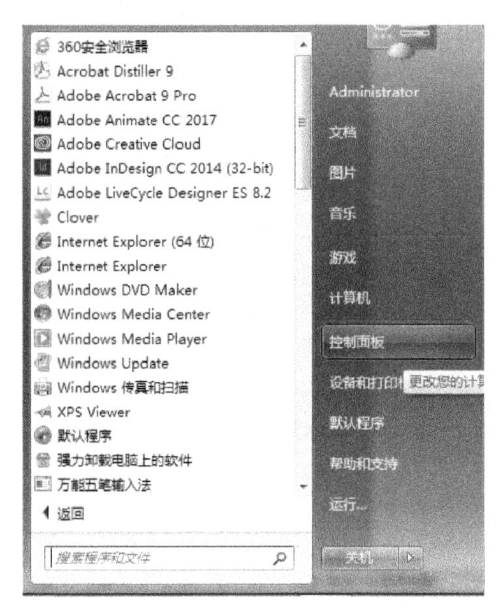

图 1-11 启动“控制面板”

图 1-12 控 制 面 板

在“程序和功能”窗口，选择 Adobe Animate CC 2017 应用程序，在窗口上方单击卸载与更改按钮后自动启动 Adobe Creative Cloud 软件卸载 Animate CC 软件，单击按钮“是，确定删除”按钮，如图 1-13 所示，当卸载进度达到 100%后单击关闭按钮完成卸载，如图 1-14 所示。

图 1-13　确定卸载

图 1-14　完成卸载

1.4　Animate CC 的新增功能

与 Flash CC 相比较，Animate CC 新增了 3600 可旋转画布、自定义分辨率、帧选择器、生成纹理贴图、图层透明、粘贴板颜色、相机平移控件、高级 PSD、AI 导入选项、矢量艺术画笔和图案画笔、新的画笔库、内容缩放、舞台旋转和缩放、绘图纸外观得到增强、自定义 HTML5 Canvas 模板、可创建带标记的色板等功能。

1.4.1　360°可旋转画布

Animate CC 推出一种新的“旋转”工具，允许用户临时旋转舞台视图，以特定角度进行绘制，而不用像“自由变换”工具那样，需要永久旋转舞台上的实际对象。不管当前已选中哪种工具，用户都可以采用以下方法快速旋转舞台：同时按住 Shift 和 Space(空格)键，然后拖动鼠标使视图旋转。用户绘制时可在任何轴心点上旋转画布以获得完美的角度和笔触，就像您用纸笔绘制时一样，如图 1-15 所示。

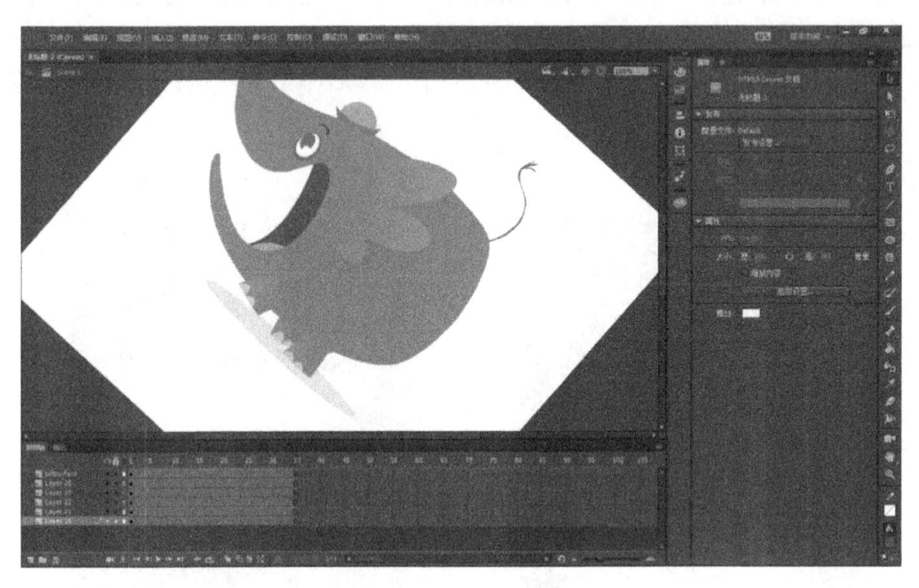

图 1-15　360 °可旋转画布

1.4.2　自定义分辨率

在 Animate CC 中用户可以自定义项目的分辨率以及导出视频的分辨率，下面将分别介绍。

1. 舞台缩放

用户可以在“属性”面板中的高级设置打开“文档设置”面板针对任何分辨率的需求(如 HiDPI、Retina 和 4K 显示屏)对旧项目重新调整大小并优化，让旧项目适应新设备的需求，如图 1-16 所示。

图 1-16　舞 台 缩 放

在修改舞台大小的时候，若选择缩放内容，则舞台宽高将同比例变化，如图 1-17 所示。若不选择缩放内容，则可不按同比例修改舞台宽和高，并可定义舞台缩放的“锚记”，根据“锚记”的设置确定舞台缩放的位置和方向，如图 1-18 所示。

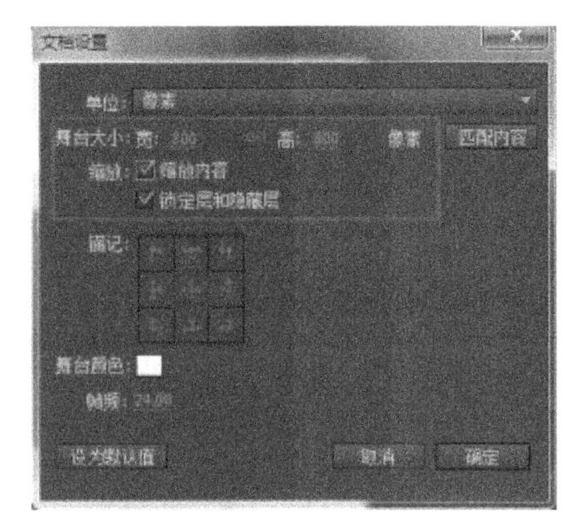

图 1-17　缩放内容

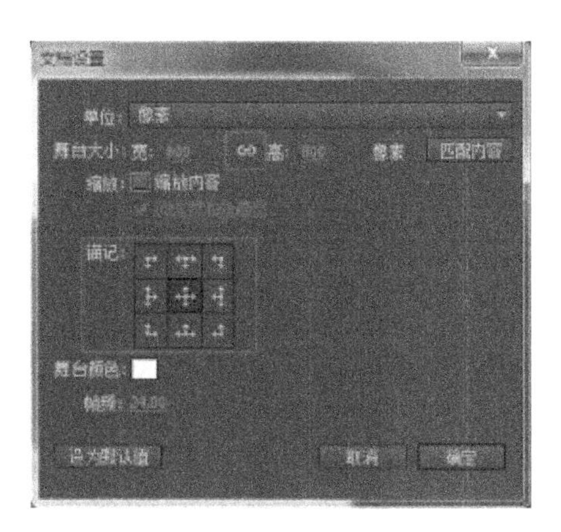

图 1-18　锚　记

2. 视频可以多种分辨率导出

此外用户可通过在“视频导出”对话框中配置一种渲染大小，将 Animate 文档中的普通和高清品质视频以多种分辨率导出，如图 1-19 所示。设置视频分辨率时，Animate CC 会根据舞台尺寸保持长宽比。

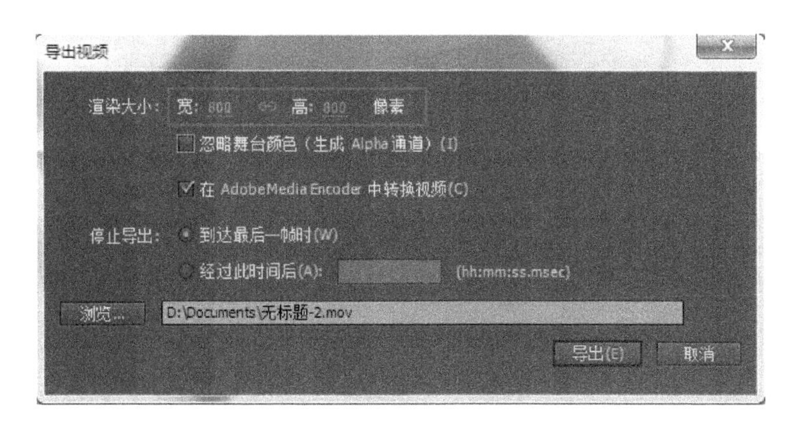

图 1-19　视频可以多种分辨率导出

1.4.3　帧选择器

可以从元件的属性面板中打开帧选择器，如图 1-20 所示。使用帧选择器可以直观地预览并选择图形元件的第一帧。在以前的版本中，需要在元件内部才能预览帧。此功能增强了一些动画工作流(如嘴形同步)的用户体验。

在 Animate CC 2017 版本中增强的帧选择器面板提供一个“创建关键帧”复选框，可用来在帧选择器面板中选择帧时自动创建关键帧，如图 1-21 所示。此外，Animate 为面板中列出的帧提供筛选选项，可以按以下条件来筛选：所有帧、仅关键帧、仅带标签的帧。

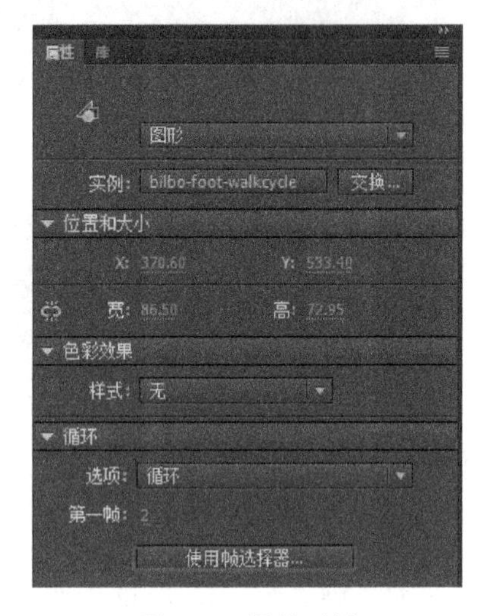

图 1-20　属性面板

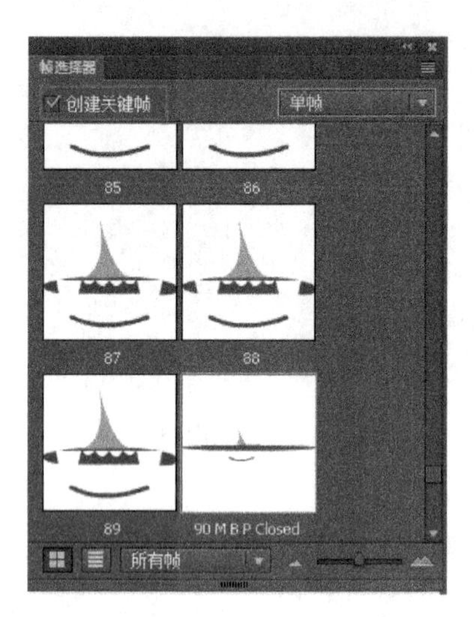

图 1-21　帧选择器

1.4.4　图层透明

Animate CC 引入了可将图层可见性设置为透明的功能。为此，按住 Shift 键单击时间轴中的眼睛列，便可将可见性设置为透明，如图 1-22 所示。

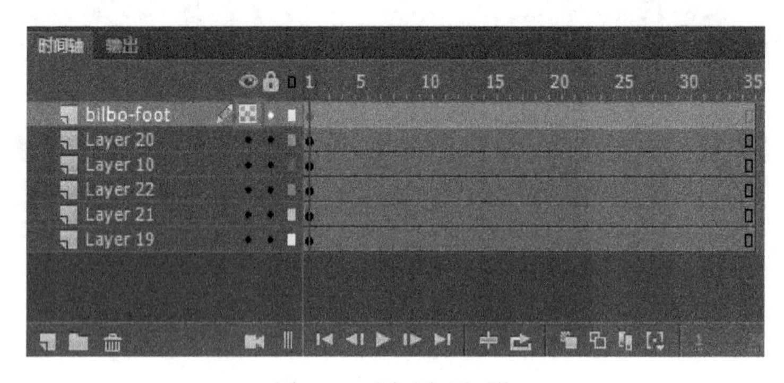

图 1-22　图 层 透 明

1.4.5　缓动预设和自定义缓动

在 Animate CC 2017 版本中，一组标准缓动预设适用于经典和形状补间，以为

Animate 设计人员提供灵活性。用户可以从缓动预设列表中选择预设，然后将相应的缓动应用于单个选定属性，还可以将自定义缓动应用于形状补间，如图 1-23 所示。

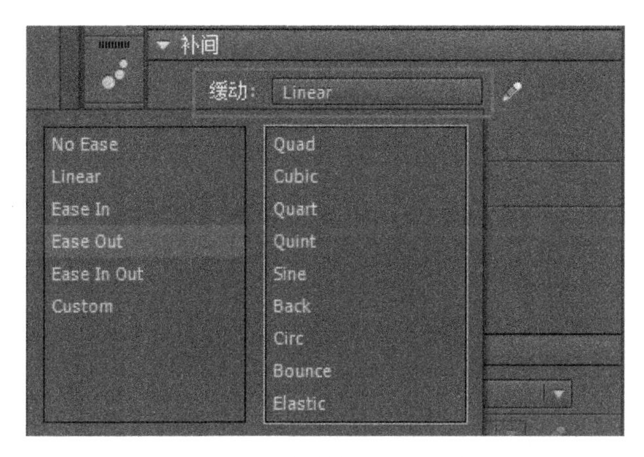

图 1-23　缓动预设和自定义缓动

1.4.6　生成纹理贴图集

Animate CC 开发人员可以创作动画，并且将它们作为纹理贴图集导出到 Unity 游戏引擎或者任何其他常用游戏引擎，如图 1-24 所示。开发人员可以使用 Unity 示例插件，还可以为其他游戏引擎自定义该插件。

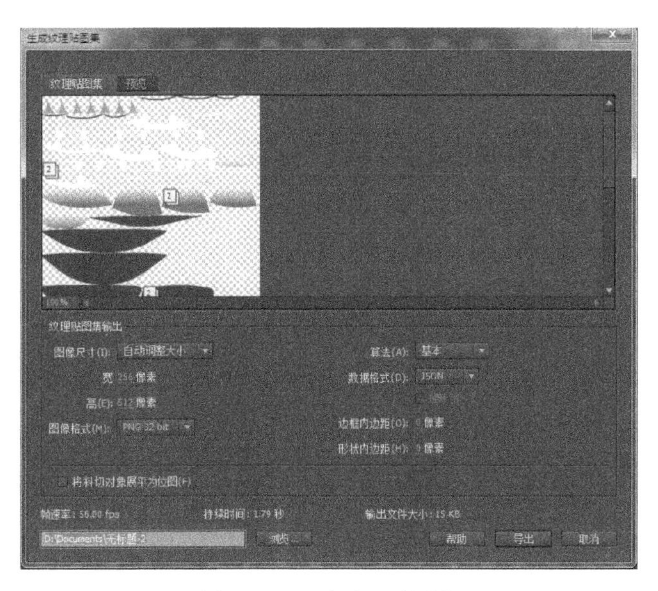

图 1-24　生成纹理贴图集

1.4.7 粘贴板颜色

在以前的 Animate 版本中，粘贴板颜色是根据用户界面主题固定的。在 Animate CC 2017 版本中，粘贴板的颜色可以与舞台的颜色相同，这样可以使用一个没有边界的画布，如图 1-25 所示。

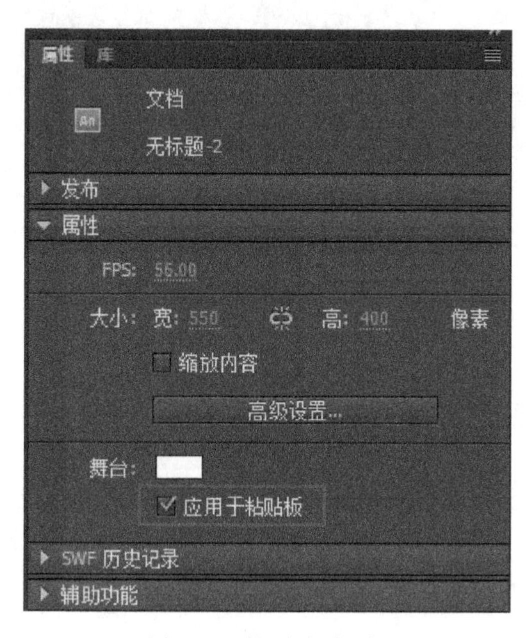

图 1-25 粘贴板颜色

1.4.8 矢量艺术画笔和图案画笔

1. 矢量艺术画笔

Animate CC 中新增矢量艺术画笔，可让用户在 Animate CC 中使用类似 Adobe Illustrator 中所熟知的艺术画笔。与现有的笔刷工具不同，矢量画笔工具是基于笔触的，其行为没有改变。矢量画笔工具可沿着绘制路径应用所选艺术画笔的图案，从而绘制出风格化的画笔笔触。可以将画笔笔触应用于现有的路径，也可以使用"画笔"工具，在绘制路径的同时应用画笔笔触，如图 1-26 所示。

2. 图案画笔

在 Animate 中可以通过集成的全局库使用艺术画笔和图案画笔，如图 1-27 所示。除默认的画笔预设外，您还可以使用 CC 库将新的图案画笔导入自己的 Animate 文档中。

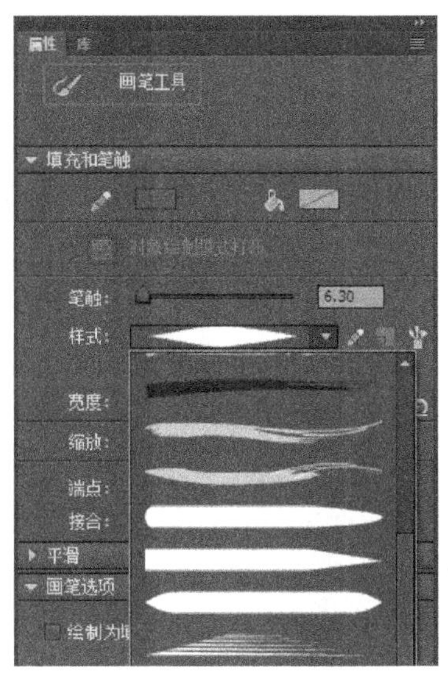

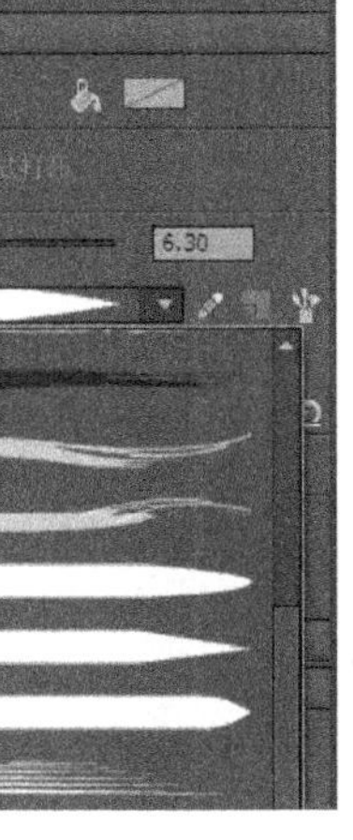

图 1-26 矢量艺术画笔

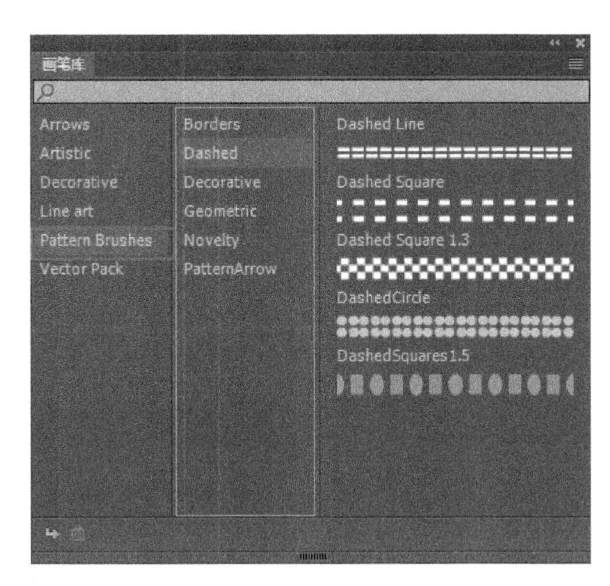

图 1-27 图案画笔

1.4.9 带标记的色板

Animate CC 中可以通过选择色板中的颜色来创建带标记的色板。创建一个带标记的色板并将其应用于 Animate 内容中的形状和路径后，更改带标记色板中的颜色将自动更新正在使用该颜色的所有内容，如图 1-28 所示，可在样本面板中创建带标记的色板。

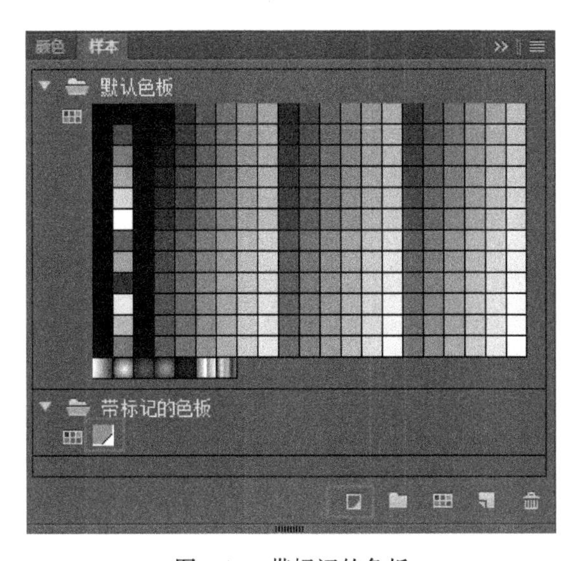

图 1-28 带标记的色板

1.4.10 相机平移控件

在 Animate CC 2017 中，Animate 提供 X 和 Y 相机坐标控件，可使用它们轻松平移。用户可以使用摄像头属性检查器“摄像头属性”中的摄像头坐标 X 和 Y 来精确平移摄像头，如图 1-29 所示。将鼠标指针移到 X 坐标值上，然后向左或向右拖动滑块，可以实现在水平方向平移对象。将鼠标指针移到 Y 坐标值上，然后向左或向右拖动滑块，可以实现在垂直方向平移对象。

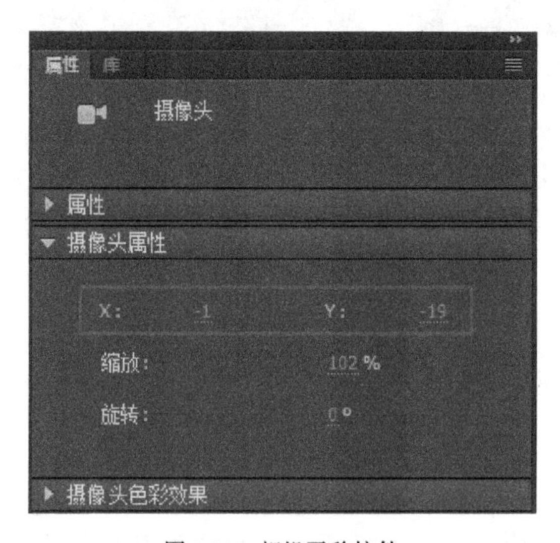

图 1-29　相机平移控件

1.4.11 高级 PSD、AI 导入选项

1. 高级 PSD 导入选项

Animate 可以导入多种格式的静止图像，但是将静止图像从 Photoshop 导入 Animate 时通常使用原生 Photoshop PSD 格式，如图 1-30 所示。导入 PSD 文件时，Animate 会保留曾在 Photoshop 中应用的许多属性，并提供用以保持图像视觉保真度的选项。

2. 高级 AI 导入选项

使用 Animate 可导入 Adobe Illustrator AI 文件，并且最大程度保留插图的可编辑性和视觉保真度，如图 1-31 所示。增强的 AI 导入器还可在确定如何将 Illustrator 插图导入 Animate 中以及指定如何将特定对象导入 AI 文件中，在这两方面让用户具有更大的控制权。

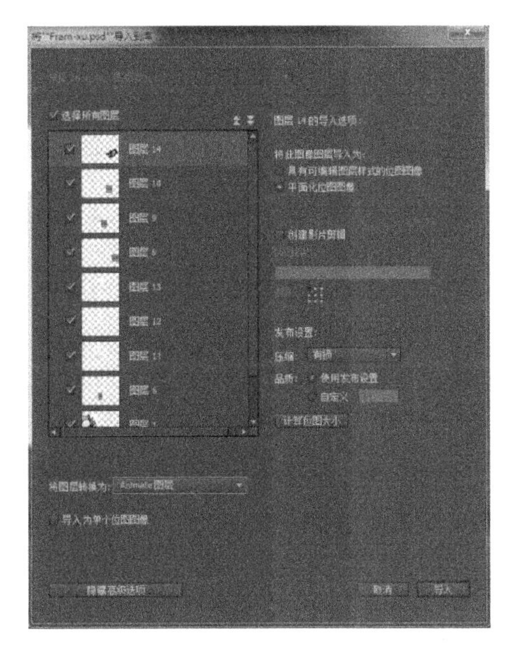

图 1-30　高级 PSD 导入选项

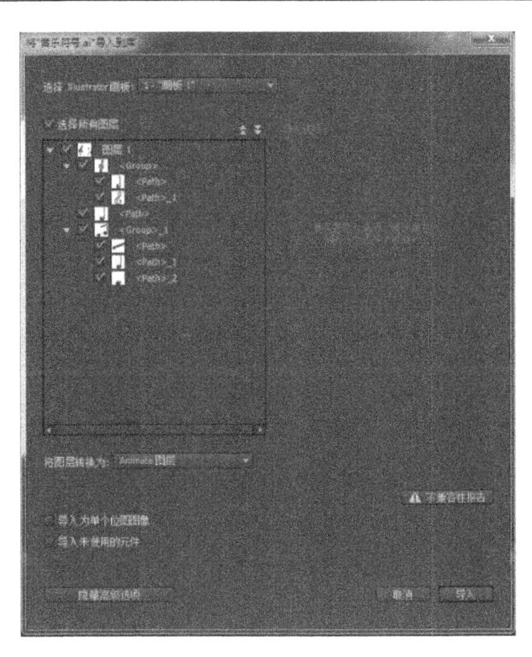

图 1-31　高级 AI 导入选项

1.4.12　导入 SVG 文件

SVG(可缩放矢量图形)是一种基于 XML 的矢量图像格式，它用于二维图形，支持交互性和动画。如今可以将 SVG 文件导入 Animate CC 中了。某些导入选项与用于 Adobe Illustrator 文件的导入选项工作方式相同。

您可以使用以下某个选项将 SVG 文件导入 Animate CC 中：

使用文件导入选项：“文件”>“导入”>“导入舞台中”或“导入库中”。

将 SVG 文件直接拖放到 Animate 中。

使用存储在 CC 库中的 SVG 资源：将 CC 库中的资源直接拖放到舞台上或您的文档库中。

使用现有的 JSFL 文件导入 API document. importFile( )。

您可以转换 SVG 文件中的图层，有如下几种选项：

将所有路径导入同一图层和帧：选择此选项可将 SVG 中的所有图层导入 Animate 一个单独的图层中。

将各个路径导入不同的图层：选择此选项可将 SVG 中的各个图层导入 Animate 各自的图层中。

将各个路径导入不同的关键帧：将 SVG 图层转换为关键帧时，SVG 文件会作为一个影片剪辑导入；将 SVG 图层转换为多个 Animate 图层或一个单独的 Animate 图层时，SVG 文件会作为一个图形元件导入。所产生的影片剪辑或图形元件包含导入到其时间轴的 SVG 文件的所有内容，就像将内容导入到舞台一样。

1.4.13 Creative Cloud Libraries 和 Adobe Stock 实现集成

通过 Creative Cloud Libraries 用户可随处访问自己的资源。在 Photoshop、Illustrator 以及 Adobe Capture CC 等移动应用程序中创建图像、颜色、颜色主题、画笔和更多内容，然后跨其他桌面和移动应用程序轻松访问这些内容，以实现无缝的创意工作流程。

Animate CC 集成了 CC 库。CC 库可帮助用户跟踪所有的设计资源。创建图形资源并将它们保存到该库后，就可以将它们用在 Animate 文档中了。设计资源会自动同步，并可以与任何具有 Creative Cloud 账户的人共享。Animate 支持的资源类型有：颜色和颜色主题、画笔、Graphics、矢量画笔，如图 1-32 所示。

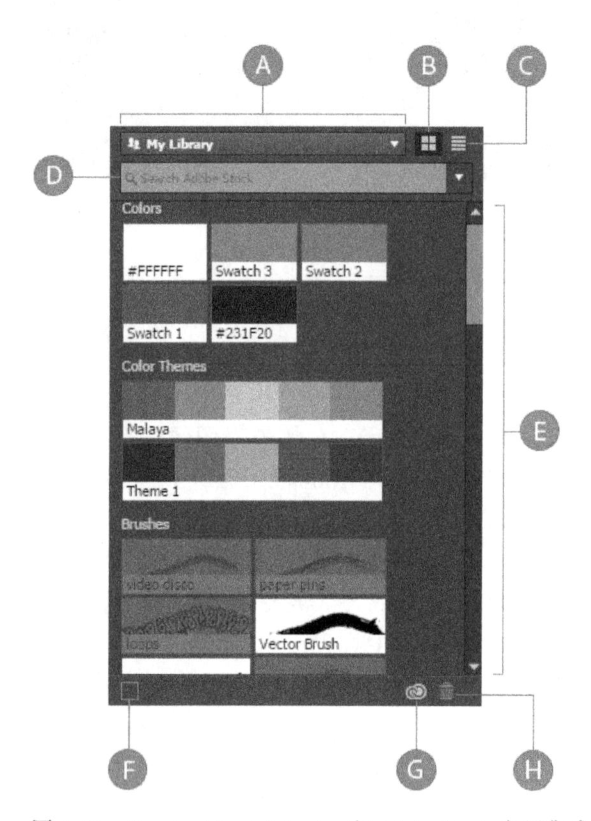

图 1-32 Creative Cloud Libaries 和 Adobe Stock 实现集成

注：A. 选择"CC 库"文件夹 B. 将项目显示为缩略图 C. 将项目显示为列表 D. 从 Adobe Stock 中搜索图像 E. CC 库内容面板 F. 添加颜色 G. 同步 CC 库 H. 删除库中的项目

1.4.14 改进的 HTML5 Canvas Web 发布

1. 自定义 HTML5 Canvas 模板

在 Animate CC 中创建可重复使用的 HTML5 Canvas 封装模板，轻松制作丰富的交互式广告和其他内容。Animate CC 支持在发布 HTML5 Canvas 项目时将自定义模板用于封装 HTML 文件。可以将某个模板附加到发布配置文件。除使用默认模板外，还可以导入一个自定义 HTML 模板文件，或者将当前模板导出到一个外部文件。

在舞台属性面板中选择选项发布设置，可以设置 HTML5 Canvas 模板，如图 1-33 所示，功能选项如下：

使用默认值：发布时使用默认模板生成 HTML 封装文件。

导入新模板：导入一个自定义模板，如图 1-34 所示。发布时使用该模板生成 HTML 封装文件。

导出：导出当前用于发布的模板。

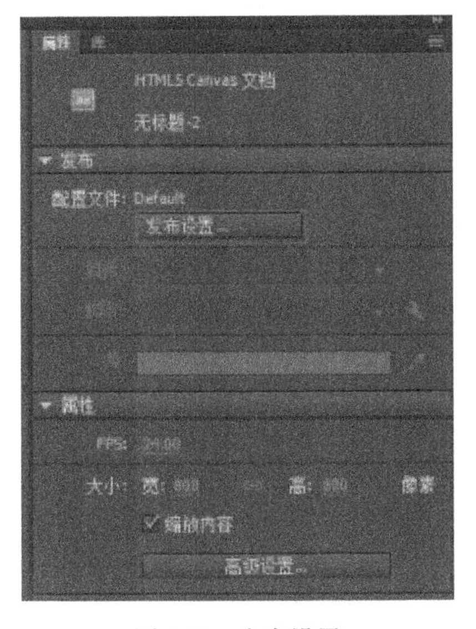

图 1-33　发布设置

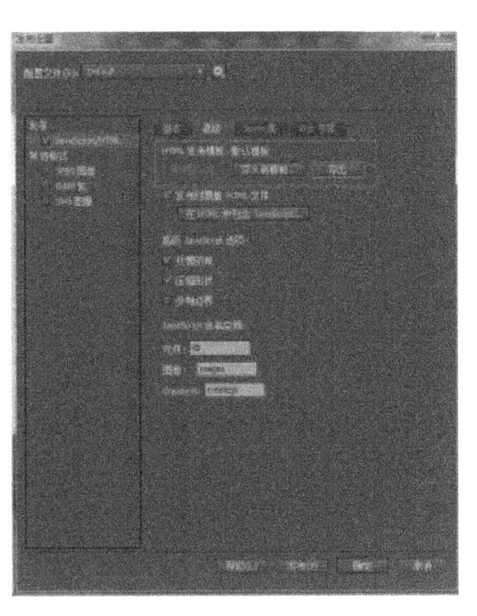

图 1-34　导入 HTML5 Canvas 模板

2. 将 JavaScript 嵌入 HTML

Animate 引入了在画布发布期间可以在 HTML 文件中包含 JS 文件的功能，如图 1-35 所示。

3. 合并 JSON/JS 代码

Animate 将 JSON 文件嵌入 JS 中。在画布发布期间创建 Sprite 表时，不会创建外部 Json 文件，而是默认包含在 JS 文件中。鉴于此更改，您甚至可以预览在本地发布的那些文件，而无需像以前那样将它们托管在服务器上。

4. 支持透明画布背景

是否希望在发布期间创建一个透明的画布以便能查看其下面的 HTML 内容？如今您可以将画布背景设置为透明。为此，可使用 Alpha % 设置透明度级别，使用“无色”样本选项将画布舞台完全设置为透明，如图 1-36 所示。

5. HiDPI 兼容的 HTML5 Canvas 输出

Animate 生成的输出如今遵从 HiDPI，即在高分辨率显示屏上可以提供更为鲜明的输出。

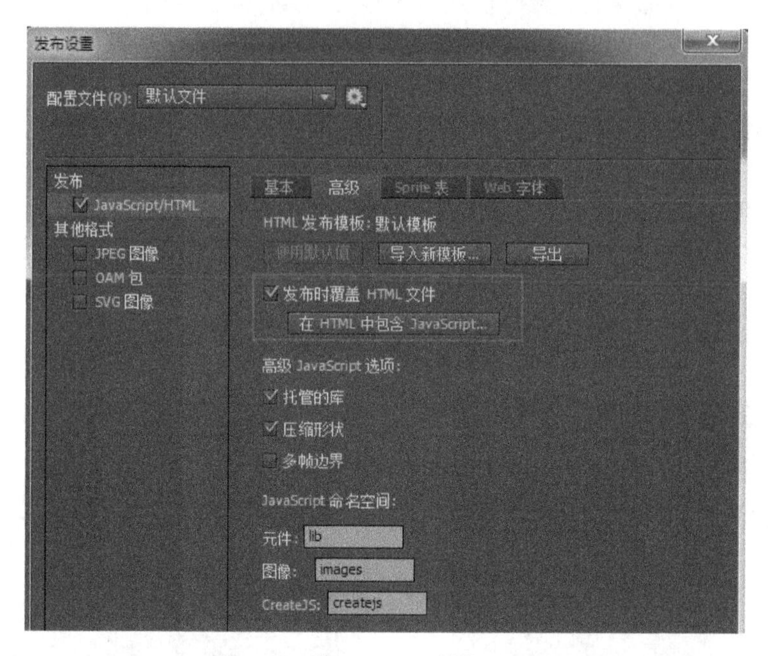

图 1-35 将 JavaScript 嵌入 HTML

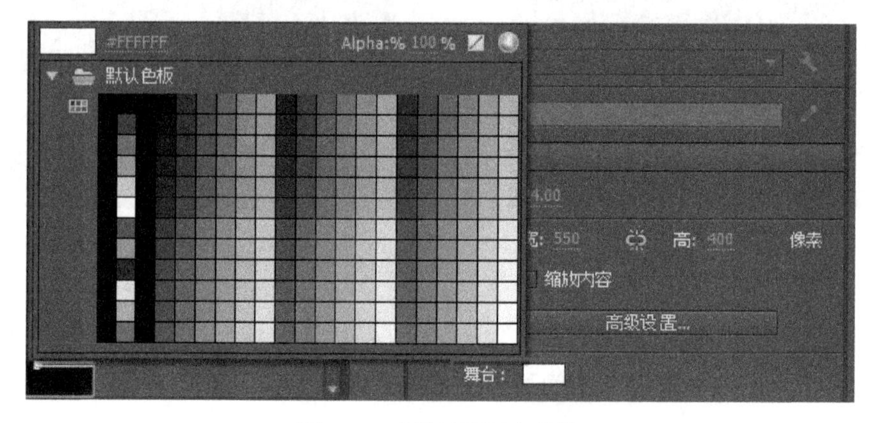

图 1-36 支持透明画布背景

6. 响应式缩放

Animate CC 能根据不同的比例因子调整所发布输出的大小，从而提供遵从 HiDPI 的更为清晰鲜明的响应式输出，如图 1-37 所示。

7. 将 Canvas 资源发布到根文件夹

使用此功能可以将 Canvas 资源发布到根文件夹而不是子文件夹，如图 1-38 所示。

8. 舞台居中

使用各种对齐选项将画布显示在浏览器窗口的中间，从而改善用户体验。可以选择选项将舞台水平居中、垂直居中或这两者同时居中，如图 1-39 所示。

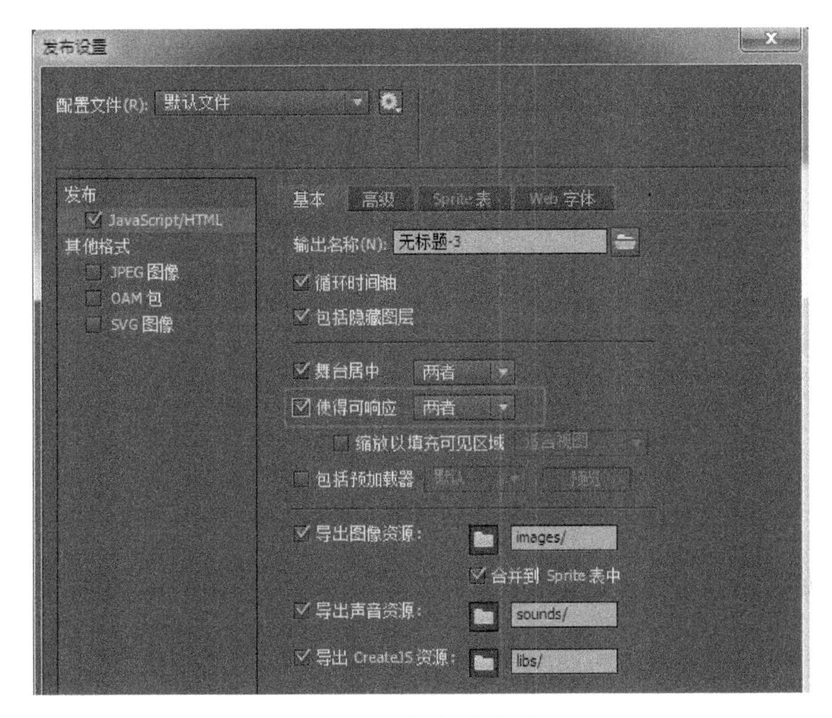

图 1-37　响应式缩放

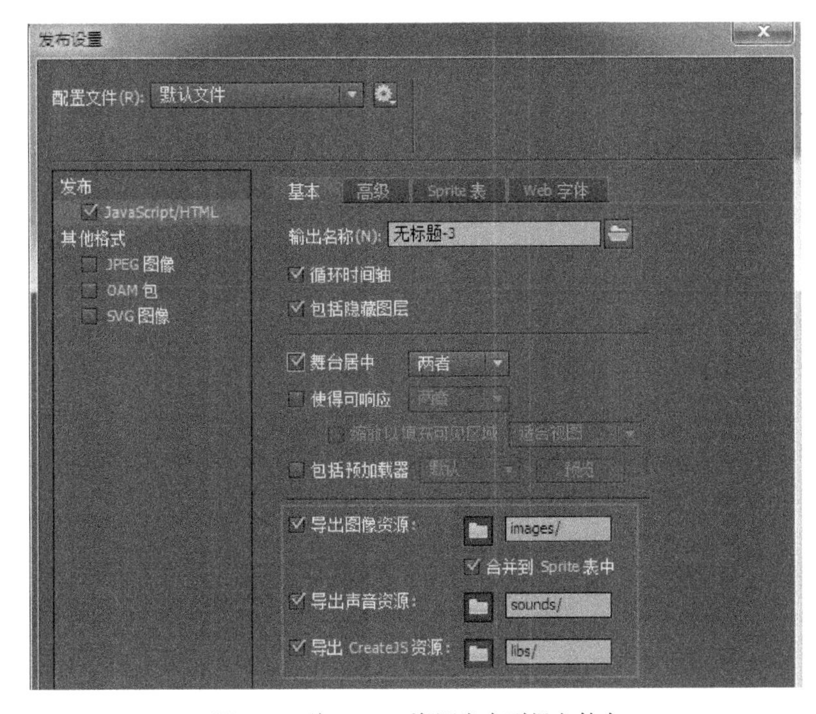

图 1-38　将 Canvas 资源发布到根文件夹

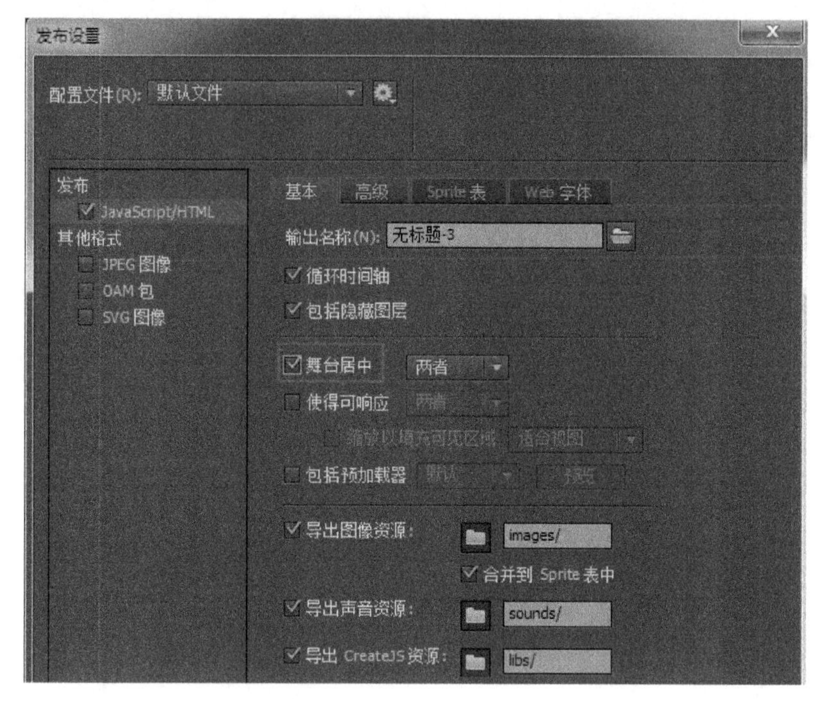

图 1-39 舞 台 居 中

1.4.15 在 HTML5 Canvas 文档中使用 Typekit Web 字体

在 Adobe Animate CC 中可对 HTML5 Canvas 文档使用 Adobe Typekit Web 字体。在 Animate CC 中集成了 Typekit 字体后，便有数千种来自代工伙伴的高品质 Web 字体可即时应用于 HTML5 Canvas 文档。对于任一级别的 Creative Cloud 方案，都可以试用 Typekit 库中的部分字体。不同于自托管的 Web 字体，Typekit 会托管用户决定在所发布内容中使用的字体。从 Typekit 库中选择字体后，如果在网络上发布文档，Typekit 会自动托管这些字体并将 Typekit 账户与用户发布在网上的内容相关联。

用户可以在 HTML5 Canvas 文档中，选择“工具”选项面板中选择“文本”选项工具。在“属性”面板中，选择“动态文本”选项，然后单击“字体系列”下拉框旁边的“添加 Web 字体”按钮，如图 1-40、图 1-41 所示。

1.4.16 打包、分发和安装 HTML5 自定义组件

Animate 开发人员或设计人员通过提供即用型打包组件，让动画制作人员无需编码即可安装和使用组件。以前，动画制作人员必须了解文件结构、编程、将文件手动移到特定文件夹，才能激活 HTML5 扩展。

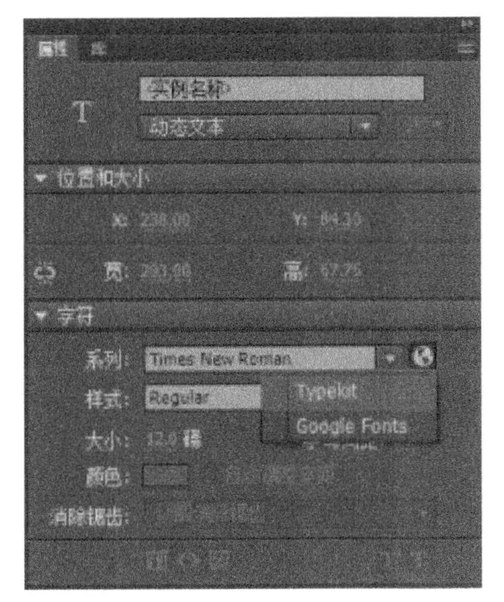

图 1-40　选择字体

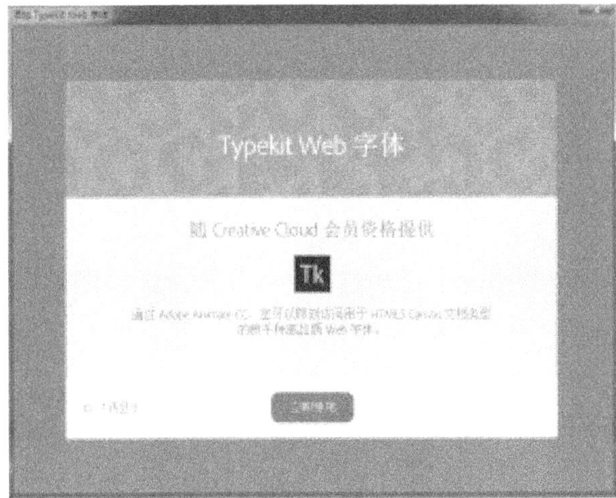

图 1-41　应用 Typekit Web 字体

1.5　使用 Animate CC 欢迎界面

Animate CC 与 Flash CC 一样都提供了欢迎界面，通过欢迎界面可以快速打开最近编辑的文件，创建各种类型的新文件，了解 Animate CC 的最新功能或学习 Animate CC 的相关资源。当启动 Animate CC 时，软件首先会出现如图 1-42 所示的欢迎界面。

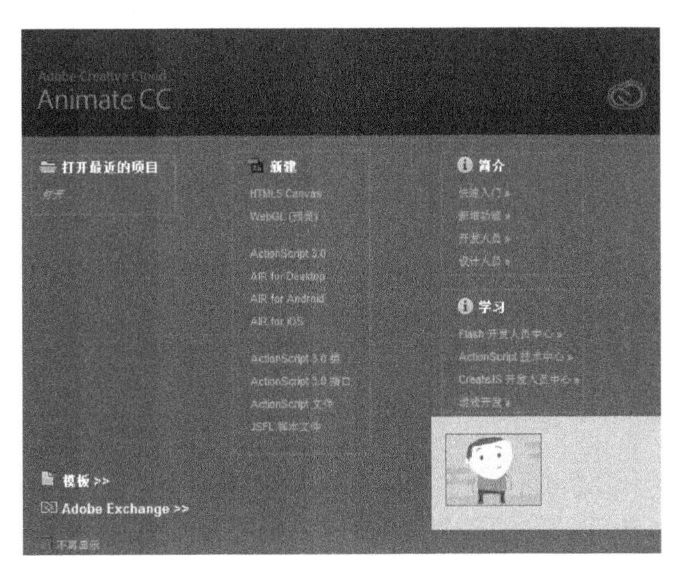

图 1-42　Adobe Animate CC 欢迎界面

1. 打开最近的项目

此列表包含了最近打开过的文档，可以通过此功能快速打开文件进行编辑，方便用户的操作。

2. 新建

此列表包含了 Animate CC 所支持的各类文件，用户可以单击某个选项快速创建所需文档。

3. 简介

包含快速入门、新增功能、开发人员、设计人员的介绍。单击按钮后会在浏览器中打开 Adobe 官方网站关于该部分内容的介绍页面，如图 1-43 所示。

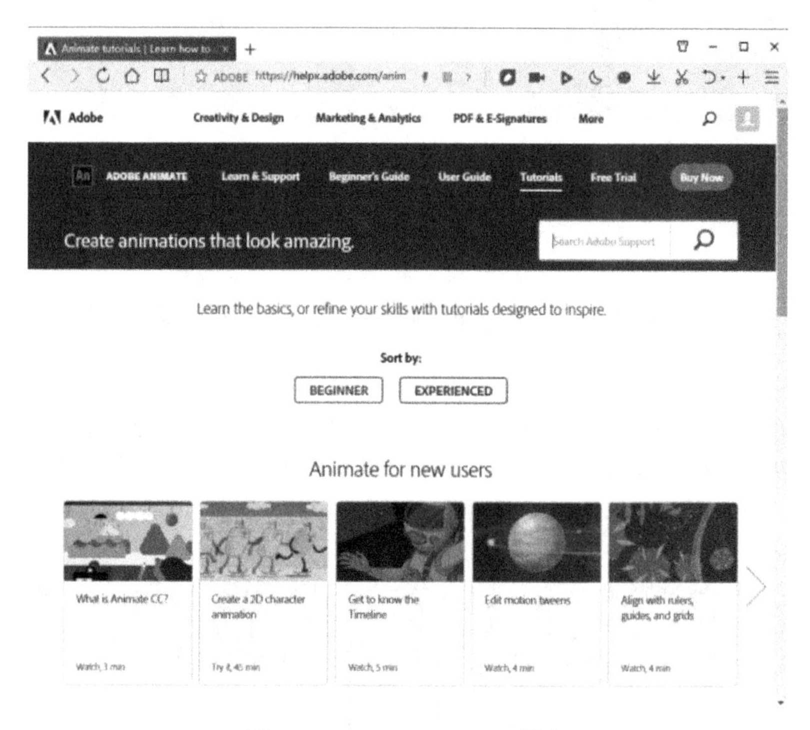

图 1-43　Adobe Animate CC 简介

4. 学习

可以在此区域单击某个选项，在浏览器中打开 Animate 开发人员中心、ActionScript 技术人员中心、CreateJS 开发人员中心、游戏开发人员中心进行学习。如图 1-44 所示为 Animate CC 开发人员中心。

5. 模板

可以在此区域根据需要选择选项动画文档作为模板来进行编辑。单击按钮“模板”链接后打开如图 1-45 所示界面，用户可以从左侧列表中选择选项模板类别，并在右侧列表中选择相应的模板文件进行学习与编辑。

图 1-44　Adobe Animate CC 开发人员中心

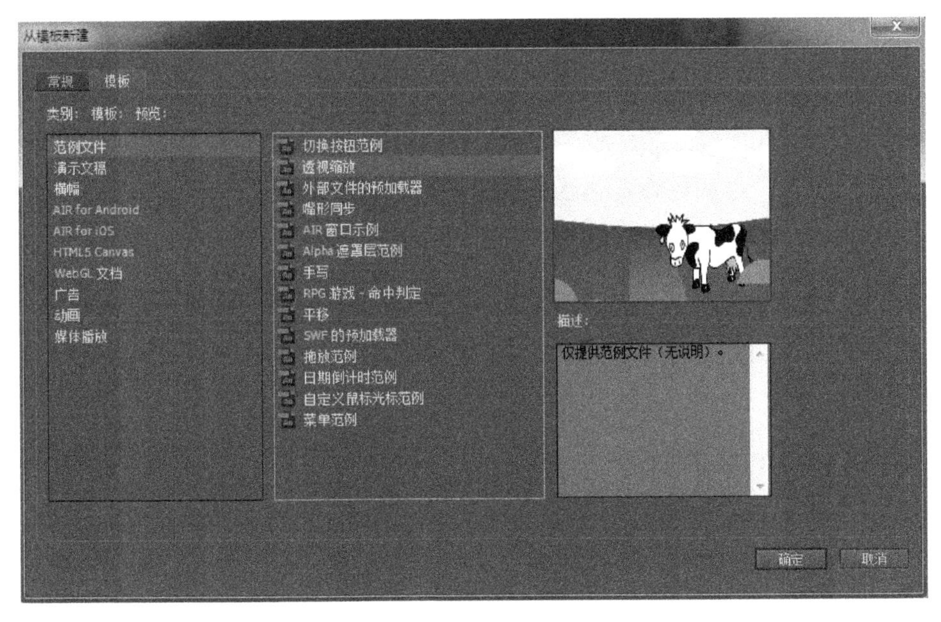

图 1-45　从模板中创建文档

6. Adobe Exchange

在该选项中提供了 Animate CC 软件扩展功能的链接，单击 Adobe Exchange 后将在浏览器中打开 Adobe 官方网站的软件扩展页面，在此页面中用户可以搜索所需的 Animate CC

扩展插件，下载并安装，如图 1-46 所示。

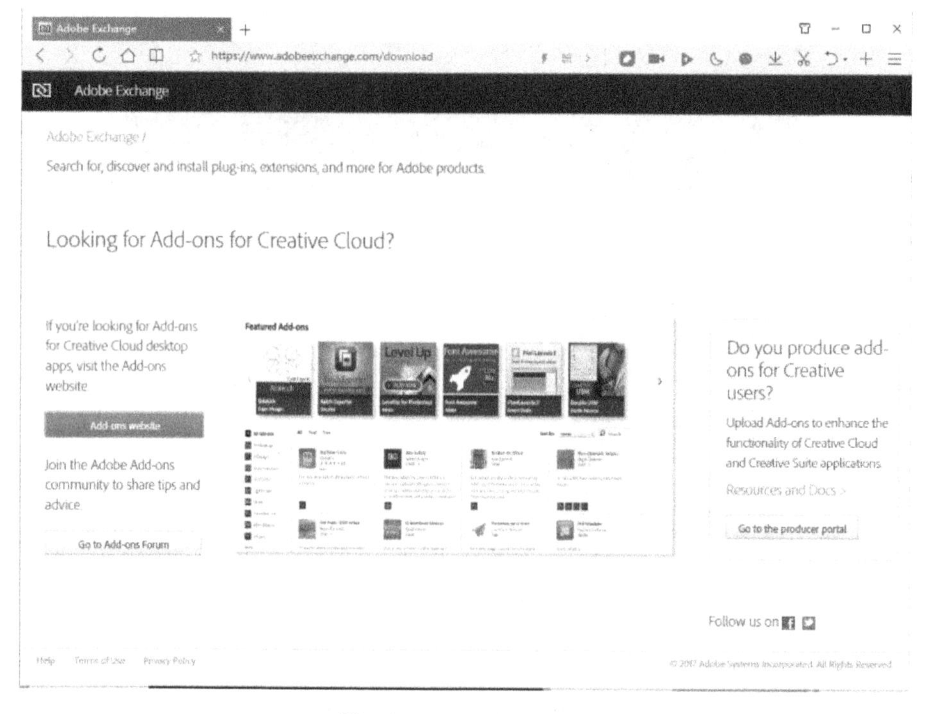

图 1-46　Adobe Exchange

1.6　Animate CC 的工作区

Adobe 公司的 Animate CC 软件在工作区及界面的设计上更加人性化，功能更为强大，方便于设计与开发人员的操作，熟悉 Animate CC 工作区的构成及设置，可以大大提高工作效率。

1.6.1　Animate CC 工作界面

在 Animate CC 中为工作界面提供了深灰色和浅灰色两种颜色，默认为深灰色，如图 1-47 所示。如有需要，用户也可以在编辑菜单的“首选项”参数的“常规”选项卡中将工作界面设置为浅灰色。

菜单栏：是 Animate CC 所有命令的集合，在菜单栏中可以直接或间接找到所有的命令。

同步设置状态：该按钮用于实现当前登录账户下 Animate CC 与 Creative Cloud 的同步。

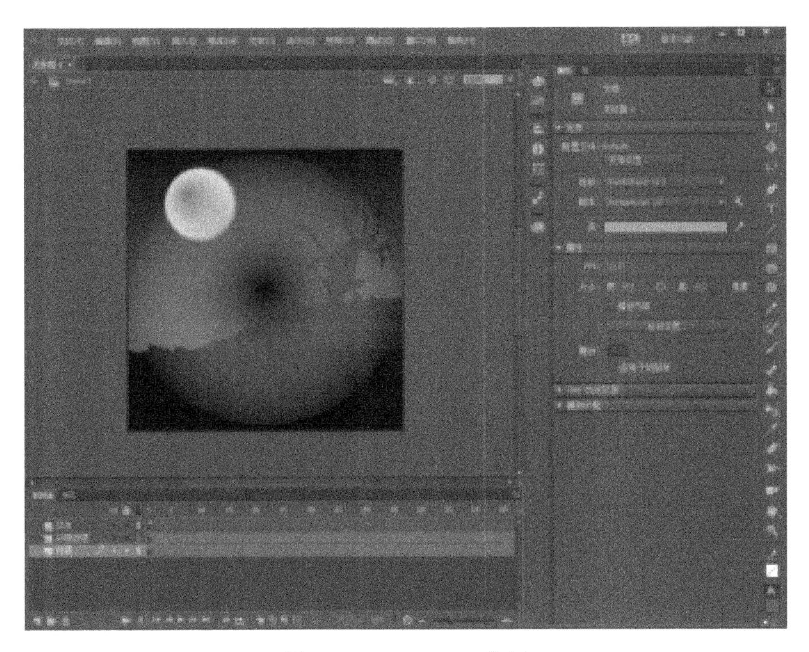

图 1-47　Animate 工作区

工作区预设：在此选项中可以为 Animate CC 选择系统预设的工作区，如图 1-48 所示。此外，用户以对工作区进行“新建工作区”“删除工作区”“重置工作区”的操作。“新建工作区”允许用户根据自己的偏好创建个性化工作区，“删除工作区”允许删除自定义的工作区，但不能删除系统预设定的工作区，“重置工作区”则可以将当前工作区恢复为已保存的状态，如图 1-49 所示。

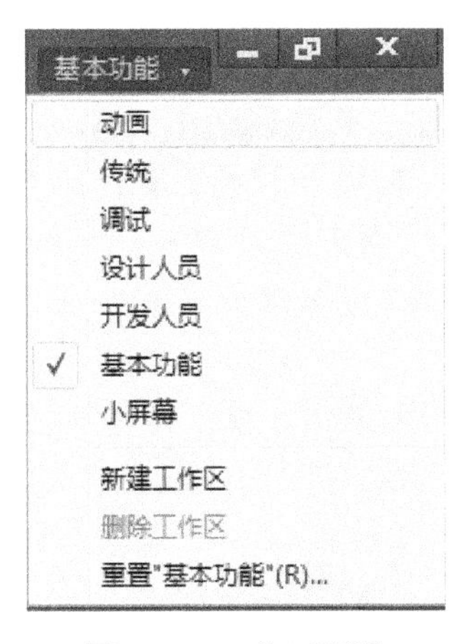

图 1-48　工作区预设

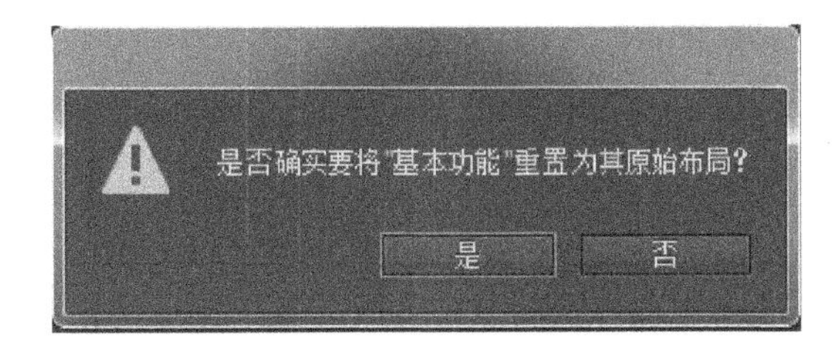

图 1-49　工作区重置

窗口选项卡：主要用于显示 Animate CC 文档的名称，如果文档名称后出现 * 则表示当前文档有新的操作没有保存。此外，当正在编辑多个文档的时候，可以通过窗口选项卡切换当前文档。

编辑栏：用于显示当前文档中正在编辑的场景、场景的列表、编辑元件、舞台居中、剪切掉舞台范围以外的内容和视图显示比例等信息。从场景列表中可以切换场景，单击“编辑元件”按钮可以进入到元件的编辑窗口，单击“舞台居中”按钮可使舞台在场景中居中。此外，可以从视图显示比例列表中选择合适的场景视图显示比例。

舞台：即动画显示与编辑的区域。在创建动画时，大部分的编辑工作是在舞台中完成的，位于舞台外面的区域称为粘贴板，在粘贴板中的对象在播时是无法显示的。

工具箱：提供了 Animate CC 动画编辑所有的操作工具，包括选择和部分选择、变形、图形绘制、笔触和填充颜色、摄像头、手形和缩放工具等。

浮动面板：用于选择动画编辑过程中所需的各类功能，如颜色、对齐、库、动作等，在“窗口”菜单中执行相应的命令，可以的 Animate CC 中显示或隐藏浮动面板。

“时间轴”面板：是 Animate CC 中非常重要的面板，是操作最为频繁的区域之一，几乎所有的动画都需要使用到“时间轴”面板。

1.6.2 菜单栏

Animate CC 工作区顶部集合了软件所有菜单命令，具体包括“文件”“编辑”“视图”“插入”“修改”“文本”“命令”“控制”“调试”“窗口”“帮助”共 11 种功能，如图 1-50 所示，下面分别介绍各菜单命令。

文件(F) 编辑(E) 视图(V) 插入(I) 修改(M) 文本(T) 命令(C) 控制(O) 调试(D) 窗口(W) 帮助(H)

图 1-50 菜 单 栏

“文件”菜单：该菜单包含了 Animtae CC 文件操作的命令，具体包括用于 Animate CC 文件的新建、打开、保存、关闭等命令；外部图形、图像、声音、视频等文件的导入命令；将 Animate CC 文件导出为图像、影片、视频、动画等类型文件的命令；Animate CC 动画发布设置及发布命令；AIR 设置、ActionScript 设置、软件退出等命令，如图 1-51 所示。

“编辑”菜单：该菜单包含用于舞台对象操作的命令，包括撤销、重复、复制、粘贴、查找、撤销等命令；对软件全局环境设置的首选参数命令；文档中使用的系统未提供字体映射列表；键盘快捷键设置命令，如图 1-52 所示。

“视图”菜单：在视图菜单中提供了用于调整 Animate 整个编辑环境的视图命令，包括放大、缩小、预览模式、标尺、网格、辅助线、贴紧、屏幕模式等，如图 1-53 所示。

“插入”菜单：“插入”菜单包括插入场景，在场景中插入元件，创建传统补间、补间及形状补间动画，以及在时间轴中插入图层、图片层文件夹、帧、关键帧、空白关键帧等命令，如图 1-54 所示。

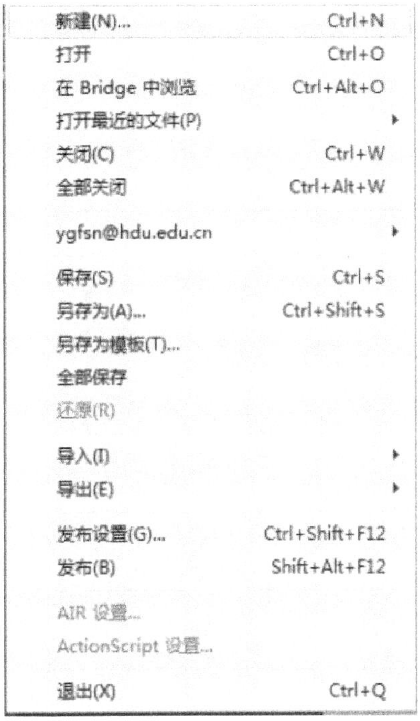

图 1-51 “文件”菜单

图 1-52 “编辑”菜单

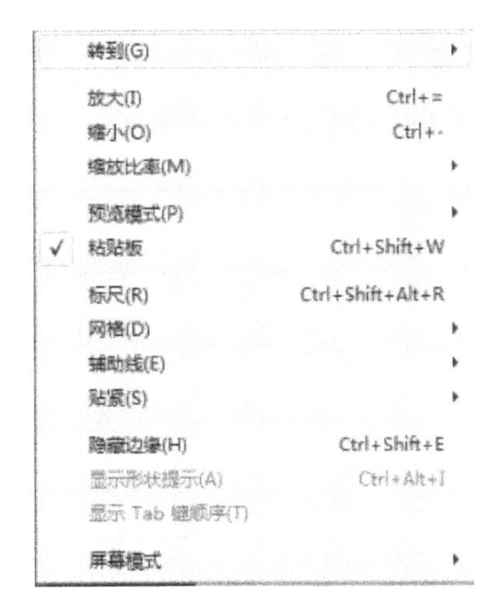

图 1-53 “视图”菜单

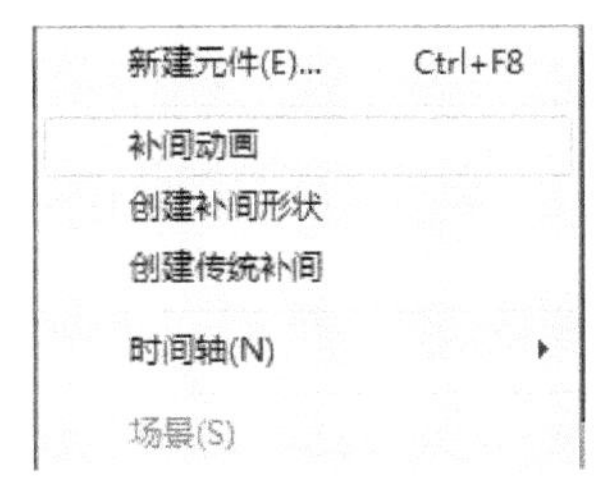

图 1-54 “插入”菜单

“修改”菜单：“修改”菜单包含了对舞台元素进行修改的命令，包括转换为元件、转换为位图、分离、位图、元件、形状、合并对象、时间轴、变形、排列、对齐、组合等操作命令，如图 1-55 所示。

“文本”菜单：“文本”菜单主要用于对文本的字体、大小、样式、对齐方式、字母间距进行设置，以及文本滚动、字体嵌入等命令，如图 1-56 所示。

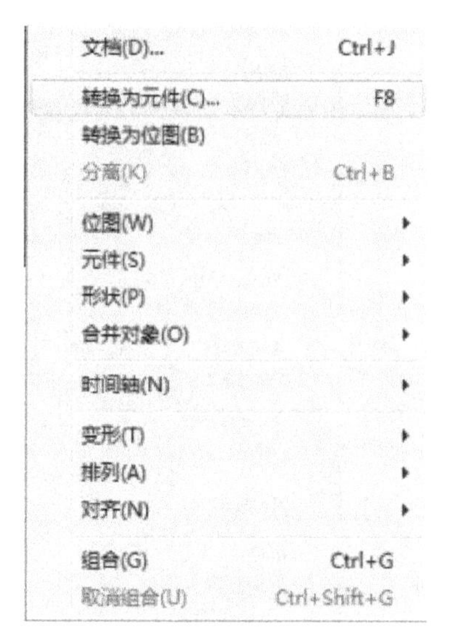

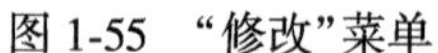
图 1-55 “修改”菜单

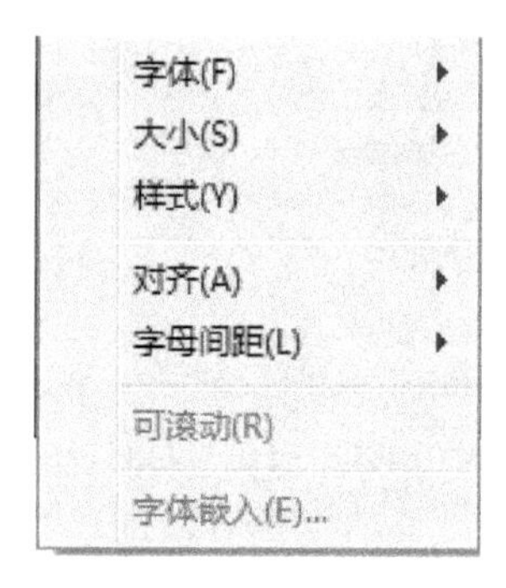

图 1-56 “文本”菜单

“命令”菜单：在“命令”菜单中可以运行、管理 JSFL 命令，如转换为其他文档格式、将动画复制为 XML、导出动画 XML、导入动画 XML 等命令。用户也可以在 Animate 中使用 JSFL 文件创建自己的命令，或从 Adobe 官网上获取更多命令，如图 1-57 所示。

“控制”菜单：包含用于影片播放、测试等控制命令，具体包括播放、后退、转到结尾、前进一帧、后退一帧、测试影片、循环播放等，如图 1-58 所示。

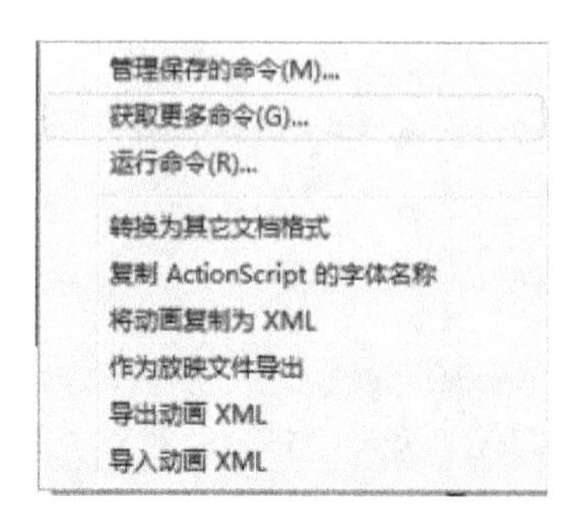

图 1-57 “命令”菜单

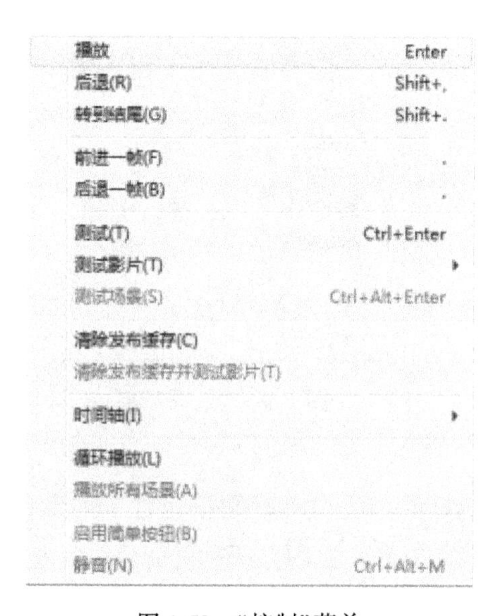

图 1-58 “控制”菜单

“调试”菜单：用于调试影片，对影片过程进行调整，如图 1-59 所示。

调试(D)　Ctrl+Shift+Enter
调试影片(M)
继续(C)　Alt+F5
结束调试会话(E)　Alt+F12
跳入(I)　Alt+F6
跳过(V)　Alt+F7
跳出(O)　Alt+F8
切换断点(T)　Ctrl+Alt+B
删除所有断点(A)　Ctrl+Shift+Alt+B
开始远程调试会话(R)

图 1-59　“调试”菜单

“窗口”菜单：用于各浮动面板与工具箱的打开与关闭，用户也可以从“窗口”菜单中选择选项与定制工作区，如图 1-60 所示。

“帮助”菜单：在“帮助”菜单中包含有 Animate 的官方帮助文档及支持中心的链接，可以选择，此外还包括扩展功能的管理、软件在线更新及关于当前软件版本的介绍等命令，如图 1-61 所示。

直接复制窗口(D)　Ctrl+Alt+K
✓ 编辑栏(E)
✓ 时间轴(M)　Ctrl+Alt+T
✓ 工具(T)　Ctrl+F2
✓ 属性(P)　Ctrl+F3
CC Libraries
库(L)　Ctrl+L
画笔库
动画预设
帧选择器
动作(A)　F9
代码片断(C)
编译器错误(E)　Alt+F2
调试面板(D)
输出(U)　F2
对齐(N)　Ctrl+K
颜色(C)　Ctrl+Shift+F9
信息(I)　Ctrl+I
样本(W)　Ctrl+F9
变形(T)　Ctrl+T
组件(C)　Ctrl+F7
历史记录(H)　Ctrl+F10
场景(S)　Shift+F2
浏览插件...
扩展
工作区(W)
隐藏面板　F4
✓ 1 无标题-2

图 1-60　“窗口”菜单

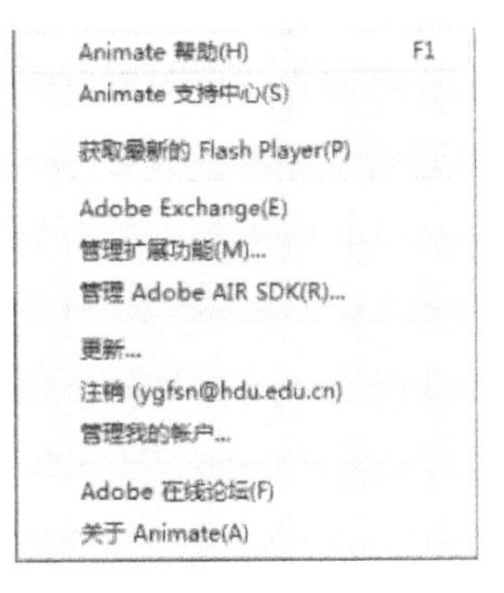

图 1-61　“帮助”菜单

1.6.3 工具箱

工具箱是 Animate 软软中各类不同功能工具的集合，了解并熟练使用各种工具是学习 Animate 软件的重点之一。本节将详细介绍 Animate CC 的工具箱，如图 1-62 所示。在工具图标中如果右下角有黑色小箭头，则表示该工具为工具组，有的工具被隐藏了，用鼠标左键长按该工具会出现其他被隐藏的工具。

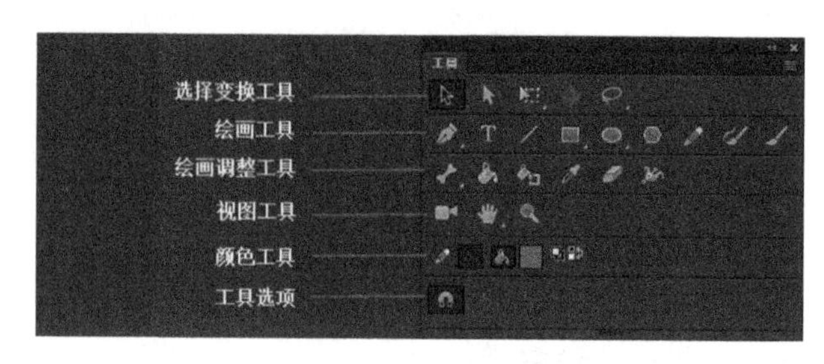

图 1-62　工　具　箱

选择变换工具：选择变换工具包括选择工具、部分选择工具、任意变形工具、3D 旋转工具和套索工具，其中任意变形工具、3D 旋转工具、套索工具均为工具组。任意变形工具组中还有渐变变形工具，3D 旋转工具组中还有 3D 平移工具，套索工具组则包括套索工具、多边形套索工具和魔术棒三个工具。利用这些工具可以对舞台上的元素进行选择和变形操作。

绘画工具：绘画工具包括钢笔工具组、文本工具、线条工具、矩形工具组、椭圆工具组、多角星工具、铅笔工具组、画笔工具。利用这些工具可以绘制各种造型的文本及图形作品。

绘画调整工具：该工具可以对绘制的图形、元素的形状、颜色进行调整，主要包括骨骼工具组、颜料桶工具、墨水瓶工具、滴管工具、橡皮擦工具、宽度工具等。其中骨骼工具组又包括骨骼工具和绑定工具。

颜色工具：颜色工具用于自定义笔触和填充的颜色，或将笔触和填充的颜色设置为默认的黑白色，默认的黑白色可以在笔触和填充颜色之间进行切换。

视图工具：视图工具包括摄影像机工具、手形工具和放大镜工具，用于缩放视图、平移视图，摄像机则用于调整观察视图的视角以及制作摄像机动画。

工具选项区：工具选项区是动态区域，它会随着用户选择工具的不同而变化，如当前工具为选择工具时，工具选项区呈现的是贴紧至对象、平滑和伸直三个选项，而当当前工具为矩形等绘图工具时，工具选项区呈现的是贴紧至对象和对象绘制按钮。

1.6.4 时间轴

“时间轴”面板是制作 Animate 动画的关键面板，在制作动画之前，应该认识该面板，熟悉面板各个组成部分的功能及使用，如此才能有效提高动画制作的效率，“时间轴”面板用于组织与控制动画文档的图层和帧，包括图层、帧、播放头、播放控制、时间轴状态和绘图纸外观轮廓等，如图 1-63 所示。

图 1-63 时 间 轴

图层类似于透明的胶片，每个图层可以放置图形、图像、视频、元件、声音等元素，元素可以相互叠加也可并列排放。一个 Animate 文档至少需要有一个图层，也可包含多个图层。在图层区域显示图层名、层的显示与隐藏、锁定、轮廓显示、新建图层、新建文件夹、删除图层或文件夹、添加摄像机，如图 1-64 所示。

图 1-64 图 层

而帧则是动画的时间序列，一定数量的图形、图像、元件等元素按照时间先后顺序分布在不同的帧上，即形成动画，如图 1-65 显示为帧工作区。帧显示在图层名右侧的某一行，用户可以在帧面板中插入帧、关键帧、空白关键帧。帧工作区的顶部是时间轴标题指示帧编号，播放头指示当前在舞台中显示的帧。用户可以从帧工作区底部左侧的播放控制区单击播放按钮测试动画，播放 Animate 动画时，播放头从时间轴左侧向右侧移动。时间轴状态显示在时间轴面板的底部，可以显示当前帧数、帧速率及运行时间。

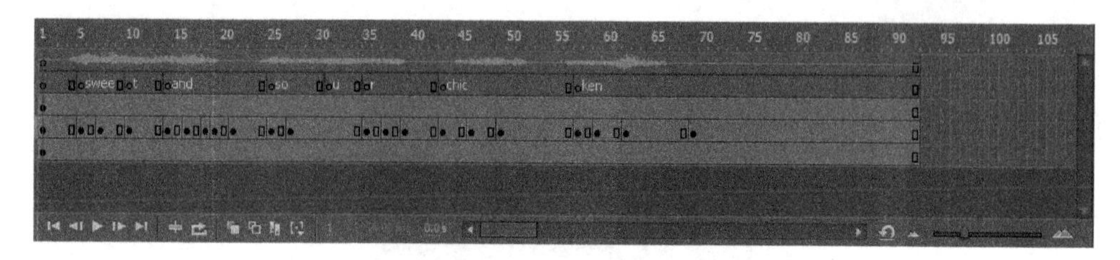

图 1-65　帧 工 作 区

1.6.5　Animate 中的其他常用面板

“属性”面板：属性面板用于显示文档、元素、工具等当前选定项的属性，当用户选择不同对象或文档时，属性面板中的参数也会相应改变，图 1-66 和图 1-67 分别是当前文档及矩形工具的属性。

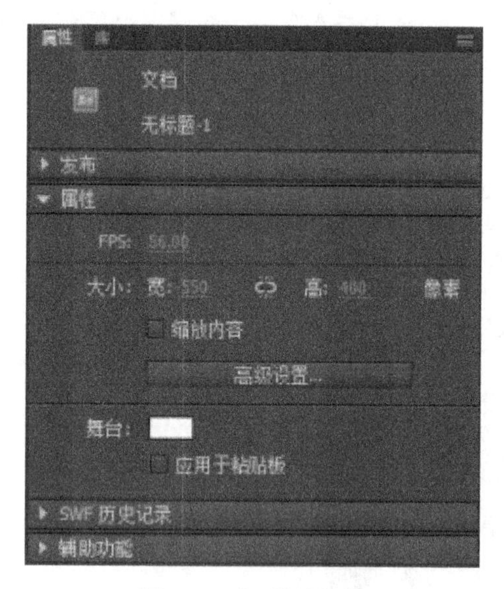

图 1-66　文 档 属 性

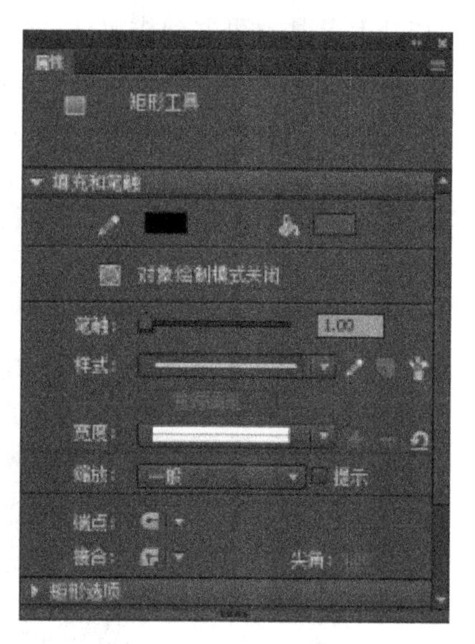

图 1-67　矩形工具属性

“CC Library”面板：CC Library 是指 Creative Cloud Libraries，用户可以通过 CC Library 随处访问自己的资源，如图 1-68 所示。用户可以在 Photoshop、Illustrator 以及 Adobe Animate CC 等应用程序中创建图像、颜色、颜色主题、画笔和更多内容，然后跨其他桌面和移动应用程序轻松访问这些内容，以实现无缝的创意工作流程。

“库”面板：“库”面板是存储和组织在 Animate 中创建的各种元件的地方，它还用于存储和组织导入的文件，包括位图图形、声音文件和视频剪辑等，如图 1-69 所示。利用“库”面板，可以在文件夹中组织库项目、查看项目在文档中的使用频率以及按照名称、类型、日期、使用次数或 ActionScript © 链接标识符对项目进行排序。

图 1-68　“CC Library”面板

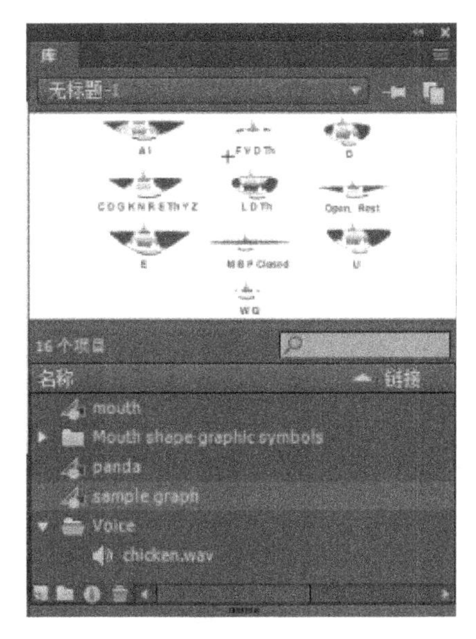

图 1-69　“库”面板

“画笔库”面板：Animate CC 具有一个由矢量画笔构成的集成的全局库，其中包括大量的艺术画笔和图案画笔。要启动“画笔库”面板，请单击按钮“窗口”>“画笔库”或单击属性检查器中的画笔图标，如图 1-70 所示。使用任一画笔之前，可双击该画笔将其添加到当前文档中。除默认提供的画笔预设外，用户还可以使用 CC 库将新的艺术画笔和图案画笔导入到 Animate 文档中。要添加新的艺术画笔或图案画笔，可打开 CC 库面板，然后单击所支持的任何一种画笔即可。

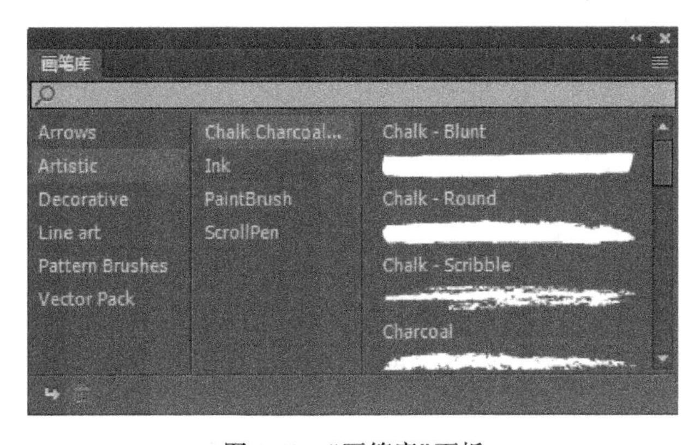

图 1-70　“画笔库”面板

“动画预设”面板：动画预设是预先配置的补间动画，可以将它们应用于舞台上的对象。用户只需选择对象并单击“动画预设”面板中的“应用”按钮，如图 1-71 所示。

使用动画预设是学习在 Animate 中添加动画的基础知识的快捷方法。一旦了解了预设的工作方式后，自己制作动画就非常容易了。用户可以创建并保存自己的自定义预设。这可以来自已修改的现有动画预设，也可以来自自己创建的自定义补间。

使用“动画预设”面板还可导入和导出预设。可以与协作人员共享预设，或利用由Animate设计社区成员共享的预设。使用预设可极大节约项目设计和开发的生产时间，特别是在您经常使用相似类型的补间时。

注：动画预设只能包含补间动画。传统补间不能保存为动画预设。

“帧选择器”面板：使用帧选择器可以直观地预览并选择图形元件的第一帧，如图1-72所示。在以前的版本中，需要在元件内部才能预览帧。此功能增强了一些动画工作流(如嘴形同步)的用户体验。

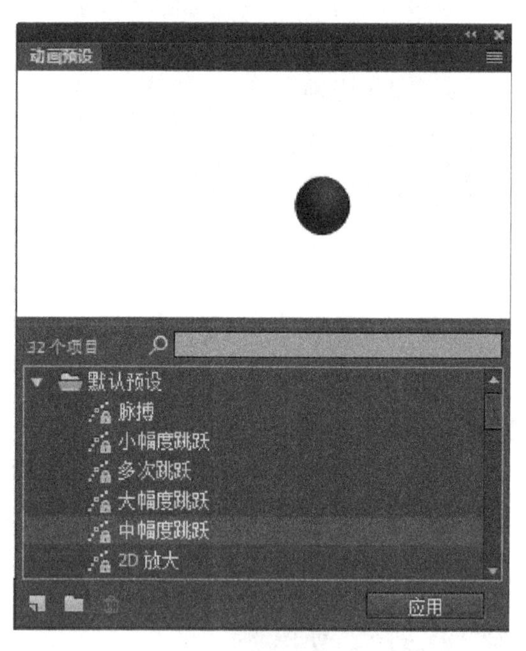

图 1-71 “动画预设”面板

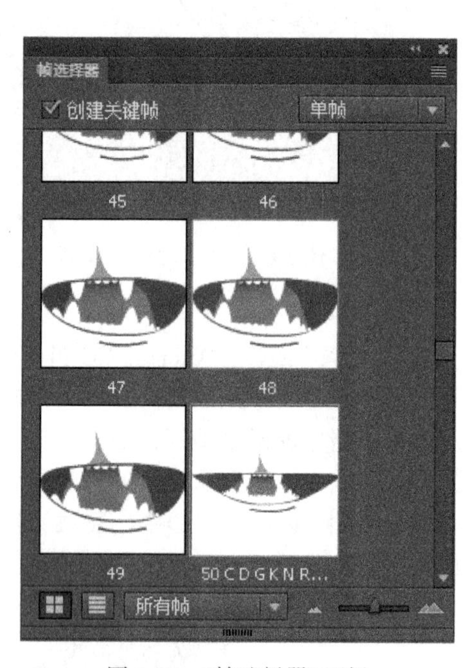

图 1-72 “帧选择器”面板

“动作”面板：要创建在 FLA 文件中嵌入的脚本，请将 ActionScript 直接输入到动作面板，如图 1-73 所示。动作面板包含“脚本”和脚本导航器两个窗格。“脚本”窗格可以键入与当前所选帧相关联的 ActionScript 代码。脚本导航器则列出 Animate 文档中的脚本，用户可以快速查看这些脚本。在脚本导航器中单击一个项目，就可以在脚本窗格中查看脚本。使用动作面板可以访问代码帮助功能，这些功能有助于简化 ActionScript 中的编码工作。

“代码片断”面板：执行“窗口”>“代码片断”命令，可以打开“代码片断”面板，如图

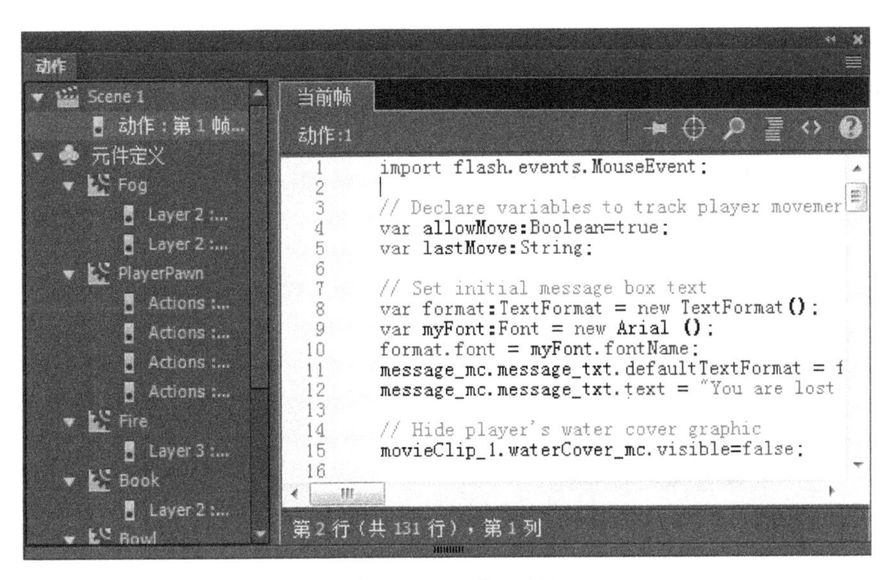

图 1-73　“动作”面板

1-74 所示。在“代码片断”中包含了 ActionScript、HTML5 Canvas、WebGL 三类代码片断，用户选中某个元件后，在“代码片断”中双击所需的代码，Animate 会将代码插入到动画中，如需对代码进行修改，则可在动作面板中进行编辑。

“编译器错误”面板：执行“窗口”>“编译器错误”命令，可以打开“编译器错误”面板，如图 1-75 所示。Animate 在 ActionScript 代码中遇到错误时，无论是在编译或执行期间，都将在“编译器错误”面板中报告错误。在“编译器错误”面板中双击错误可以定位到导致错误的代码行。

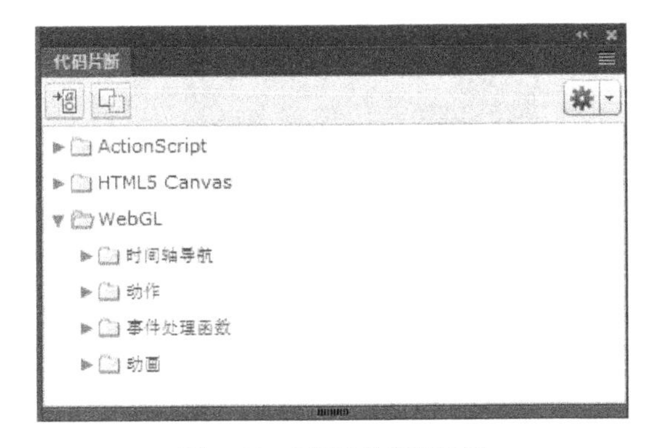

图 1-74　“代码片断”面板

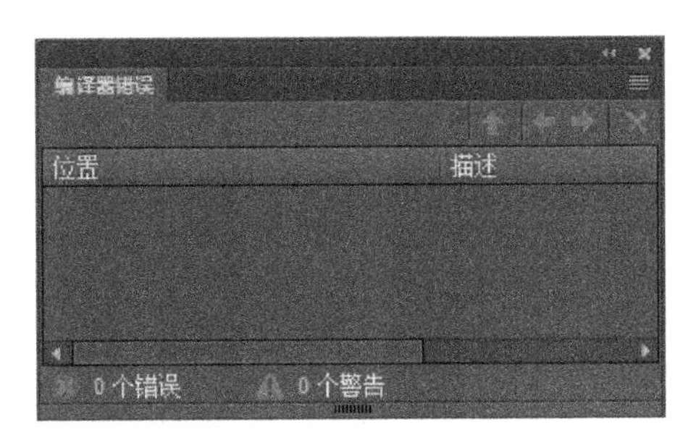

图 1-75　“编译器错误”面板

“对齐”面板：执行“窗口”>“对齐”命令，可以打开“对齐”面板，如图 1-76 所示。对齐面板中包含对齐、分布、匹配大小、间隔等功能，可以对同时选中的多个对象进行水平与垂直对齐、水平与垂直分布、对象大小的匹配及按水平或垂直平均间隔排列对象。

“信息”面板：执行“窗口”>“信息”命令，可以打开“信息”面板，如图 1-77 所示。“信息”面板显示当前对象的宽高、原点所在 X 和 Y 坐标值、填充色的 RGB 值和 Alpha 值、轮廓的宽度，以及鼠标当前所指的坐标位置。

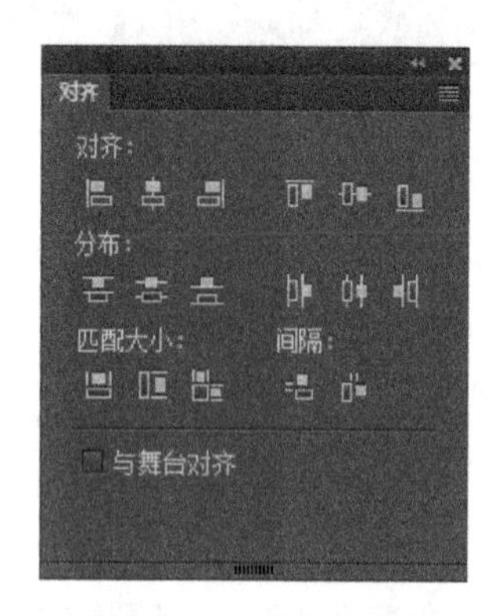

图 1-76 “对齐”面板

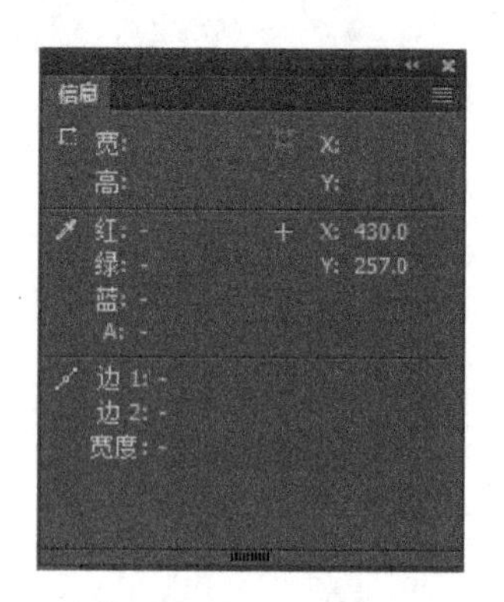

图 1-77 “信息”面板

“变形”面板：执行“窗口”>“变形”命令，可以打开“变形”面板，如图 1-78 所示。变形”面板可对当前对象执行缩放、旋转、倾斜、3d 旋转和镜像变换操作。缩放变换可将对象的水平和垂直方向按同比或非同比缩放，以及重置缩放。旋转和倾斜可用于当前对象按某一角度进行旋转、水平或垂直倾斜变换操作。3d 旋转通过设定 X \Y \Z 三个维度的数值进行旋转变换，但是 3d 旋转只适用于 ActionScript 3. 0 文件的影片剪辑元件的变换。此外，“变形”面板还提供了对象的水平和垂直镜像处理，以及重置选区与变形的操作。

颜色”面板：执行“窗口”>“颜色”命令，可以打开“颜色”面板，如图 1-79 所示。“颜色”面板可用于对象的笔触和填充的颜色、类型、Alpha 值的设定和选取。

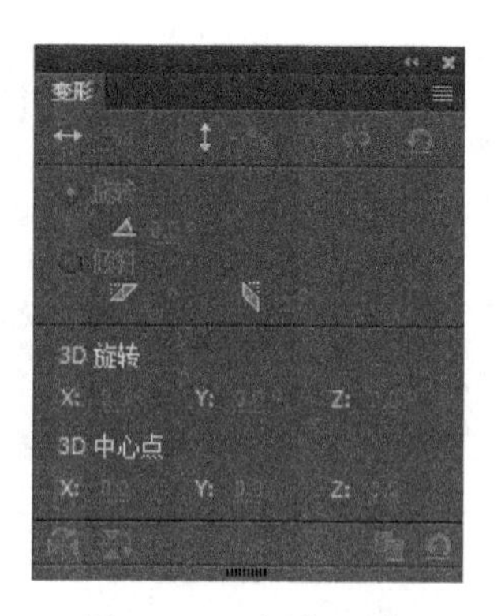

图 1-78 “变形”面板

图 1-79 “颜色”面板

“样本”面板：执行“窗口”>“样本”命令，可以打开“样本”面板，如图 1-80 所示。

"样本"面板用于颜色样本的选择和管理，用户可以新建、删除、分类管理颜色样本，在 Animate CC 中还可以创建带标记的色板。

"组件"面板：执行"窗口">"组件"命令，可以打开"组件"面板，如图 1-81 所示。"组件"面板为用户提供了 JQuery UI、用户界面、视频等预置开发组件。用户可以将组件拖入到文档中，并在"属性"面板中设置组件的参数，然后添加脚本代码进行事件处理。

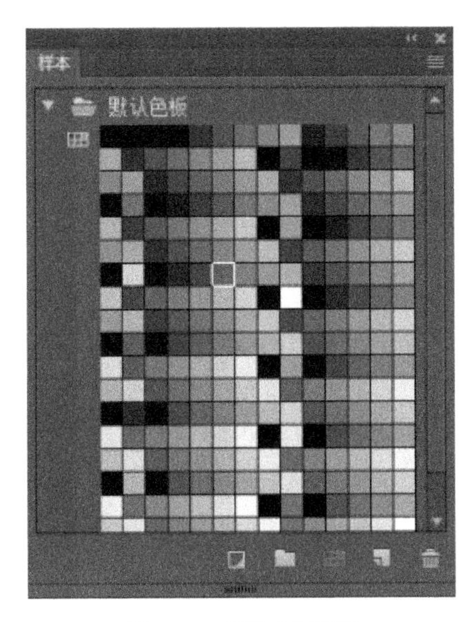

图 1-80　"样本"面板

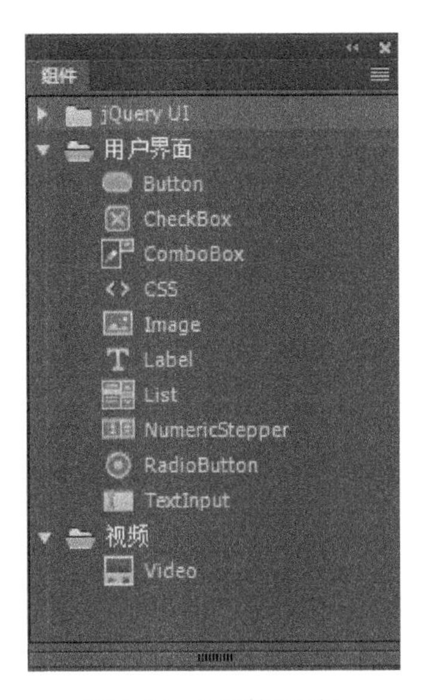

图 1-81　"组件"面板

"历史记录"面板：执行"窗口">"历史记录"命令，可以打开"历史记录"面板，如图 1-82 所示。"历史记录"面板显示自创建或打开某个文档以来在该活动文档中执行的步骤的列表，列表中的数目最多为指定的最大步骤数。要一次撤销或重做个别步骤或多个步骤，可以将"历史记录"面板中的步骤应用于文档中的同一对象或不同对象。默认情况下，Animate 的"历史记录"面板支持的撤销级别数为 100。可以在 Animate 的"首选参数"中选择选项撤销和重做的级别数(从 2 到 300)。要擦除当前文档的历史记录列表，可以选择"清除历史记录"命令。

图 1-82　"历史记录"面板

“场景”面板：执行“窗口”>“场景”命令，可以打开“场景”面板，如图 1-83 所示。“场景”面板用于管理文档中的场景，用户可以新建、重置、删除场景。

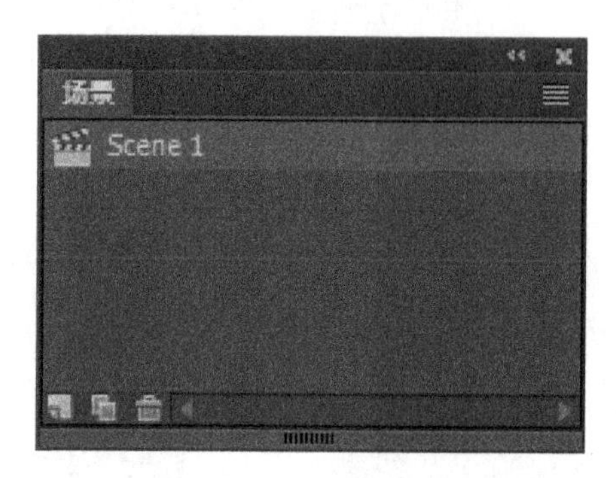

图 1-83 “场景”面板

1.7 设置 Animate CC 参数和快捷键

在 Animate CC 中，在设计与开发动画时，可以根据设计人员、开发人员的偏好设置参数和快捷键。本节将向读者详细介绍 Animate CC 参数和快捷键的设置。

1.7.1 设置 Animate CC 参数

执行“编辑”>“首选参数”命令，可以打开“首选参数”对话框，如图 1-84 所示。Animate CC“首选参数”对话框中包括常规、同步设置、代码编辑、脚本文体、编译器、文本、绘制共 7 个选项，图中左侧为选项类别，右侧为详细的参数设置。

1. 常规

在“首选参数”类别中选择“常规”选项，在右侧可以设置相关参数，包括撤销、自动恢复、用户界面、工作区、加亮颜色、绘图纸外观颜色等项目。

撤销：包括文档层级撤销、对象层级撤销，如图 1-85 所示。文档级撤销维护一个列表，其中包含用户对整个 Animate 文档的所有动作。对象层级撤销为用户针对文档中每个对象的动作单独维护一个列表。使用对象层级撤销可以撤销针对某个对象的动作，而无需另外撤销针对修改时间比目标对象更近的其他对象的动作。

层级：若要设置撤销或重做的级别数，请输入一个介于 2 到 300 之间的值。撤销级别需要消耗内存；使用的撤销级别越多，占用的系统内存就越多。默认值为 100。

自动恢复：自动恢复默认设置为启用状态，此设置会以指定的时间间隔将每个打开文件的副本保存在原始文件所在的文件夹中，默认为 10 分钟。如果尚未保存文件，Animate 会将副本保存在其 Temp 文件夹中。如果 Animate 意外退出，则在重新启动后要求打开自动恢复文件时，会出现一个对话框，以打开自动恢复文件。如果是正常退出 Animate，则

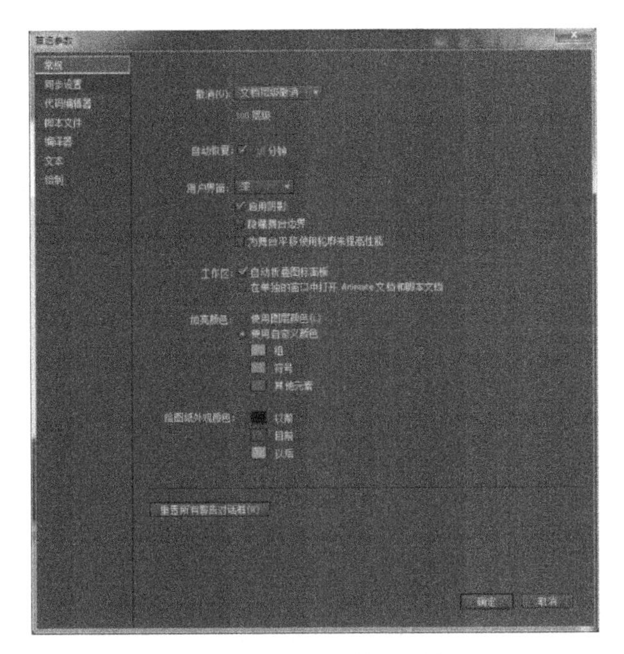

图 1-84　“首选参数”对话框

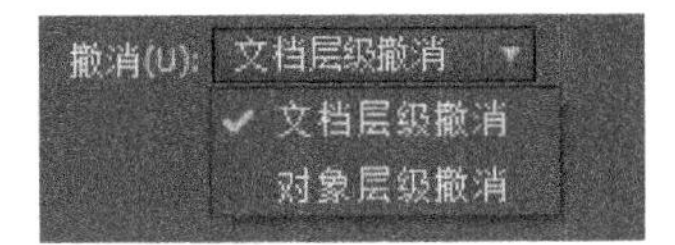

图 1-85　撤　　销

会删除自动恢复文件。从 Animate CC 2015 发行版开始，Animate 不会创建不必要的自动恢复文件。在最后一次创建了自动恢复文件之后，只有在文档被修改时，才会创建自动恢复文件。而只有在用户成功完成保存操作后，系统才会删除自动恢复文件。用户界面：Animate CC 用户界面风格有“深”或“浅”两种，即深灰色和浅灰色，如图 1-86 和图 1-87 所示。若要对用户界面元素应用阴影，可选择“启用阴影”选项。此外，用户还可选择隐藏舞台边界、为舞台平移使用轮廓来提高性能。

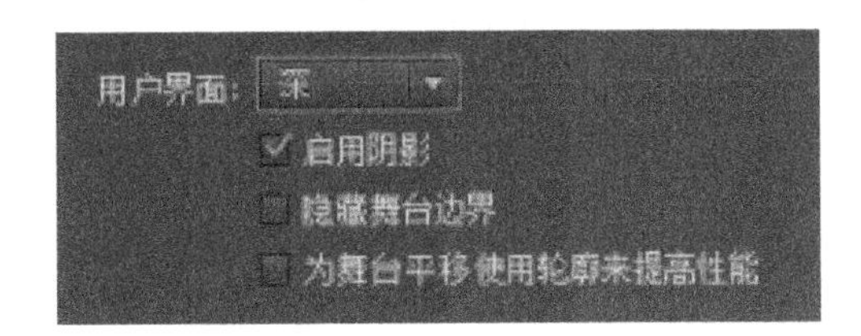

图 1-86　“深”色用户界面

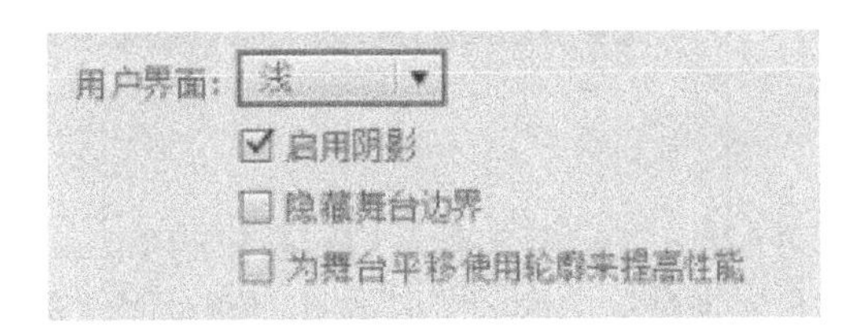

图 1-87　“浅”色用户界面

工作区：“自动折叠图标面板”的功能是在单击处于图标模式中的面板的外部时使这些面板自动折叠。若要在选择“控制”选项>“测试”后打开一个单独的窗口，请选择“在单独的窗口中打开 Animate 和脚本文档”选项，默认情况是在其自己的窗口中打开测试影片。

加亮颜色：在该选项中可以设置不同对象的轮廓颜色，如果要使对象的轮廓颜色与当前图层颜色相同，则选择“使用图层颜色”按钮。

绘图纸外观颜色：用于设置绘图纸外观的颜色，帮助用户区分过去、当前和未来的帧，如图 1-88、图 1-89 所示。不与活动帧相挨的绘图纸外观帧的透明度会逐渐降低。

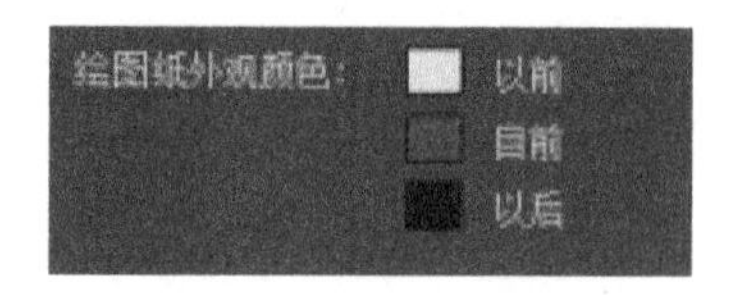

图 1-88　绘图纸外观颜色

图 1-89　绘图纸外观时间轴模式

2. 同步设置

在“同步设置”选项卡中，可以指定相关设置，用于将 Animate 与 Creatve Cloud 账户和库实现同步，如图 1-90 所示。包括 Adobe ID 和同步选项。

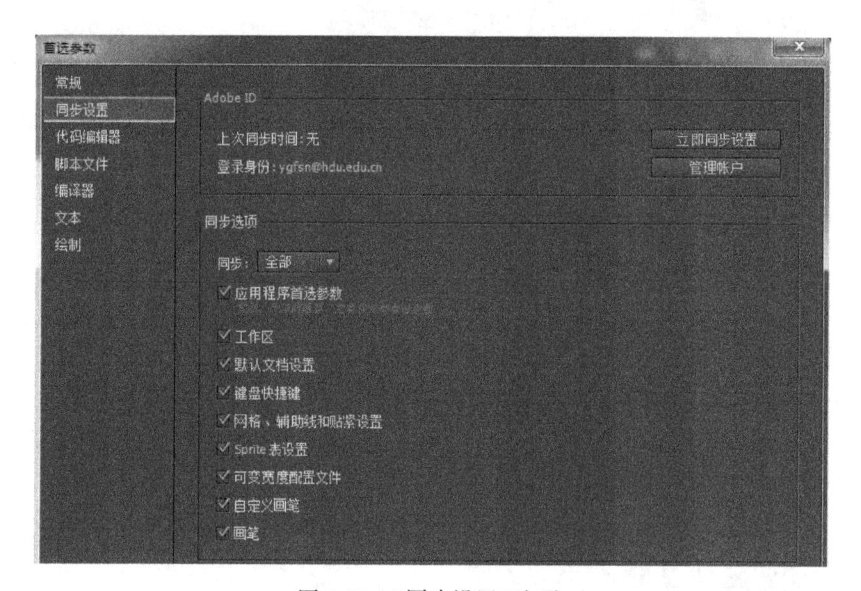

图 1-90　“同步设置”选项

Adobe ID：其中显示用户登录的 Creative Cloud 账户的 Adobe ID 以及与 Creative Cloud 账户实现最后一次同步时的日期和时间。若要查看 Creative Cloud 配置文件和库，或使用另外的 Adobe ID 登录，可以单击“管理账户”按钮。如果要同步设置，则单击“立即同步设置”按钮。

同步选项：这里显示在 Animate 和 Creative Cloud 账户之间已经设置好的同步选项。可以同步应用程序首选参数、工作区、默认文档设置、键盘快捷键、网格、参考线、贴紧设置、sprite 表设置、可变宽度配置文件、自定义画笔以及画笔。在“同步”选项中可以选择同步所有设置、自定义同步选项和禁用所有同步设置。

3. 代码编辑器

在“代码编辑器”选项卡中，可以设置让代码在 Animate 中如何显示，如图 1-91 所示。

可设置的编辑选项和代码格式。

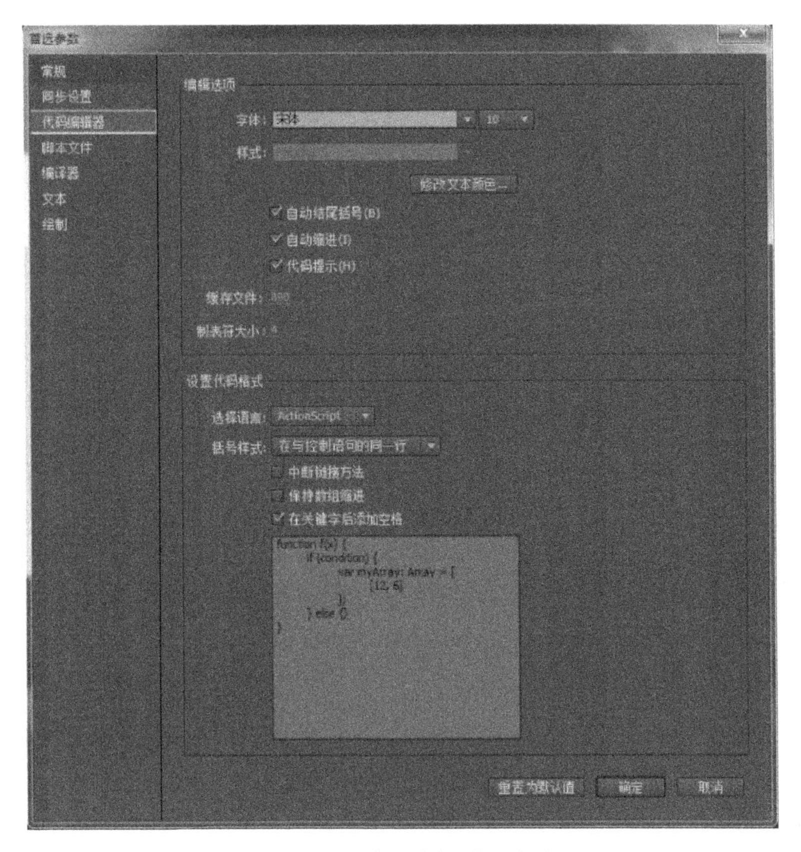

图 1-91　“代码编辑器”选项

在“编辑选项”中可以设置如下参数：

字体：设置字体和字体大小，默认字体为宋体、字号为 10 个像素。

字形：可选项有“常规”“倾斜”“加粗”及“加粗并倾斜”。

修改文本颜色：单击此按钮可设置前景、背景、关键字、注释、标识符及字符串的文本颜色。

自动结尾括号：默认启用。默认情况下，所有代码是用括号括住的。

自动缩进：默认启用。如果不想让代码缩进，可关闭它。

代码提示：默认启用。在键入代码时如果不想让代码提示出现，可清除此复选框。

缓存文件：设置缓存文件限制。默认为 800。

选项卡大小：代码选项卡的默认大小为 4。如果想调整此大小，可输入想要的值。

在“代码格式”下，可以设置以下参数：

脚本语言：选择选项 ActionScript 或 JavaScript 的默认脚本语言。选择某个选项时会显示一个代码样例。

括号样式：选择想用的括号样式，包括与控制语句位于同一行、位于单独行或仅是闭合括号位于单独行。

断开链接方式：选中此项后，系统显示代码行时将合理断开。

使数组缩进：选中此项后，系统将合理缩进数组。

在关键字后面留空格：默认选中。如果不想在每个关键字后面留有空格，可更改此项的设置。

4. 脚本文件

通过“脚本文件”选项卡可以为脚本文件设置打开的编辑、类编辑等参数，如图 1-92 所示。

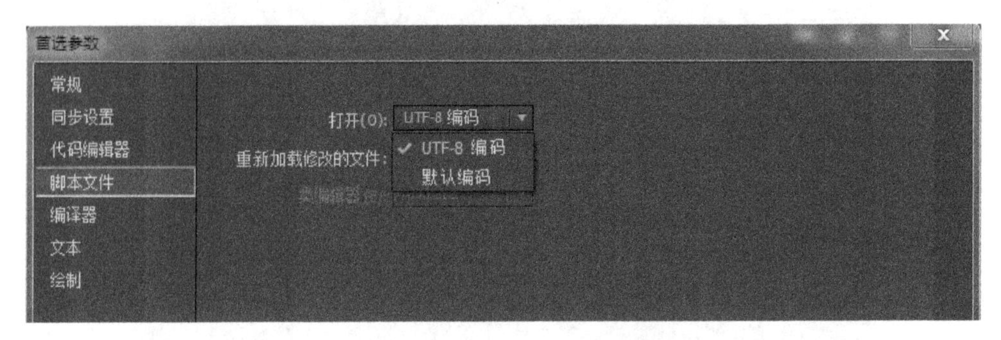

图 1-92 “脚本文件”选项

打开：选择“UTF-8 编码”选项将使用 Unicode 编码打开或导入文件，选择“默认编码”将使用系统当前所用语言的编码形式打开或导入文件。

重新加载修改后的文件：指定脚本文件被修改、移动或删除时将如何操作。选择“总是”“从不”或“提示”选项。设置为“总是”则自动重新加载文件，不显示警告。设置“从不”则文件仍保持当前状态，不显示警告。设置为提示则可以选择选项是否重新加载文件，并显示警告。

当用户使用外部脚本构建应用程序时，此首选参数可以避免覆盖在应用程序打开之后团队成员又进行了修改的脚本，还可以防止使用旧的脚本版本发布应用程序。

类编辑器：选择用于编辑类的编辑器。可选项有 Animate、Flash Builder 和 Ask。

5. 编译器

“编译器”选项卡允许用户针对自己选定的语言设置编译器首选参数，如图 1-93 所示。在 Flex SDK 路径选项卡中可以前的选择包含二进制(bin)、框架(frameworks)、库(lib)及其他文件夹的文件夹的路径。源路径是指包含 ActionScript 类文件的文件夹的路径。库路径是指 SWC 文件或包含 SWC 文件的文件夹的路径。外部库路径是指用作运行时共享库的 SWC 文件的路径。

6. 文本

在“文本”选项卡中可以针对 Animate CC 的文本显示指定参数，如图 1-94 所示。具体包括默认映射字体、样式、显示字体名称语言、显示字体预览、字体预览大小等。“默认映射字体”用于设置在 Animate 中打开文档时替换缺少字体的文字字体，可以在下拉列表

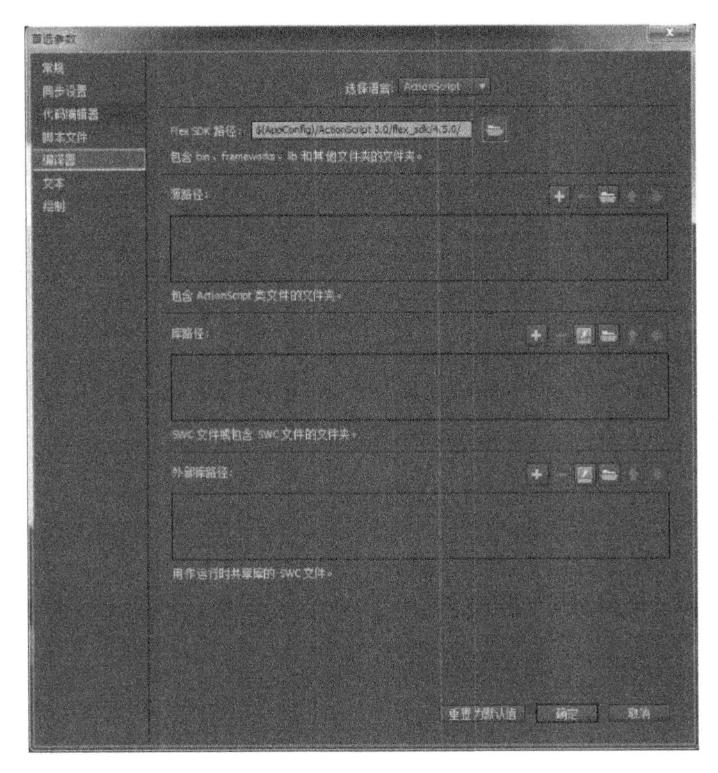

图 1-93　“编译器”选项

中选择相应的字体及样式。“字体菜单”可以对字体菜单的显示效果进行设置，包括以英文显示字体名称、显示字体预览和字体预览大小设置。

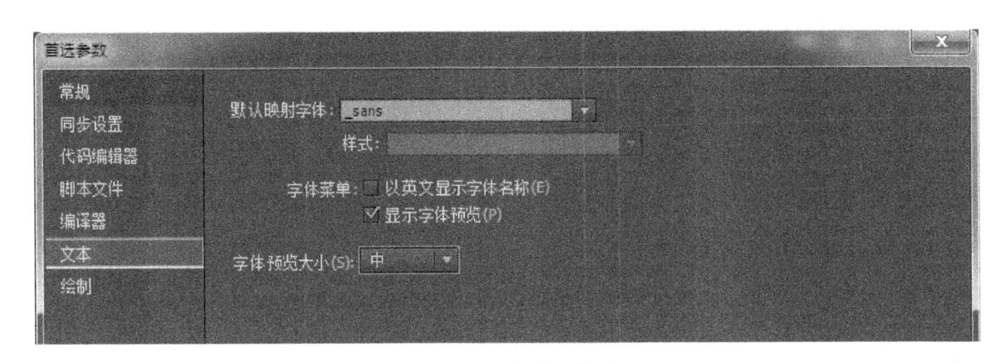

图 1-94　“文本”选项

7. 绘制

“绘制”选项用于设置 Animate CC 绘图工具的相关参数，如图 1-95 所示。

选择：选中“接触感应选择和套索工具”后，在使用“选择工具”和“套索工具”选择对象时，工具与对象的边缘接近时，能自动感应选择。

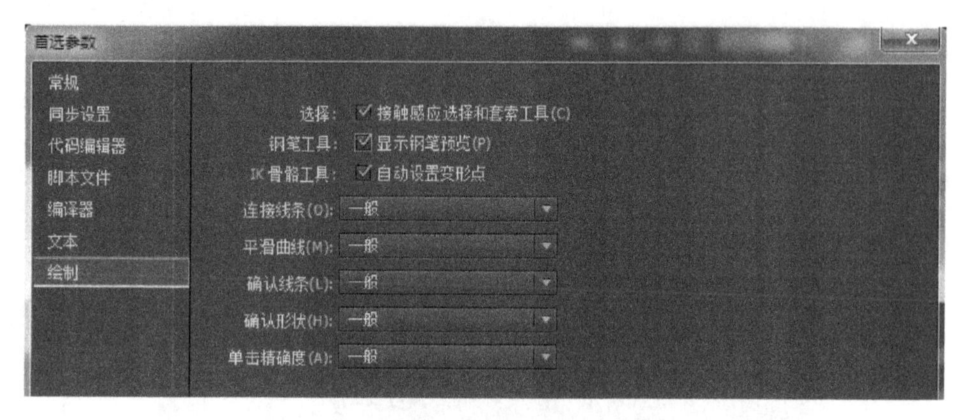

图 1-95 “绘制”选项

钢笔工具：用于设置钢笔工具的选项。选择“显示钢笔预览”选项可显示从上一次单击的点到指针的当前位置之间的预览线条。

骨骼工具：对于骨骼工具，默认选中“自动设置变形点”。若要使用更精确的方法添加骨骼，可关闭“自动设置变形点”，当从一个元件到下一元件依次单击时，骨骼将对齐到元件变形点。

连接线条：决定正在绘制的线条的终点必须距现有线段多近，才能贴紧到另一条线上最近的点。连接线条有“必须是闭合的”“一般”“可以有间隔”三个选项，如图 1-96 所示。

平滑曲线：该选项指定当绘画模式设置为“伸直”或“平滑”时，应用到以铅笔工具绘制的曲线的平滑量。曲线越平滑就越容易改变形状，而越粗略的曲线就越接近符合原始的线条笔触。平滑曲线有“关”“粗略”“一般”“平滑”四个选项，如图 1-97 所示。

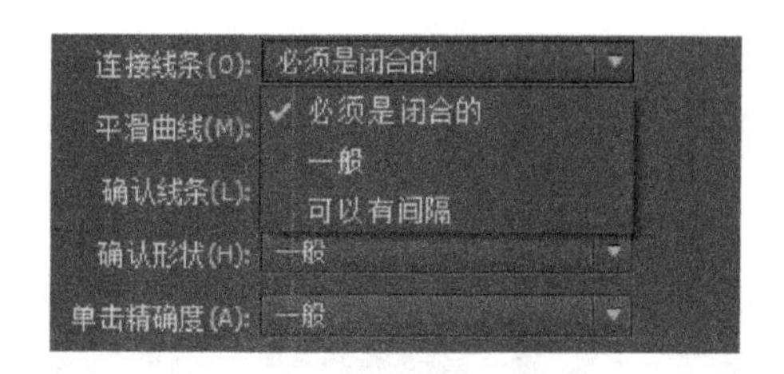

图 1-96 “连接线条”选项

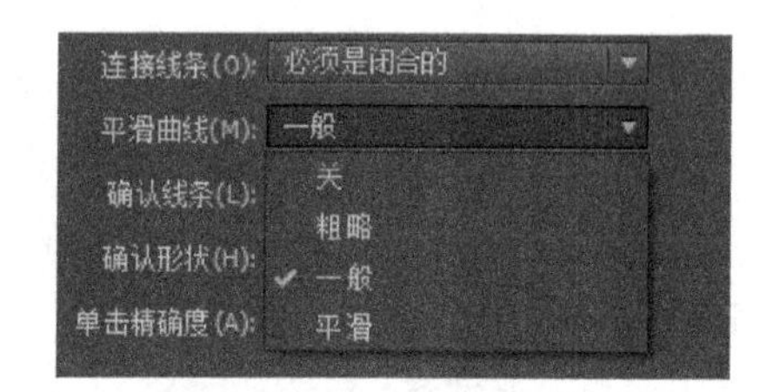

图 1-97 “连接线条”选项

确认线条：定义用“铅笔”工具绘制的线段必须有多直，Animate 才会识别它为直线并使它完全变直。该选项有“关”“严谨”“一般”“宽松”4 个选择项，如图 1-98 所示。

确认形状：控制绘制的圆形、椭圆、正方形、矩形、90°和 180°弧要达到何种精度，才会被识别为几何形状并精确重绘。该选项有“关”“严谨”“一般”和“宽松”4 个选择项，如图 1-99 所示。“严谨”要求绘制的形状要非常接近于精确；“宽松”指定形状可以稍微粗略，Animate 将重绘该形状。

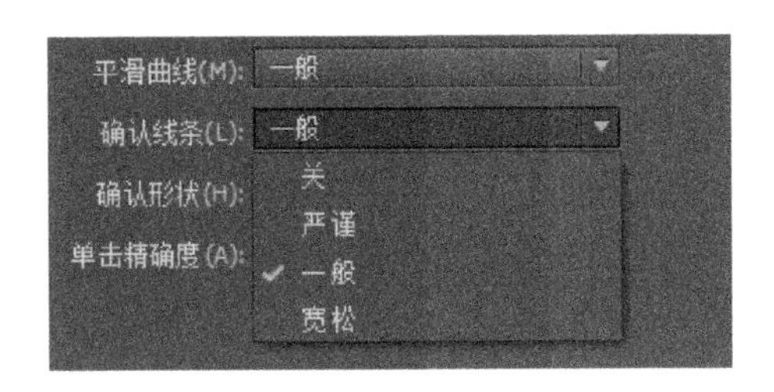

图 1-98　“确认线条”选项

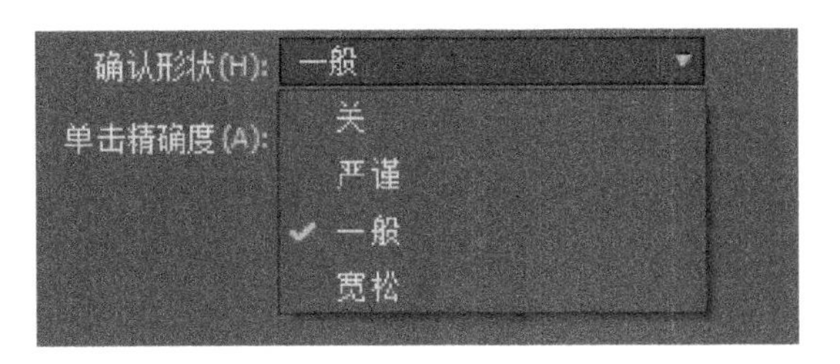

图 1-99　“确认形状”选项

单击精确度：该选项指定指针必须距离某个项目多近时 Animate 才能识别该项目，有“严谨”“一般”“宽松”3 个选项，如图 1-100 所示。

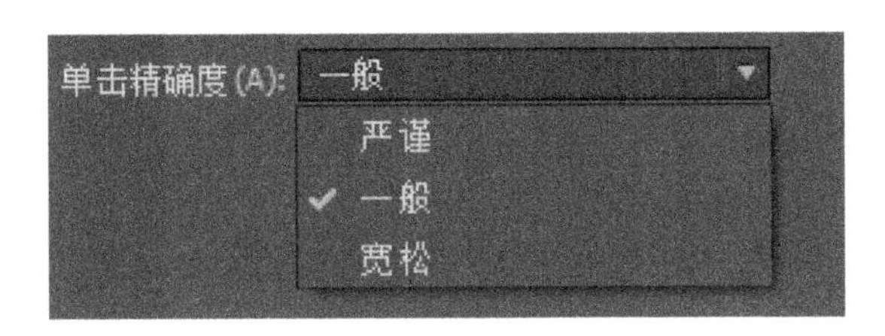

图 1-100　“单击精确度”选项

1.7.2　设置快捷键

在 Animate CC 中用户可以根据自己的使用习惯设置快捷键，可以通过“编辑”>“快捷键”打开对话框，如图 1-101 所示。使用以下选项可添加、删除或编辑键盘快捷键。

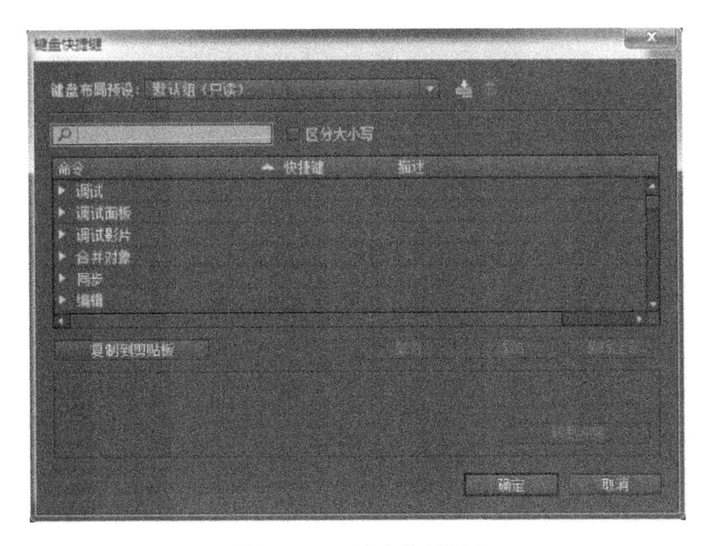

图 1-101　“键盘快捷键”

键盘布局预设：可以从下拉菜单中选择一个预定快捷键预设，也可以选择自己定义的任一组快捷键。用户可以使用“以新名称保存当前的快捷键组”将整组快捷键保存为预设。之后可以从键盘布局预设下拉菜单中选择预设。

搜索：可以搜索任一个想要对其快捷键进行设置或修改的命令。也可以通过命令树图来定位命令。在搜索时可以自行确定是否要区分大小写。

添加：将新快捷键添加到选定的命令中。要为选定命令添加新的键盘快捷键，可单击按钮“添加”然后输入新的按键组合。每个命令只能有一个键盘快捷键，如果某个快捷键已经赋予了某个命令，“添加”按钮便会禁用。

撤销：用于撤销上一次快捷键设置。

复制到剪贴板：可将整个键盘快捷键列表复制到操作系统剪贴板。

转到冲突：该选项可以导航到发生冲突的命令。如果设置快捷键时发生冲突，会显示一条警告消息。

1.8 本章小结

本章主要给读者介绍了 Animate CC 的发展、应用领域及特点，Animate CC 软件安装的软硬件环境需求以及软件的卸载方法，并重点介绍了 Animate CC 的新增功能、软件工作区的构成等内容，对工作界面、菜单栏、Animate 中的常用面板作了讲解，最后介绍了设置 Animate CC 首选参数和快捷键的方法。通过本章的学习读者对 Animate CC 软件应该能有较为全面的认识。

第 2 章　Animate CC 基本操作

通过对第 1 章 Animate CC 基础知识的学习，读者已经对 Animate CC 有了初步的认识，本章将为读者介绍 Animate CC 的基本操作，包括文件操作、撤销、重做与重复操作、使用标尺网格和辅助线、舞台显示比例调整等基本操作方法。

2.1　Animate CC 文件的基本操作

Animate CC 文件基本操作包括新建文本、打开文件、保存文件、关闭文件等基本操作方法，通过该节的学习读者可以根据实际需求处理各种 Animate CC 文件。

2.1.1　新建文件

Animate CC 为用户提供了多种新建文件的方法，下面详细介绍这些方法。

1. 新建空白 Animate CC 文件

启动 Animate CC 后，执行“文件”→“新建”命令，弹出“新建文档”对话框，在“常规”选项卡上，选择要创建的 Animate 文档类型，可以创建空白的 Animate CC 文件，如图 2-1 所示。

HTML5 Canvas：选择该选项可以创建 HTML5 Canvas 类型的 Animate CC 文档，保存格式为 *.fla 的文件，用户可以通过执行“文件”→“发布”命令将其发布为 HTML 类型文件。HTML5 Canvas 是 Animate CC 新增的一种文档类型，该文档对创建丰富的交互性 HTML5 内容提供本地支持。用户可以使用传统的 Animate 时间轴、工作区及工具来创建内容，而生成的是 HTML5 输出。

WebGL(预览)：选择该选项可以创建 WebGL 类型的 Animate CC 文档，保存的格式为 *.fla 的文件，用户可以通过执行“文件”→“发布”命令将其发布后在浏览器预览 WebGL 文件。WebGL 是 Animate CC 中新增的一种文档类型，用户可以利用 Animate 中的强大工具来创建丰富的内容，渲染在任何兼容浏览器上运行的 WebGL 输出。

ActionScript 3.0：选择该选项可以创建以 ActionScript 3.0 为脚本语言的动画文档，保存的文件格式为 *.fla 文件。

AIR for Desktop：选择该选项可以使用 Adobe AIR 技术开发在 AIR 跨桌面平台运行的应用程序，保存格式为 *.fla 的文件，用户可以通过执行“文件”→“AIR 25.0 for Desktop

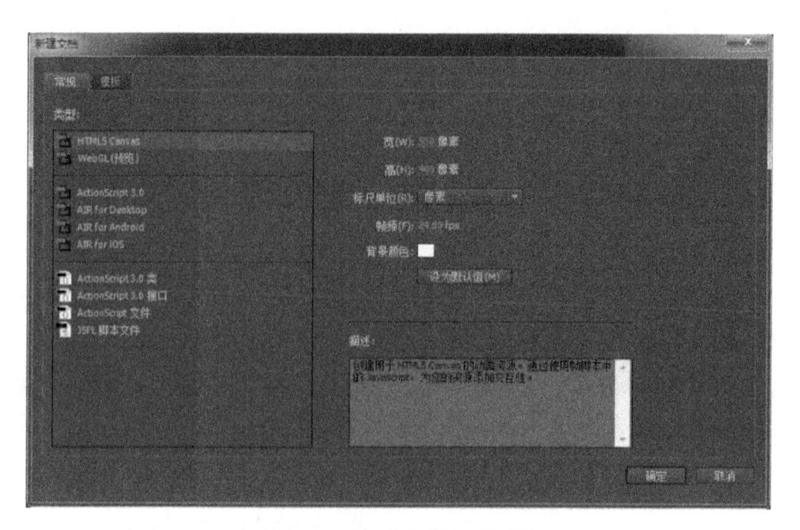

图 2-1 “新建文档”对话框

设置”命令将其发布为 AIR 文件包。

AIR for Android：选择该选项可以使用 Adobe AIR 技术开发 Android 设备上运行的应用程序，保存格式为 *.fla 的文件，用户可以通过执行“文件”→“AIR 25.0 for Desktop 设置”命令将其发布为 Android 平台上运行的 *.apk 文件包。

AIR for iOS：选择该选项可以使用 Adobe AIR 技术开发 Apple iOS 设备上运行的应用程序，保存格式为 *.fla 的文件，用户可以通过执行“文件”→“AIR 25.0 for iOS 设置”命令将其发布为 Apple iOS 平台上的运行 *.ipa 文件包。

在创建以上六种文件类型的时候，在“新建文档”对话框的右侧可设置文档的属性，包括舞台的宽与高、标尺单位、帧速率、舞台背景色。舞台的宽与高的单位都是像素，标尺单位可以是像素、英寸等，如图 2-2 所示。帧速率的单位是 fps(frame per second：每秒帧数)，此外用户可以根据实际需要设置舞台的背景色，默认为白色。

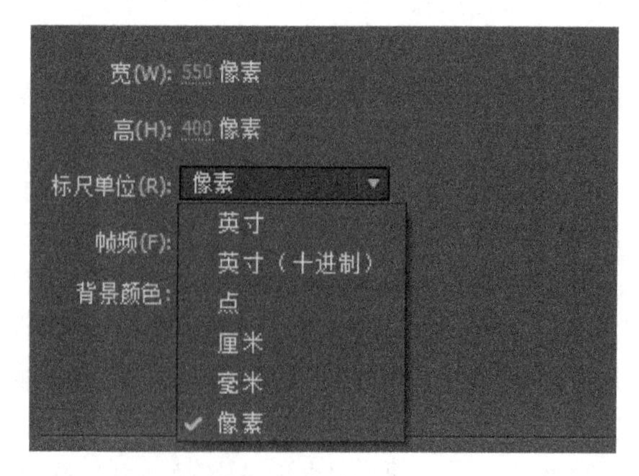

图 2-2 文件属性

除了上述六种文件之外，用户还可创建以下类型的脚本文件。

ActionScript 3.0 类：选择该选项可以创建 ActionScript 3.0 类文件，用户可以自定义类保存为 *.as 文件，创建该文档时需要用户在对话框中输入类名称。

ActionScript 3.0 接口：该选项用于创建一个 AS 文件（*.as）以定义一个新 Action Script 3.0 接口，创建该文档时需要用户在对话框中输入接口名称。

ActionScript 3.0 文件：该选项用于创建一个 ActionScript 3.0 外部文件，保存为 *.as 格式，在动画文档中通过时间轴脚本或其他方式进行调用。

JSFL 脚本文件：该选项用于创建一个 FlashJavaScript 文件，JSFL 是一种作用于 Flash 编辑器的脚本文件。

2. 从模板创建新文档

选择“文件”→“新建”选项，单击“模板”选项卡。从“类别”列表中选择一个类别，并从“类别项目”列表中选择一个文档，然后单击“确定”按钮。可以选择 Animate 自带的标准模板，也可以选择用户曾经保存的模板，如图 2-3 所示。Animate CC 标准模板包括范例文件、演示文稿、横幅、AIR for Android、AIR for iOS、HTML5 Canvas 、WebGL、广告、动画、媒体播放等类型。

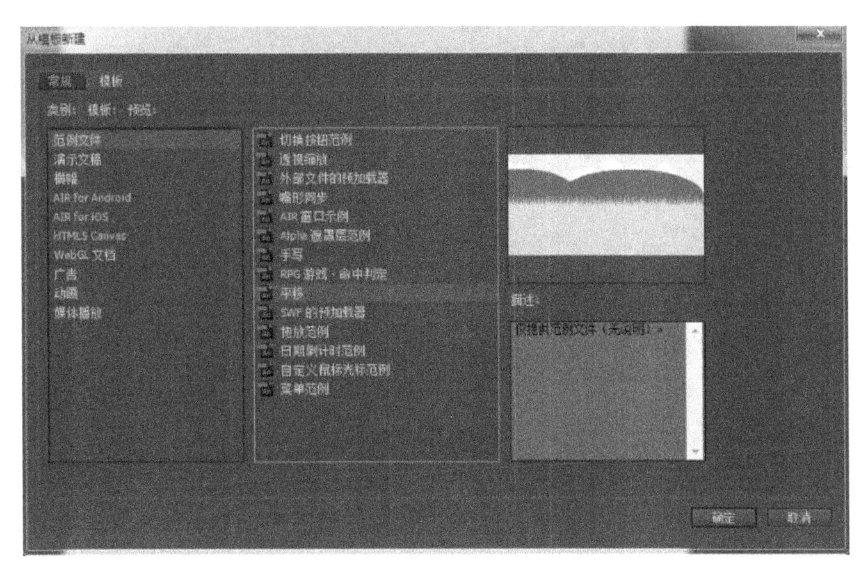

图 2-3　从模板新建 Animate 文件

2.1.2　打开文件

在 Animate CC 中，执行“文件”→“打开”命令，从弹出“打开”对话框中选择 Animate 文件，如图 2-4 所示，单击“打开”按钮即可打开文件，如图 2-5 所示。如果想一次打开多个文件，则可以按住 Ctrl 键选择不连续的多个文档，或按住 Shift 键选择连续的多个 Animate 文件。

图 2-4 “打开”对话框

图 2-5 打开 Animate 文件

2.1.3 保存文件

在制作 Animate 动画的过程中或已经完成文件编辑，可以将文件保存起来，保存时需要选择保存的路径、文件名和文件类型。在 Animate CC 中可以通过执行“保存”“另存为”“另存为模板”等命令保存文件。

1. 保存 Animate 文件

对于包含未保存的更改的文件，文档标题栏、应用程序标题栏和文档选项卡中的文档名称后会出现一个星号（*），可以执行“文件”→“保存”命令覆盖文件，如图 2-6 所示。

2. 另存为 Animate 文件

要将文档保存到不同的位置和/或用不同的名称保存文档，或者要压缩文档，请选择“文件”→“另存为”选项，如图 2-7 所示。弹出“另存为”对话框，在该对话框中对保存路径、文件名、文件格式等参数进行设置，单击“保存”按钮即可另存文件，如图 2-8 所示。

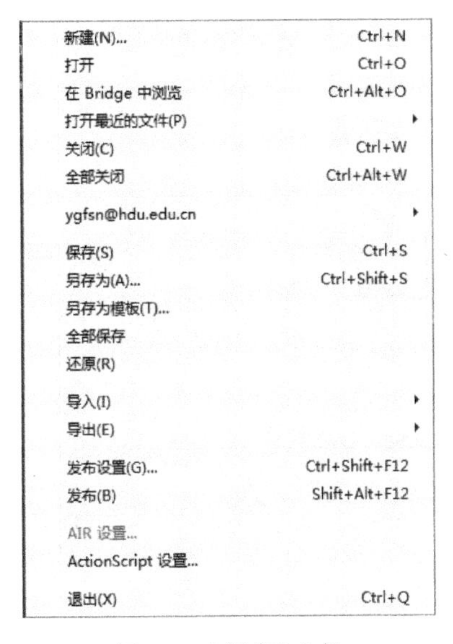

图 2-6　“保存”文件

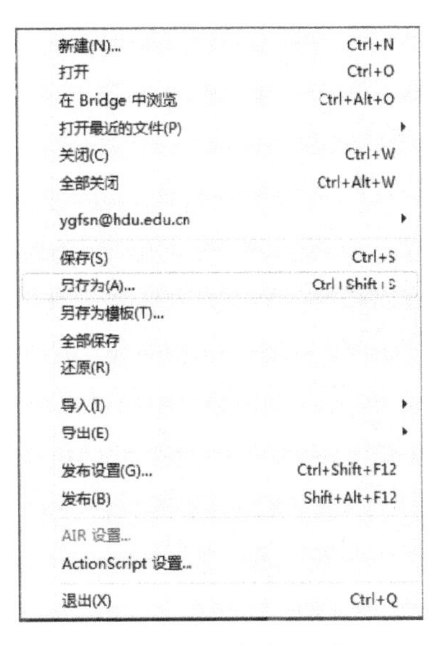

图 2-7　“另存为”命令

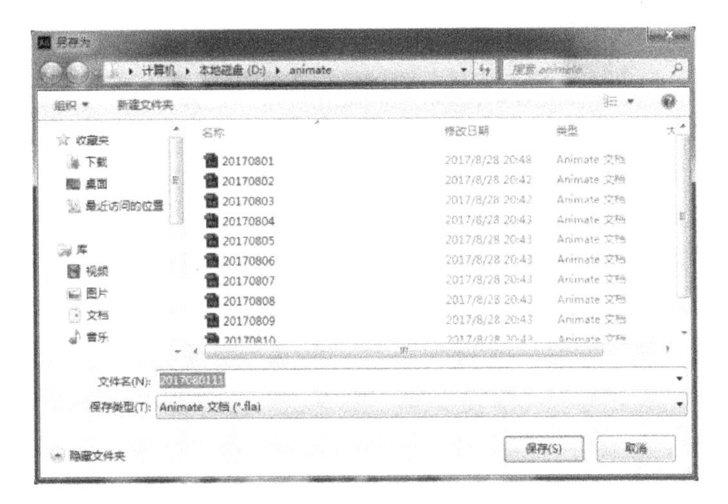

图 2-8　“另存为”对话框

3. 另存为 Animate 模板

在 Animate CC 中可以将文件使用模板格式进行保存，以方便用户在以后制作 Animate 文件时可以调用模板使用。另存为模板文件可以执行“文件”→“另存为模板”命令，如图

2-9 所示。在弹出的“另存为模板”对话框的“名称”框中输入模板的名称，在“类别”弹出菜单中选择一种类别或输入一个名称，以便创建新类别，在“描述”框中输入模板说明(最多 255 个字符)，然后单击“确定”按钮，如图 2-10 所示。

新建(N)... Ctrl+N
打开 Ctrl+O
在 Bridge 中浏览 Ctrl+Alt+O
打开最近的文件(P)
关闭(C) Ctrl+W
全部关闭 Ctrl+Alt+W
ygfsn@hdu.edu.cn
保存(S) Ctrl+S
另存为(A)... Ctrl+Shift+S
另存为模板(T)...
全部保存
还原(R)
导入(I)
导出(E)
发布设置(G)... Ctrl+Shift+F12
发布(B) Shift+Alt+F12
AIR 设置...
ActionScript 设置...
退出(X) Ctrl+Q

图 2-9 “另存为模板”命令

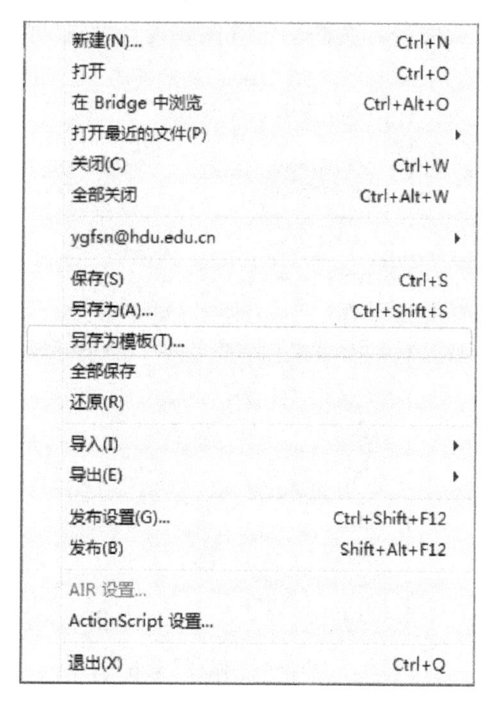

图 2-10 “另存为模板”对话框

如果要删除保存的模板，请定位到以下文件夹之一，并从包含模板 FLA 文件的类别文件夹中删除该文件。

在 Windows Vista 和 7 中-C：\Users\<用户名→\AppData\Local\Adobe\Animate CC 2017\<语言→\Configuration\Templates\。

以 Windows 7 系统为例，可从图 2-11 中磁盘路径中找到自定义保存的模板文件。

图 2-11 删除模板

2.2　撤销、重做与重复操作

2.2.1　撤销操作

在 Animate CC 动画制作过程中如果对当前操作不满意，可以执行“编辑”→“撤销”命令，如图 2-12 所示。默认情况下，Animate 的“撤销”菜单命令支持的撤销级别数为 100。可以在 Animate 的“首选参数”中选择撤销级别数(从 2 到 300)。

提示：撤销操作也可以通过按快捷键“Ctrl+Z”来执行，此外还可以使用“历史记录”面板进行撤销操作。如果需要撤销上一个步骤，则只要将“历史记录”面板左侧的滑块向上拖动一格即可，如图 2-13 所示。如果要撤销多个步骤，则将滑块向上拖动多个步骤。

图 2-12　“撤销”命令

图 2-13　“历史记录”命令

2.2.2　重做操作

在 Animate CC 动画制作过程中如果误操作执行了“撤销”命令，造成动画效果丢失，则可以执行“编辑”→“重做”命令，即可恢复之前的效果，如图 2-14 所示。

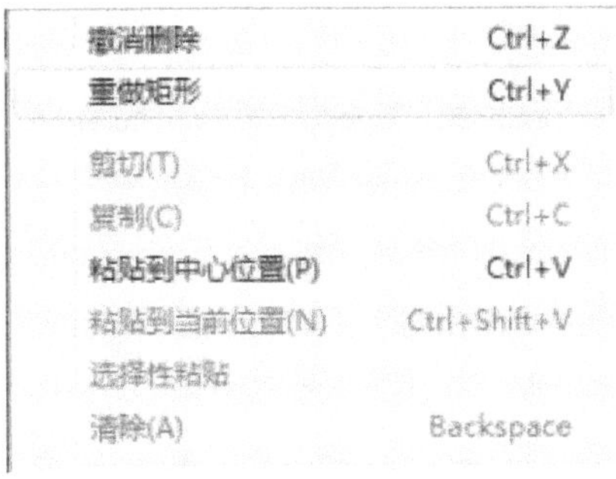

撤消删除 Ctrl+Z
重做矩形 Ctrl+Y
剪切(T) Ctrl+X
复制(C) Ctrl+C
粘贴到中心位置(P) Ctrl+V
粘贴到当前位置(N) Ctrl+Shift+V
选择性粘贴
清除(A) Backspace

图 2-14　“重做”命令

提示：重做操作也可以通过按快捷键“Ctrl+Y”来执行，此外还可以使用“历史记录”面板进行撤销操作。如果需要重做上一个步骤，则只要将“历史记录”面板左侧的滑块向下拖动一格即可，如图 2-15 所示。如果要重做多个步骤，则将滑块向下拖动多个步骤。如果要重做多个不相邻的步骤，在“历史记录”面板中选择一个步骤，然后按住 Ctrl 键单击(Windows)或按住 Command 键单击(Macintosh)其他步骤。要取消选择选定的步骤，请在按住 Ctrl 或 Command 键的同时单击，然后单击“历史记录”面板左下角的“重放”按钮。

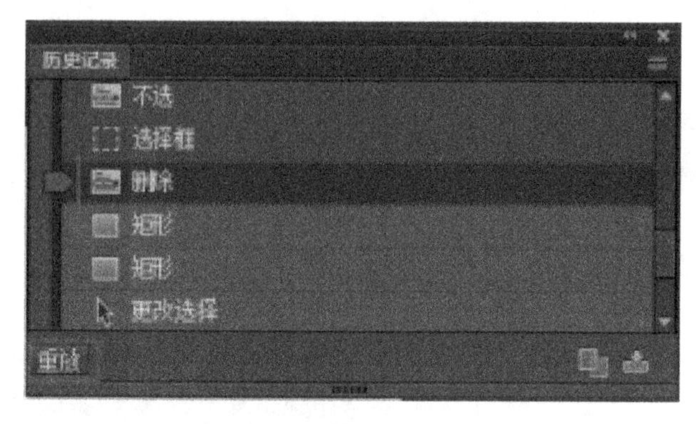

图 2-15 “历史记录”命令

2.2.3 重复操作

在 Animate CC 动画制作过程中如果要将某个步骤重复应用于同一对象或不同对象，可以执行“编辑”→“重复”命令，如图 2-16 所示。例如，如果移动了名为 symbol_A 的元件，可以选择“编辑”→“重复”选项再次移动该元件；或者选择另一元件 symbol_B，然后选择“编辑”→“重复”选项将第二个元件移动相同的幅度。

撤消移动 Ctrl+Z
重复移动 Ctrl+Y
剪切(T) Ctrl+X
复制(C) Ctrl+C
粘贴到中心位置(P) Ctrl+V
粘贴到当前位置(N) Ctrl+Shift+V
选择性粘贴
清除(A) Backspace

图 2-16 “重复”命令

提示：重复操作也可以通过快捷键“Ctrl+Y”来执行。

2.3　使用标尺、网格和辅助线

Animate CC 提供了标尺、网格、辅助线等工具帮助用户提供动画制作的效率及质量。

2.3.1　使用标尺

在 Animate CC 软件中，可以使用“标尺”工具来提高动画元素的定位精度，在系统默认状态下，标尺处于隐藏状态，用户可以执行“视图”→“标尺”命令打开标尺，如图 2-17 所示。标尺位于文档窗口的左侧和顶部，标尺的原点(0, 0)位于舞台的左上角，X 坐标向右为正，Y 坐标向下为正，用户可以使用标尺来帮助定位对象，如图 2-18 所示。标尺默认的单位是像素，用户可以通过执行“修改”→“文档”命令，在“单位”对话框中选择相应的选项来设置标尺单位。

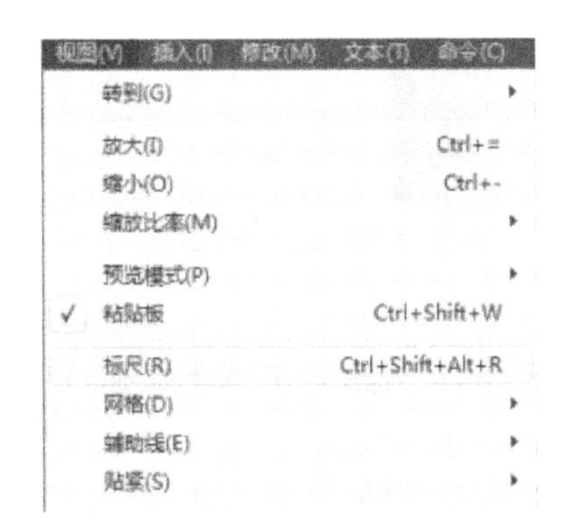

图 2-17　“标尺”命令

图 2-18　显示标尺

如果要隐藏标尺，则可再次执行“视图”→“标尺”命令。此外，用户也可以使用快捷键“Ctrl+Shift+Alt+R”来显示或隐藏标尺。

2.3.2　使用网格

1. 显示/隐藏网格

在 Animate CC 中，网格可以帮助用户对动画元素进行合理布局。可以执行“视图”→“网格”→“显示网格”命令打开网格，如图 2-19 所示。网格是在文档的所有场景中显示为具有一定间隔的一系列水平和垂直的直线，在默认情况下，网格直线的颜色为中性灰色，直线的水平和垂直间距为 10 个像素，网格显示在动画元素之后，如图 2-20 所示。

如果要隐藏网格，则可以再次执行“视图”→“网格”→“显示网格”命令隐藏网格，也即“显示网格”命令是一个双向命令，连续执行两次可以显示或隐藏网格。

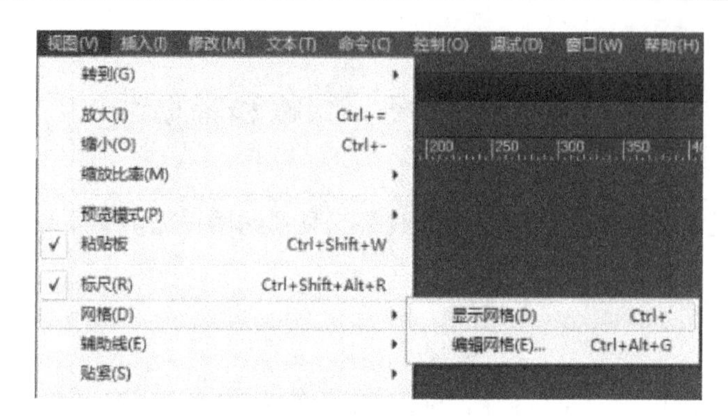

图 2-19 “显示网格”命令

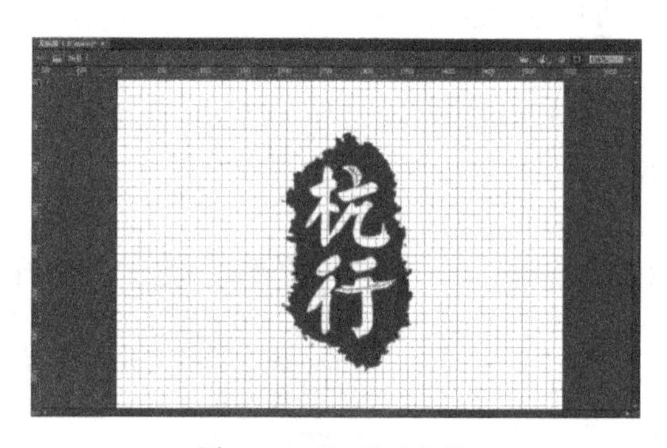

图 2-20 显 示 网 格

提示：除了运用菜单命令之外，也可以使用快捷键“ Ctrl+’”来显示或隐藏网格。

2. 编辑网格

如果需要修改网格线之间的间距、颜色或将网格线显示在动画元素的上面，可以执行“视图”→“网格”→“编辑网格”命令，如图 2-21 所示。在弹出的“网格”对话框中修改颜色、显示网格、在对象上方显示、贴紧至网格、网格水平与垂直间距等，如图 2-22 所示。

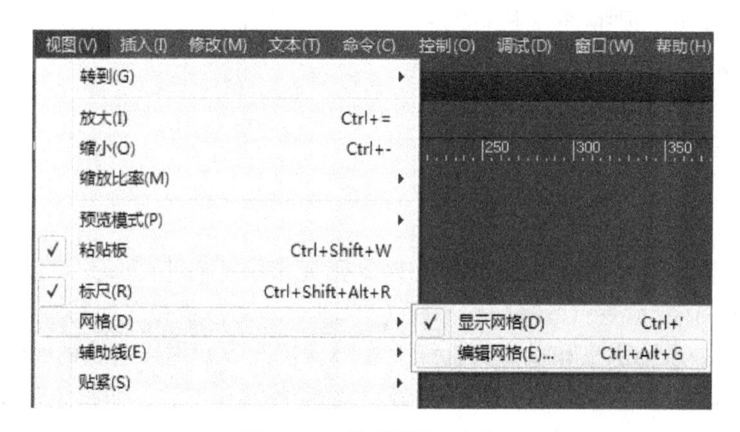

图 2-21 “编辑网格”命令

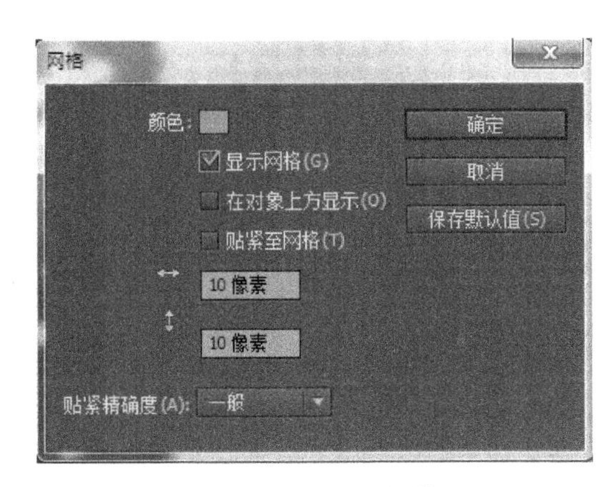

图 2-22　“网格”对话框

颜色：用于自定义网格线的颜色，单击色块弹出“色板”，可从中选择需要的颜色。

显示网格：用于控制网格线是否显示，与“视图”→“网格”→“显示网格”命令相连，该多选项处于选中时，网格线在舞台上显示，相反则网格线不显示。

在对象上方显示：默认为非选中状态，此时网格处于动画元素的下面，该多选项选中后，网格处于动画元素的上面。

贴紧至网格：用于使对象精准贴附于网格，便于让对象对齐、绘制精准图形。

网格宽、高：用于修改网格线水平与垂直的间距，单位是像素。

贴紧精确度：可以设置网格的贴紧精确度，有必须接近、一般、可以远离、总是贴紧四个选项。

2.3.3　使用辅助线

在 Animate CC 中，用户通过创建辅助线可以对舞台空间进行规划，利用辅助线快速对齐图形、图像、元件等元素。

1. 创建辅助线

创建辅助线时，首先需要显示标尺，先执行“视图”→“标尺”命令，此时可以从标尺上将水平辅助线和垂直辅助线拖动到舞台上，如图 2-23 所示。

2. 设置辅助线

如果需要设置辅助线，则可以可以执行“视图”→“辅助线”→“编辑辅助线”命令，在弹出的“辅助线”对话框中设置颜色、显示辅助线、贴紧至辅助线、锁定辅助线、贴紧精确度等参数，如图 2-24 所示。

颜色：用于自定义辅助线的颜色，单击色块弹出“色板”，可从中选择需要的颜色。

显示辅助线：用于控制显示辅助线是否显示，该多选项处于选中时，辅助线在舞台上显示，相反则网辅助线不显示。

贴紧至辅助线：用于使对象精准贴附于辅助线，便于让对象对齐、绘制精准图形。

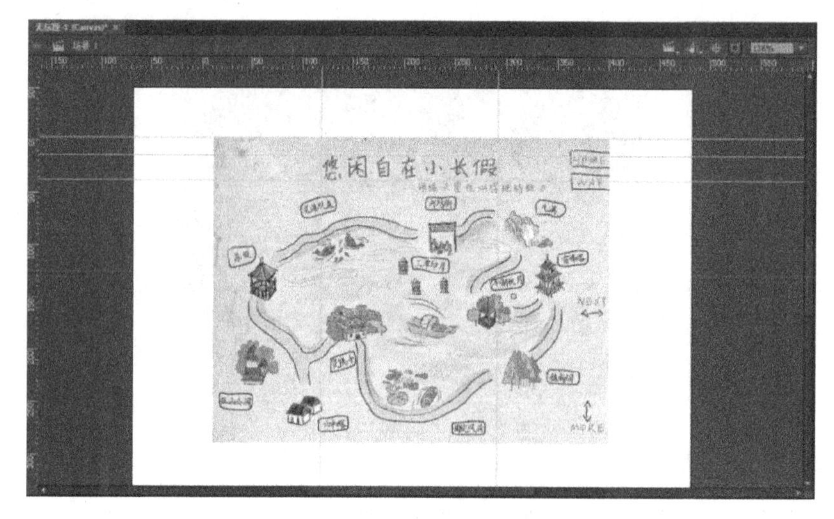

图 2-23　创建辅助线

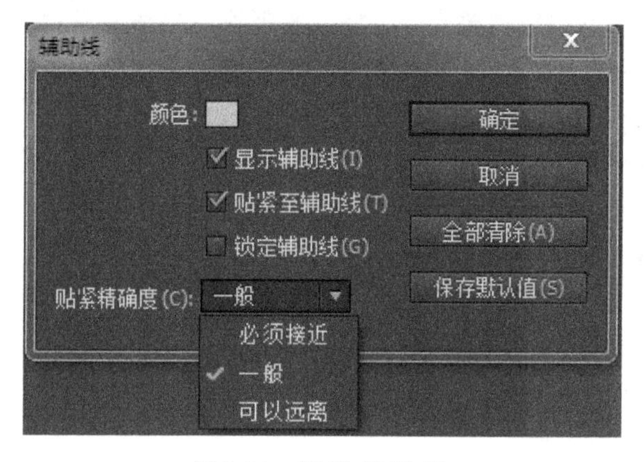

图 2-24　编辑辅助线

贴紧精确度：可以设置辅助线的贴紧精确度，有必须接近、一般、可以选离三个选项。

全部清除：单击该的按钮可以将舞台上的辅助线都删除。

保存默认值：单击该按钮，可以将当前的参数设置为系统默认值。

3. 移动与删除辅助线

如果要移动辅助线，可以使用工具面板中的“选择工具”，当该工具移动到辅助线附近时，选择工具的右下角会出现三角形，此时即可移动辅助线。如果想删除某一根辅助线，可将该辅助线移回到水平或垂直标尺上，如果要删除所有辅助线，则可执行“视图”→“辅助线”→“清除辅助线”命令，如图 2-25 所示。

提示：删除辅助线的操作无法撤销，“编辑”→“撤销”命令或“历史记录”面板都无法撤销删除辅助线的操作。

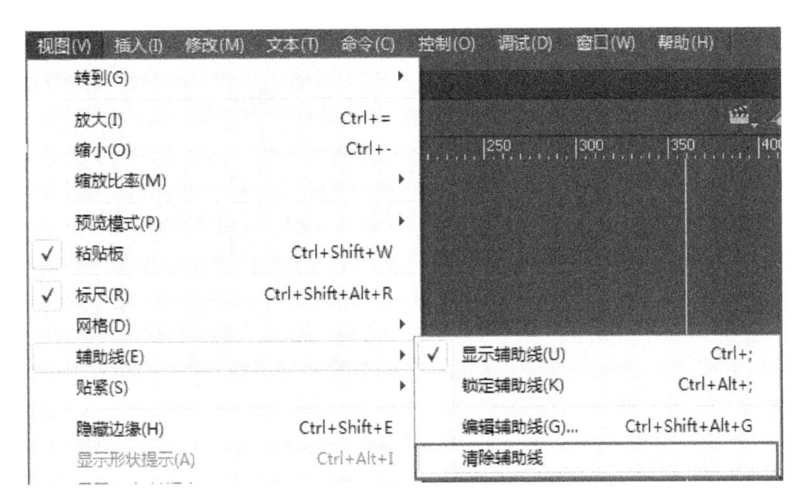

图 2-25　清除辅助线

4. 锁定辅助线

执行“视图”→“辅助线”→“锁定辅助线”命令可以锁定参考线，如图 2-26 所示。辅助线锁定后将无法移动、删除等操作。再次执行“视图”→“辅助线”→“锁定辅助线”命令即可解锁辅助线。

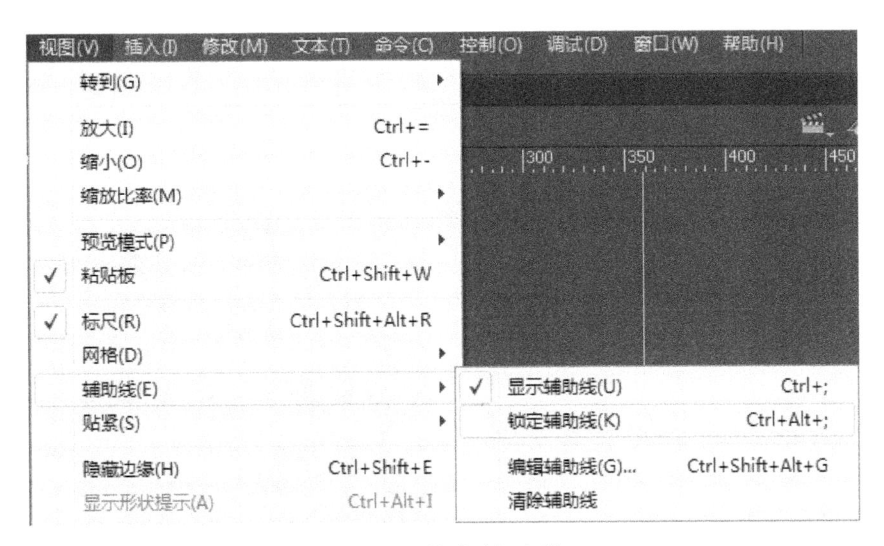

图 2-26　锁定辅助线

5. 贴紧辅助线

如果要使用“贴紧辅助线”功能，可以执行“视图”→“网格”→“贴紧辅助线”命令开启该功能，如图 2-27 所示。“贴紧辅助线”功能具有自动捕捉对象的功能，当对象靠近辅助线的时候，会自动贴近辅助线。

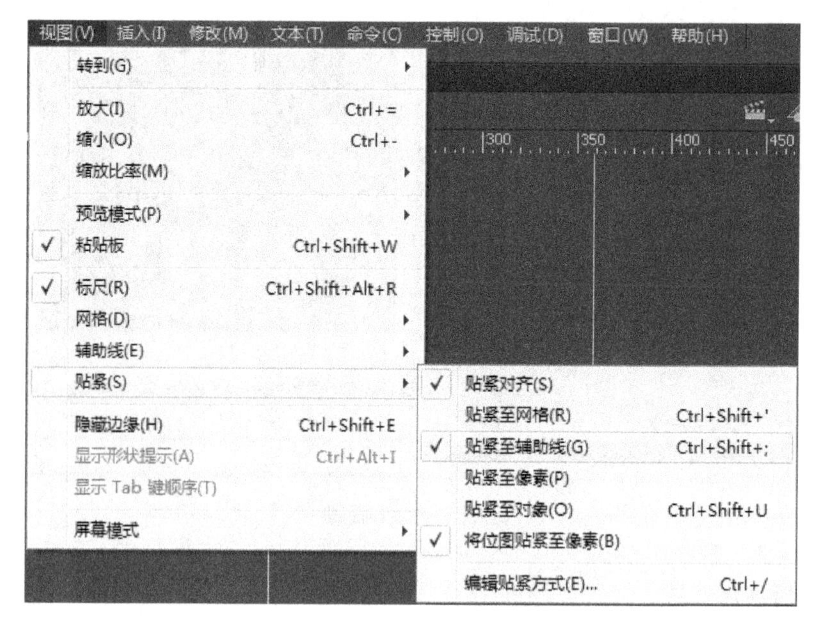

图 2-27　贴紧辅助线

6. 显示/隐藏辅助线

如果要显示辅助线，则可以再次执行“视图”→“网格”→“显示辅助线”命令显示辅助线，如图 2-28 所示。如果要隐藏辅助线，则可以再次执行“视图”→“网格”→“显示辅助线”命令隐藏辅助线，也即“显示辅助线”命令是一个双向命令，连续执行两次可以显示或隐藏辅助线。

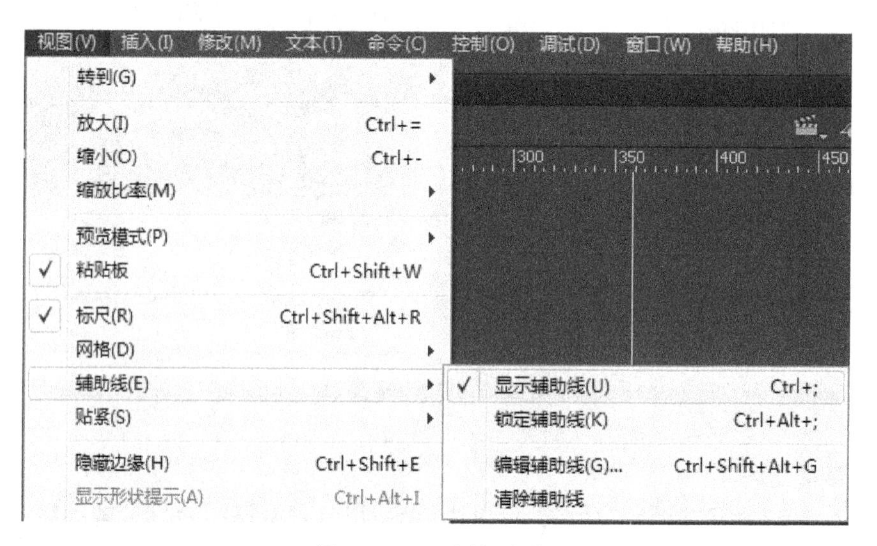

图 2-28　显示辅助线

2.4 舞台缩放与移动

在 Animate CC 动画设计与制作过程中，经常需要对动画细节进行编辑或观察动画的整体效果，因而对舞台的缩放、移动显示是使用频率最高的操作之一。

2.4.1 舞台缩放

舞台缩放是控制舞台显示比例的一种操作。当新建 Animate CC 文档后，舞台默认的显示比例为 100%，如图 2-29 所示。如果需要观察整个舞台，或查看舞台中对象的特定区域，可对舞台的显示比例进行调整。在 Animate CC 中，舞台的缩放比例范围是 4%～2000%，也即最小可以缩小至 4%，最大可放大至 2000%。

使用“缩放工具”缩放舞台：在 Animate CC 中通过“工具面板”中的“缩放工具”“单击”舞台可以放大舞台的显示比例，也可通过“单击+拖动”的方法放大舞台特定区域。选择“缩放工具”选项，当鼠标指针呈现“放大镜+”状态时可以放大舞台显示比例，如果要缩小舞台，则可在选中“缩放工具”的同时按住“Alt”键，此时鼠标指针呈现“放大镜-”状态，即可缩小舞台显示比例，如图 2-30 为放大熊猫嘴部图形的效果。

图 2-29 舞台 110%显示

图 2-30 放大舞台特定区域

使用文档“编辑栏”缩放舞台：除了使用“缩放工具”调整舞台比例之外，还可以使用文的档“编辑栏”来缩放舞台显示比例(见图 2-31)，从列表中选择相应比例数值可缩放舞台显示比例，图 2-32 为选择选项 50%缩小舞台显示比例。“符合窗口大小”：选择该选项将显示整个舞台区域，舞台不可移动；“显示帧”：选择该选项将显示整个舞台区域，舞台可以移动；“显示全部”：显示舞台中的全部内容。

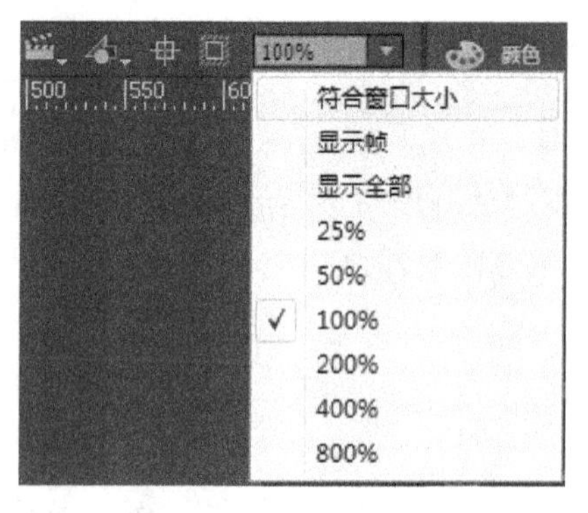

图 2-31　使用文档“编辑栏”缩放舞台显示

图 2-32　50%舞台比例

提示：可以使用快捷键“Ctrl+”快速放大舞台，使用“Ctrl-”快速缩小舞台显示比例。

2.4.2　移动舞台

当舞台显示比例过大无法查看整个舞台时，可以使用“手形工具”移动舞台显示区域(见图 2-33)，此时可以移动舞台(见图 2-34)。

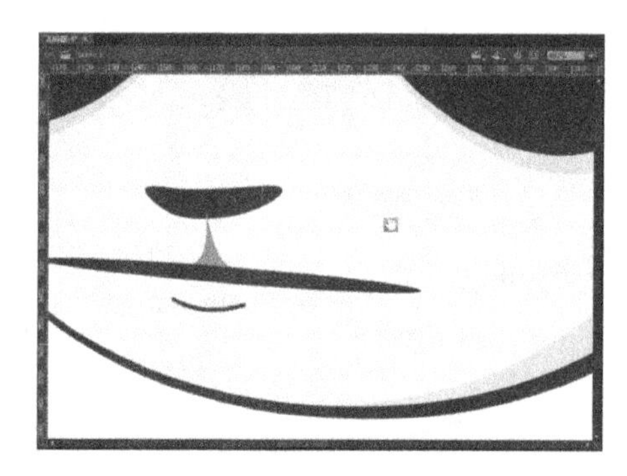

图 2-33　手形鼠标指针

图 2-34　移动舞台显示区域

2.5　本章小结

本章主要为读者介绍了 Animate CC 软件的基本操作，包括文件保存与打开操作，撤销、重做与重复操作，并讲解了使用标尺网格和辅助线以及舞台显示比例调整的基本操作方法。通过本章的学习，读者应能进一步熟悉 Animate CC 的应用。

第3章　在 Animate CC 中绘制图形

本章主要介绍 Animate CC 中图像处理基础知识、选择工具、基本绘图工具的技术与方法，通过本章的学习，读者可以掌握 Animate CC 中基本的图形绘制与编辑与方面的知识，为深入学习 Animate CC 知识奠定基础。

3.1　图像基础知识

在使用 Animate CC 绘图之前，读者需要先了解图像基础知识，以便对绘图的原理有更深入的理解。

3.1.1　位图与矢量图

位图又称为点阵图，它是由许多点(像素)排列组合成的图像。位图具有色彩丰富、文件数据量大等特征，如图 3-1 所示。由于构成位图的像素数量是固定的，因而放大位图容易失真，出现锯齿，如图 3-2 所示。

图 3-1　位　图

矢量图也称为图形或绘图图像，是通过数学公式计算获得的。矢量图使用直线和曲线来描述图形元素，具有、形状、、大小和位置等属性。矢量图的优点是无论放大、缩小或旋转等不会失真，缺点是难以表现色彩层次丰富的逼真图像效果，如图 3-3 和图 3-4 所示。

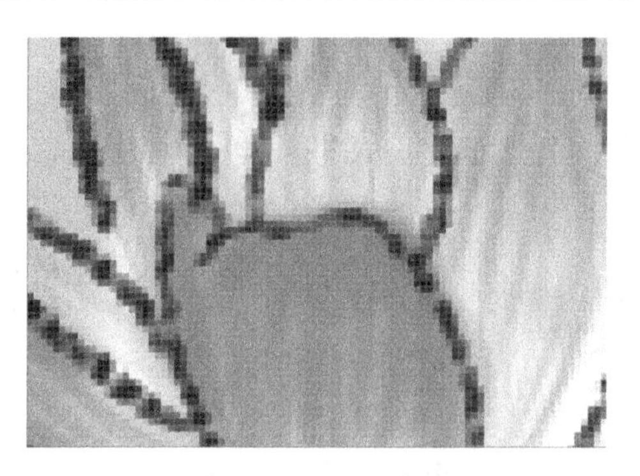

图 3-2　放大出现锯齿

图 3-3　矢量图

图 3-4　矢量图局部放大

3.1.2　像素和分辨率

像素是指在由一个数字序列表示的图像中的一个最小单位，如图 3-5 所示。分辨率是位图图像的单位，是指单位尺寸内像素点的数量，分辨率的单位为 PPI(Pixels Per Inch)。分辨率越高，图像所包含的像素就越多，图像就越清晰，分辨率越低，图像所包含的像素就越少，图像就越模糊。

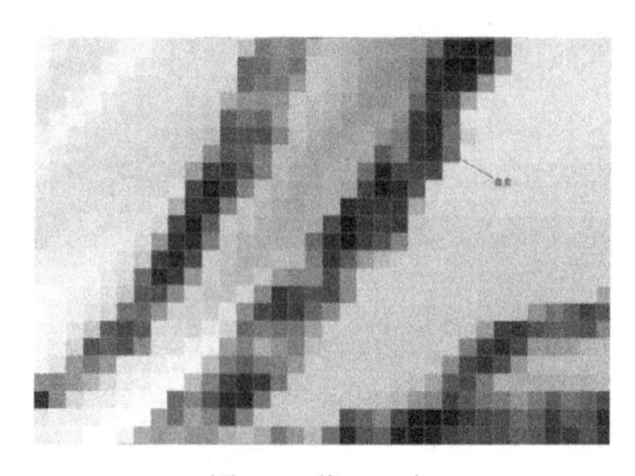

图 3-5　像　　素

3.2 线条工具

在 Animate CC 中使用“线条工具”可以绘制直线段或其他艺术线段，用户可以根据实际需要在“属性”面板中设置填充与笔触参数绘制各种类型的线段。

3.2.1 设置线条属性

单击“工具”面板中的“线条工具”按钮，在舞台中单击并拖动鼠标，可以绘制一条直线，如图 3-6 所示。通过“属性”面板中的参数可修改线条的颜色、绘制模式、笔触大小、样式、宽度、端点形状、接合处形状等参数，如图 3-7 所示。

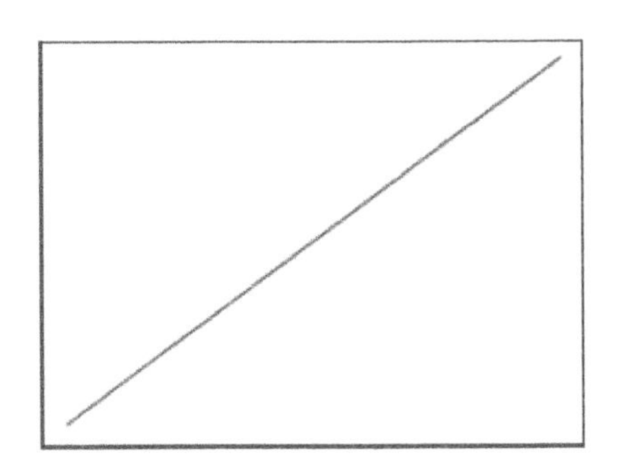

图 3-6　绘制直线段

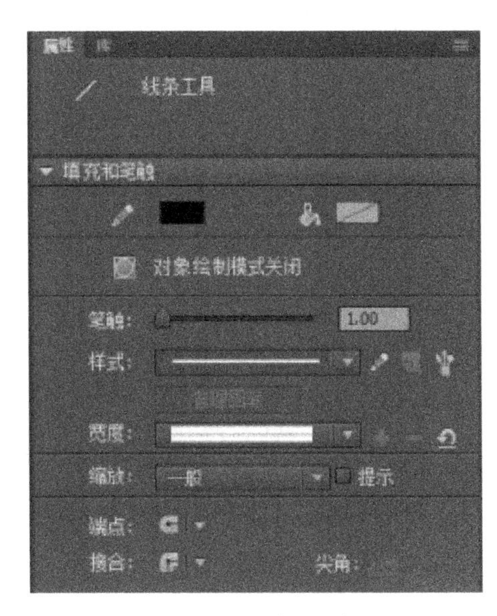

图 3-7　“属性”面板

笔触颜色：用来设置绘制线段的颜色，单击该选项颜色块，可以弹出“拾色器”窗口，如图 3-8 所示，在该窗口可以选择所需的颜色。

对象绘制模式打开(关闭)：对象绘制模式打开时将以对象模式绘制直线，关闭时将以图形模式绘制直线。

笔触大小：设置笔触的大小，从 0.1~200。

样式：用来设置笔触的样式，默认为实线。用户可以根据需要从下拉列表中选择所需样式，如图 3-9 所示。用户可以选择“实线”“虚线”“极细线”“点状线”等线条样式。单击“编辑笔触样式”按钮，弹出“笔触样式”对话框，在该对话框中可对笔触样式进行编辑，如图 3-10 所示。单击“画笔库”按钮，可以从“画笔库”中选择画笔样式，如图 3-11、图 3-

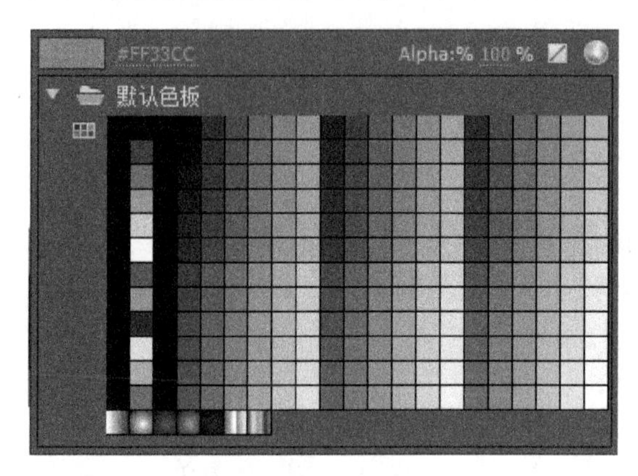

图 3-8　拾　色　器

12 所示。此外，用户也可以根据舞台中的所选内容来建新的画笔，如图 3-13 所示。在“画笔库”中添加画笔后可以通过“管理画笔”按钮对笔画进行保存、删除等管理操作，如图 3-14、图 3-15 所示。

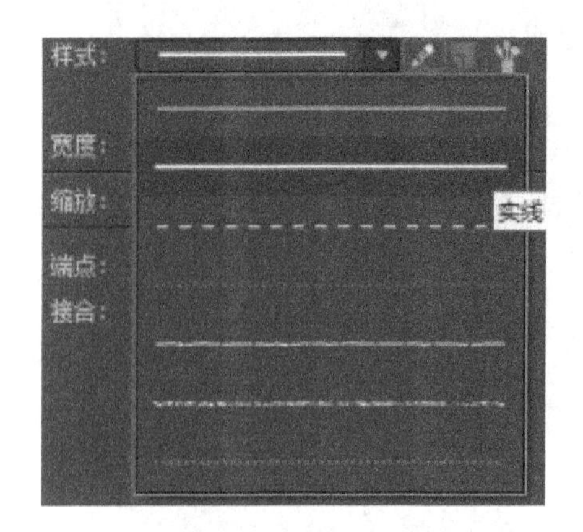

图 3-9　“样式”面板

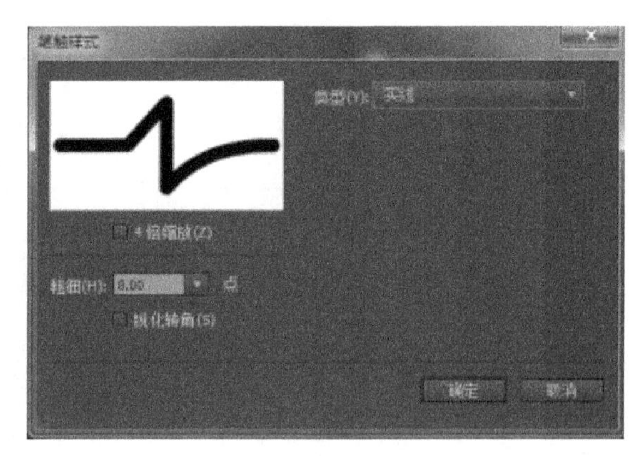

图 3-10　“笔触样式”

图 3-11　“画笔库”按钮

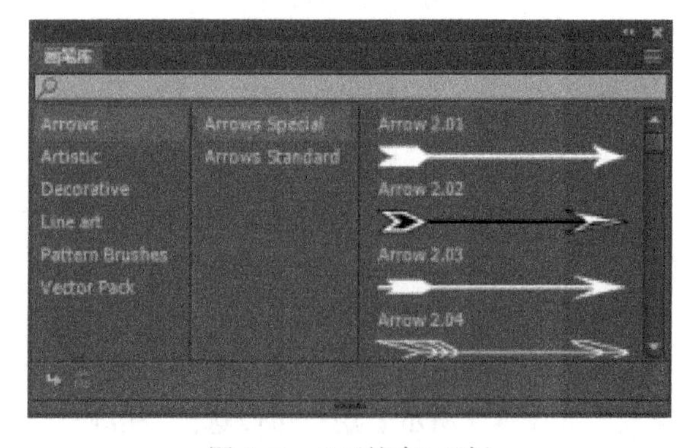

图 3-12　“画笔库”面板

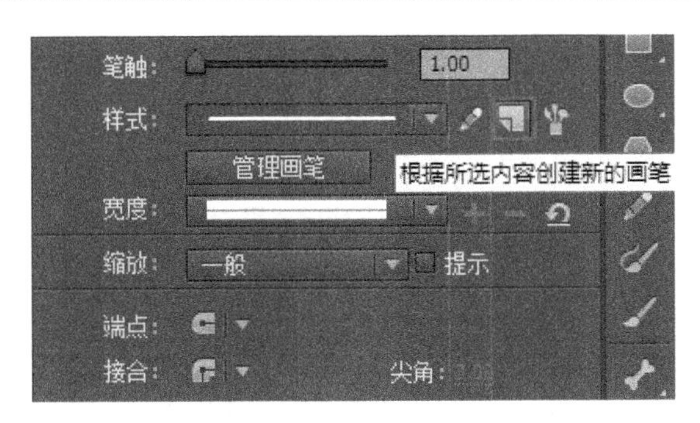

图 3-13　创建新的画笔

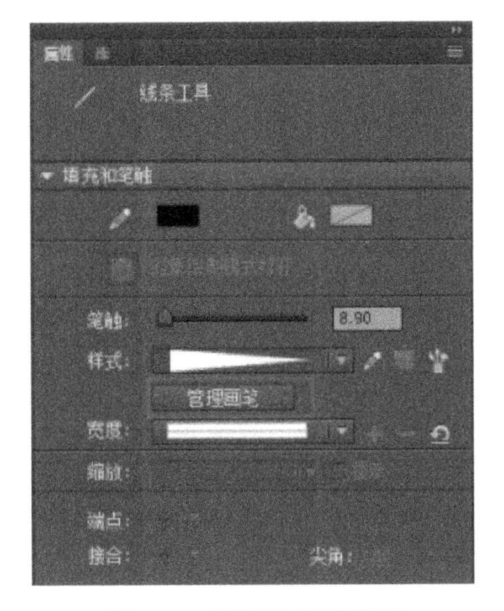

图 3-14　“管理画笔”按钮

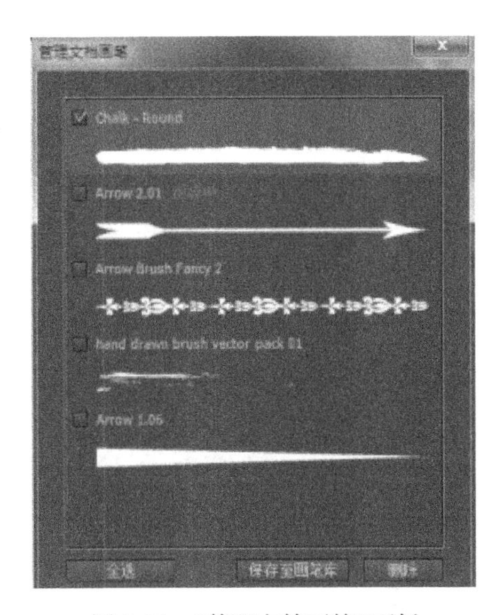

图 3-15　“管理文档画笔”面板

宽度：用户可以从“宽度”列表中选择“可变宽度配置文件”选项修改线条的宽度变化，如图 3-16 所示。默认为宽度均匀的直线，图 3-17 分别为选择“均匀”和“可变宽度 1”选项配置文件所绘制的线条效果。

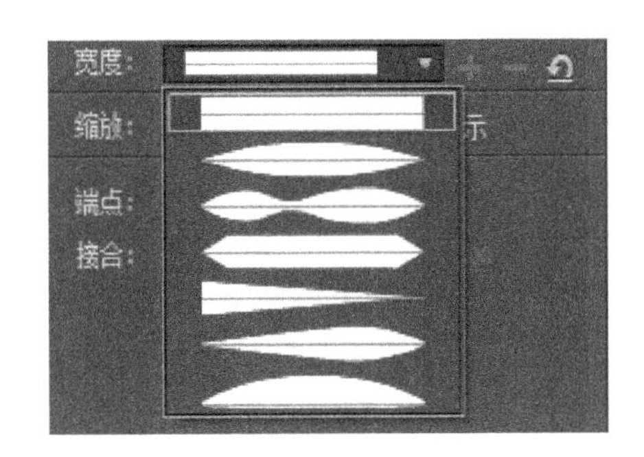

图 3-16　“宽度”下拉列表

图 3-17　“均匀”宽度和“可变宽度 1”图形效果

缩放：用于限制笔触在播放器中的缩放，在下拉列表中可以选择 4 种笔触缩放，包括“一般”“水平”“垂直”和“无”，如图 3-18 所示。

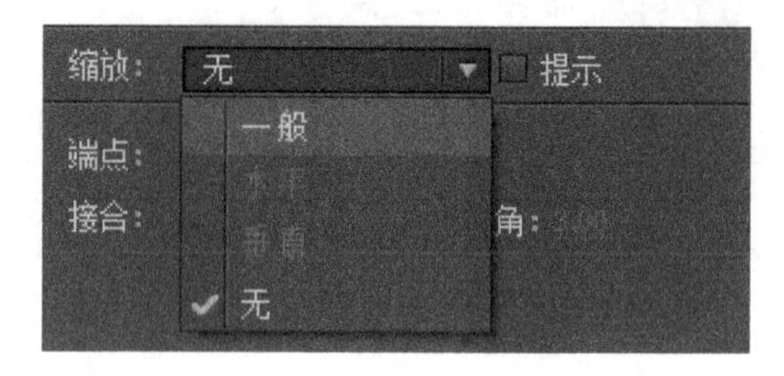

图 3-18 “缩放”下拉列表

端点：用于设置笔触端点样式，在“端点”下拉列表中可以选择“无”“圆角”“方形”三种样式，如图 3-19 所示。端点为“无”时，线段端点不会出现变化，端点为“圆角”时，线段两端出现“圆角”的效果，端点为“方形”时，线段两端出现“方形”的效果，如图 3-20 所示。

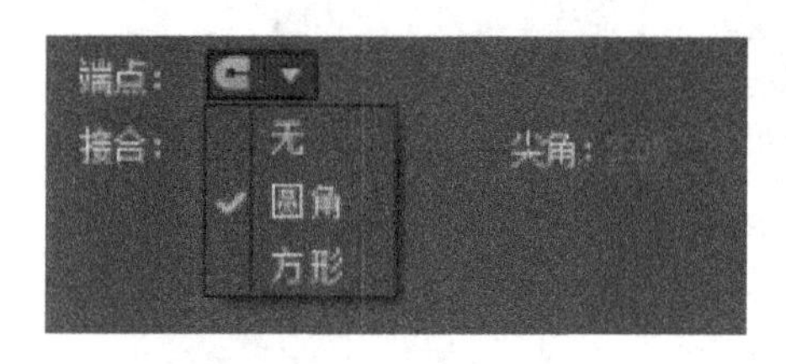

图 3-19 “端点”下拉列表

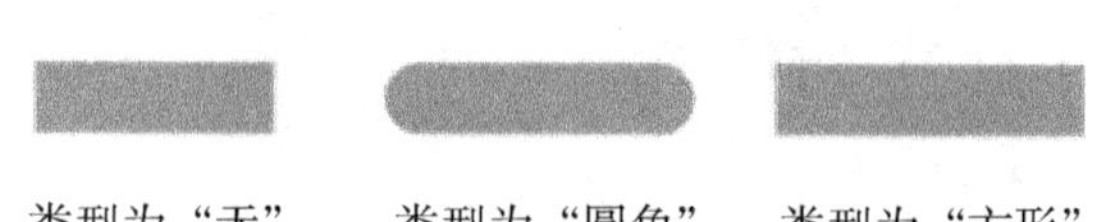

图 3-20 不同“端点”图形

接合：用于设置线段连接处端点样式，包括“尖角”“圆角”“斜角”三种样式，如图 3-21 所示。设置不同“接合”样式时，图形的效果如图 3-22 所示。当接合类型为“尖角”时，还可以设置尖角限制，超过这个值的线条部分将被切成正方形，而非尖角。例如，如果一个 3 点笔触的尖角限制为 2，则意味着当该点长度是该笔触粗细的两倍时，Animate 将删除限制点。

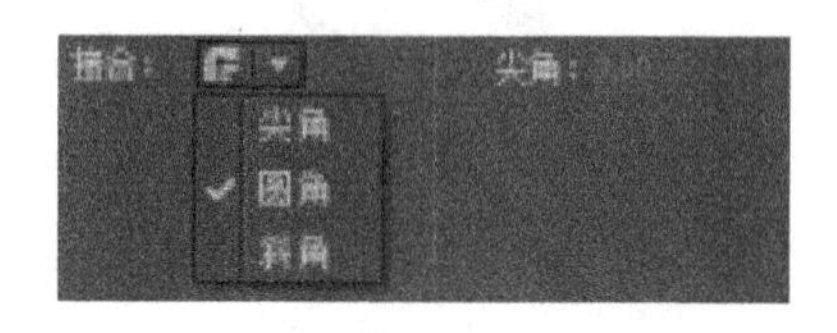

图 3-21 “接合”下拉列表

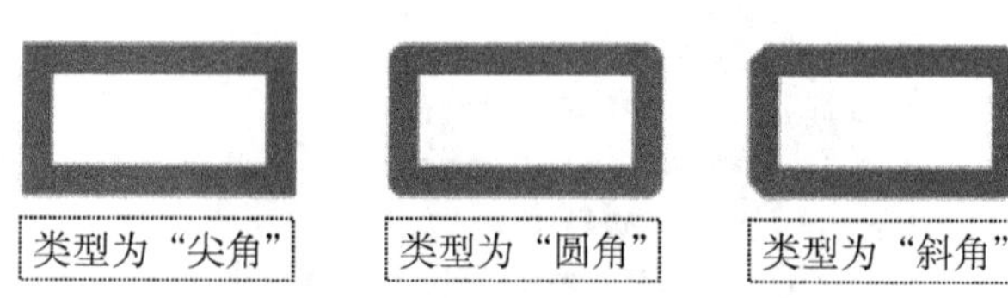

图 3-22 不同“接合”形状图形

3.2.2 编辑笔触样式

单击“编辑笔触样式”按钮，弹出“笔触样式”对话框，在该对话框中可对线的类型、4倍缩放、粗细、锐化转角等参数进行设置，默认的参数如图 3-23 所示。

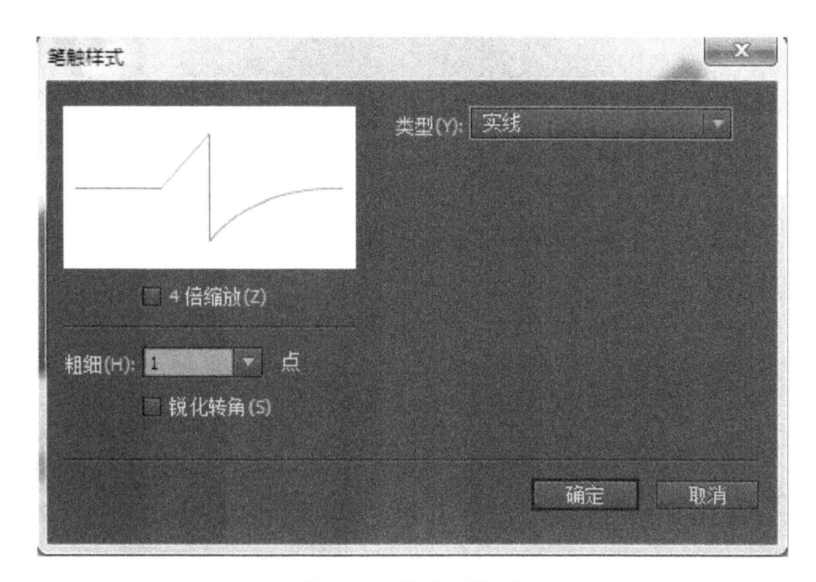

图 3-23　笔 触 样 式

4 倍缩放：选中该选项，将以 4 倍大小显示笔触样式，如图 3-24、图 3-25 所示为选中该选项前后的显示效果，线的类型为实线。

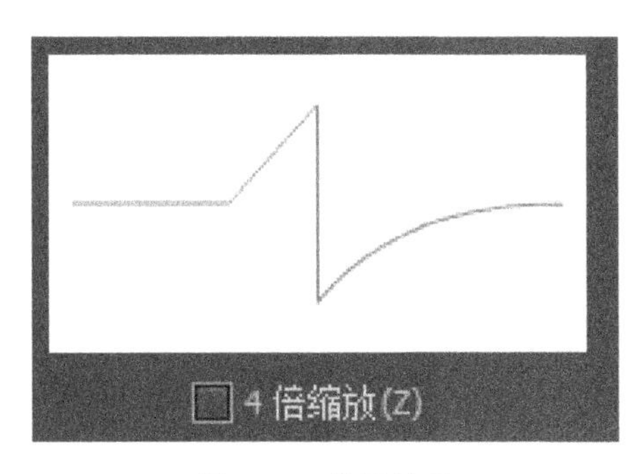

图 3-24　常规效果

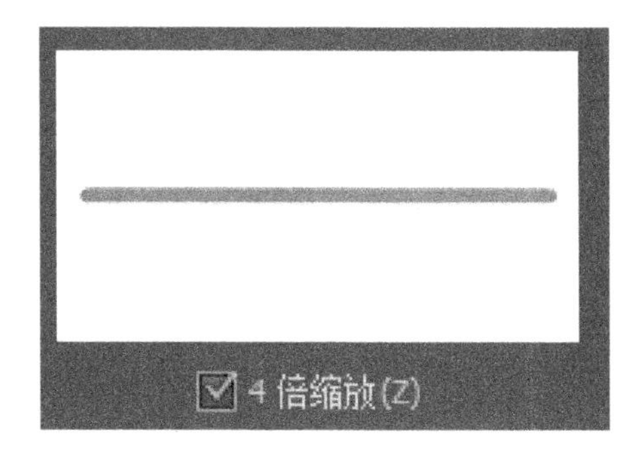

图 3-25　“4 倍缩放”效果

粗细：该选项可以设置笔触样式的粗细。在该选项的下拉列表中可以选择不同的粗细，也可以自定义手动输入数值，如图 3-26、图 3-27 所示为不同粗细时图形的效果。

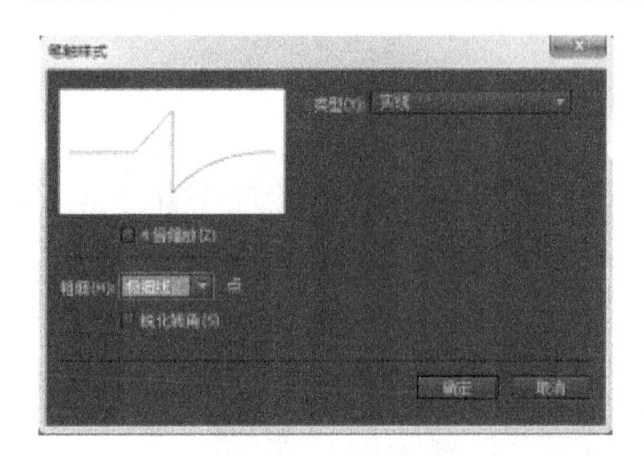

图 3-26　极细线

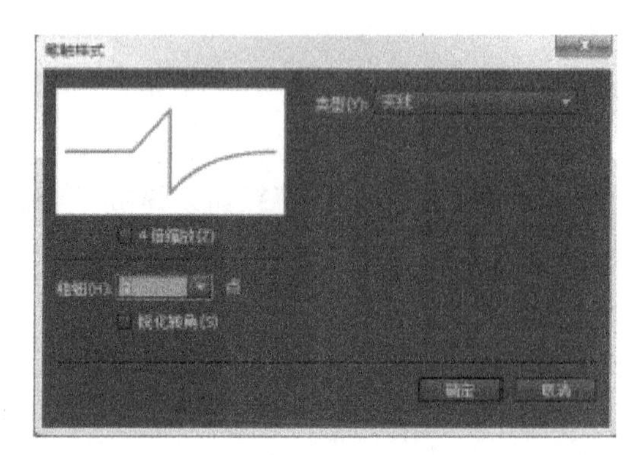

图 3-27　粗细值为“2”

锐化转角：选择“锐化转角”选项可以锐化绘制图形的转角，如图 3-28、图 3-29 所示为选中该选项前后的显示效果。

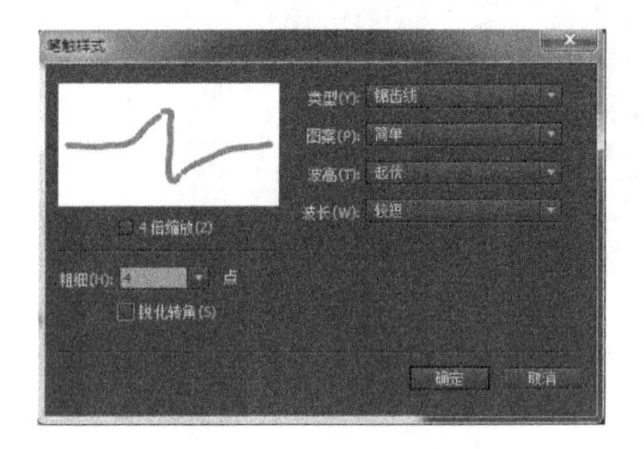

图 3-28　未选“锐化转角”

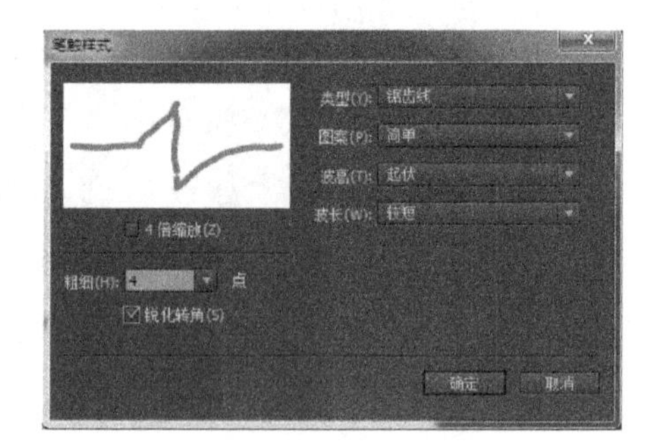

图 3-29　选择“锐化转角”选项

类型：从该选项的下拉列表中可以选择 Animate CC 中自带的几种不同的笔触类型，如“实线”“虚线”和“锯齿线”等，如图 3-30 所示。

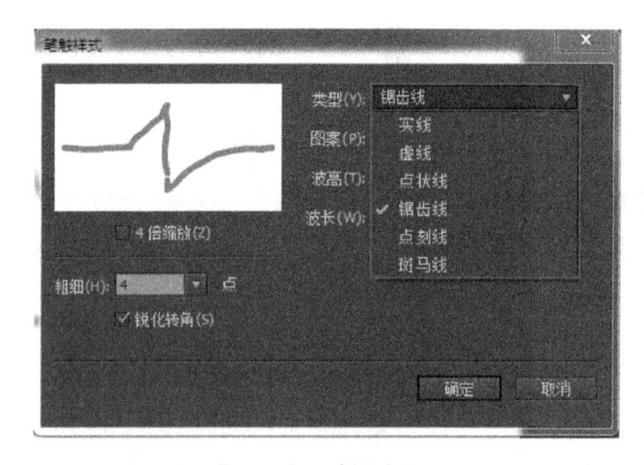

图 3-30　笔触“类型”

实线：选择该选项，将会显示实线效果。

虚线：选择该选项，此时对话框中会出现虚线的相应属性，如图所示。虚线由实线段和线段间的空白组成，可以通过“虚线”和“间距”改变虚线的效果。其中“虚线”属性用于控制虚线线段的长度，可以自定义数值来改变显示效果，取值范围为：0.25～300，数值越大，虚线线段越长，“间距”选项用于设置相邻两条线段间空白的长度，如图 3-31、图 3-32 所示。

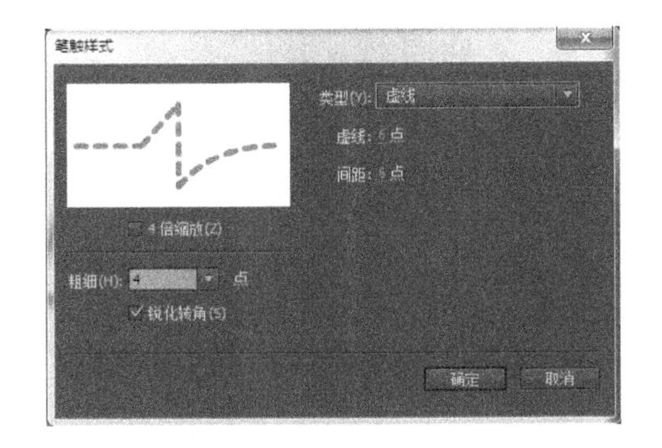

图 3-31　虚　　线

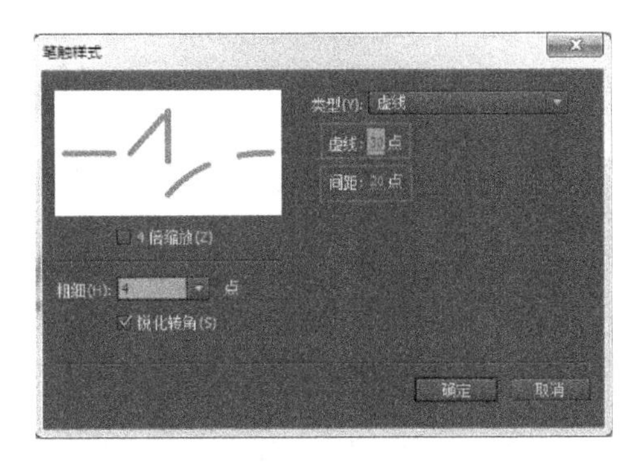

图 3-32　“虚线”和“间距”属性

点状线：选择该选项，此时对话框中会出现点状线的相应属性，通过“点距”的设置，可以控制相邻两点间的距离，如图 3-33、图 3-34 所示分别是点距为 2 和 8 时的效果。

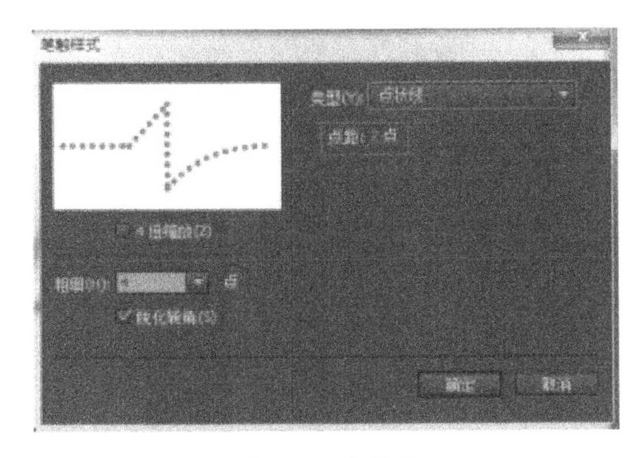

图 3-33　点状线

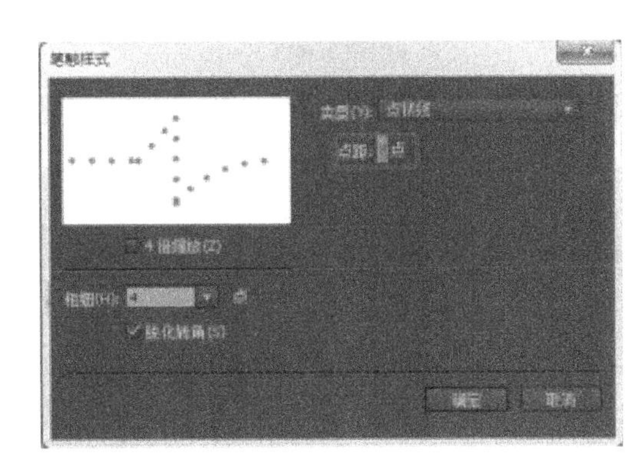

图 3-34　点距为“8”的效果

锯齿线：选择该选项，此时对话框中会出现锯齿线的相应属性。“图案”选项用来控制线条的频率和样式，包含 Animate CC 预设的 7 种图案样式，如图 3-35 所示。

“波高”选项用来控制线条中起伏效果的剧烈程度，包含“平坦”“起伏”“剧烈起伏”“强烈”4 种样式可供选择，如图 3-36 所示。“波长”选项用来控制每个起伏影响的线条长度，包含“非常短”“较短”“中”“长”4 种可以选的样式如图 3-37 所示。

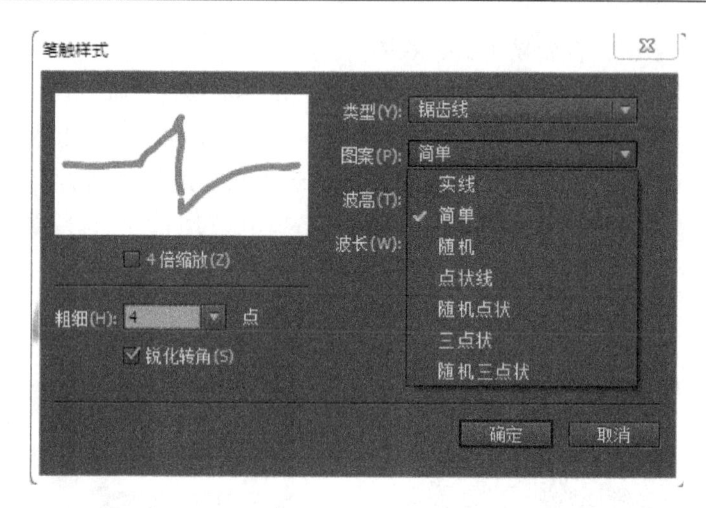

图 3-35　锯　齿　线

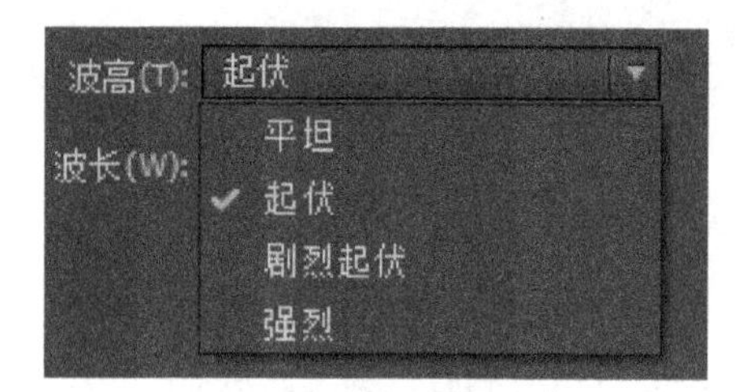

图 3-36　“波高”属性

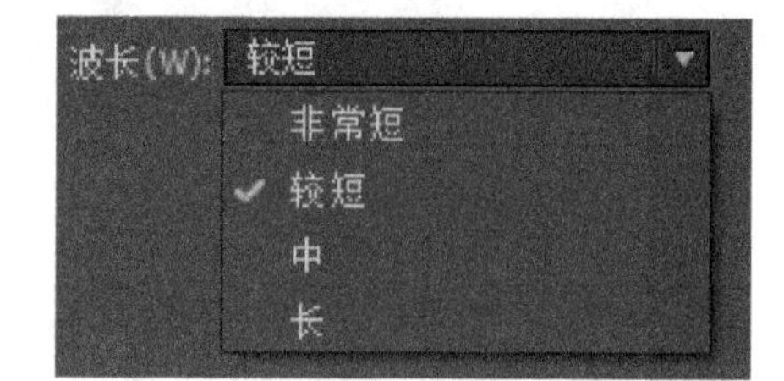

图 3-37　“波长”属性

点刻线：选择该选项，此时对话框中会出现点刻线的相应属性，如图 3-38 所示。“点大小”选项用来控制笔触中点的平均大小，包含“很小”“小”“中”“在”4 种点的大小，如图 3-39 所示。“点变化”属性用来控制点之间大小的差距，包含“同一大小”“微小大小”“不同大小”“随机大小”4 种点的变化，如图 3-40 所示。“密度”选项用来控制笔触中点的大小，有“非常密集”“密集”“稀疏”“非常稀疏”4 种可选项，如图 3-41 所示。

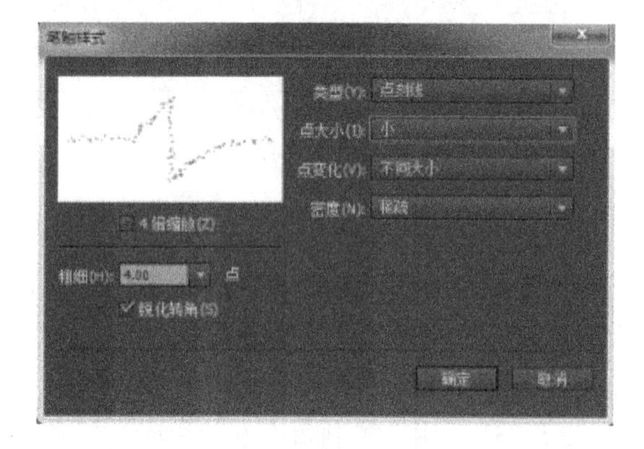

图 3-38　点刻线

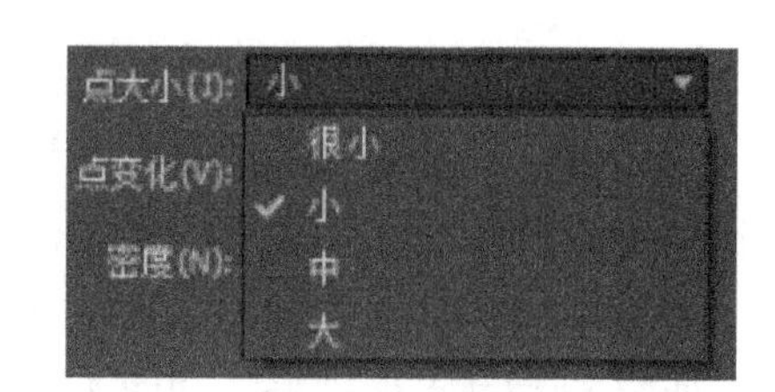

图 3-39　点大小

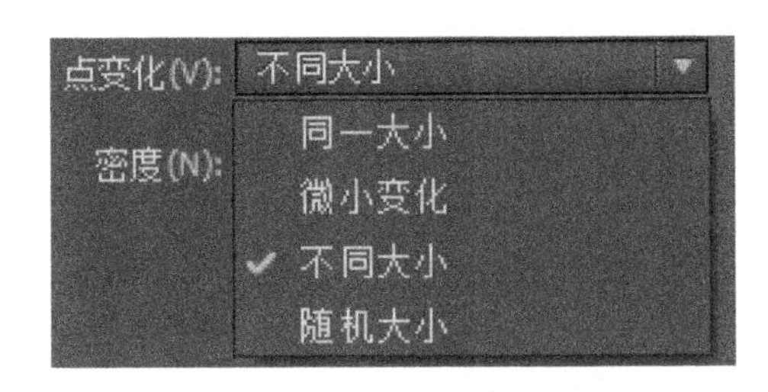

图 3-40　点变化

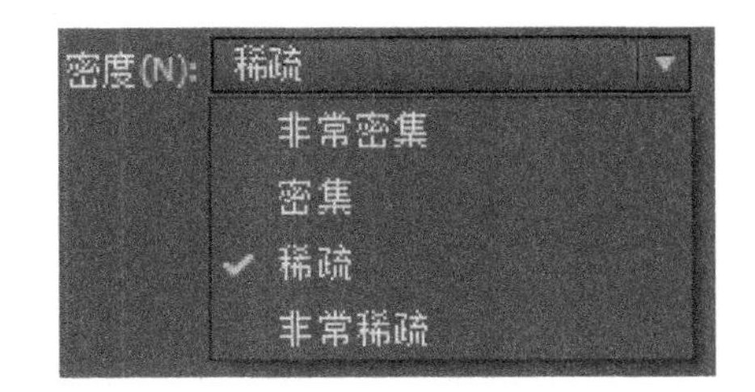

图 3-41　点密度

斑马线：如果选择该选项，此时对话框中会出现斑马线的相应属性，如图 3-42 所示。

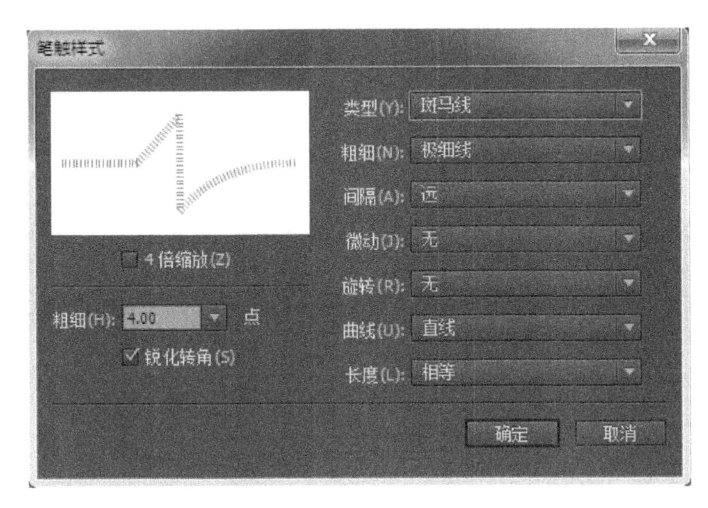

图 3-42　斑　马　线

“粗细”选项用来控制每个线段的粗细程度，包含“极细线”“细”“中”“粗”4 种用来设置不同程度粗细的样式，如图 3-43 所示。“间隔”选项用来控制线段间的距离长短，包含“非常近”“关闭”“远”“非常远”4 种样式，如图 3-44 所示。

图 3-43　“粗细”选项

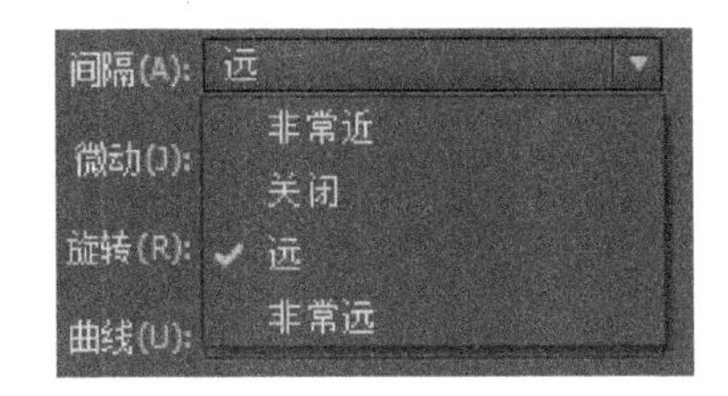

图 3-44　“间隔”选项

“微动”选项用来控制线段间的距离长短，包含“无”“回弹”“松散”“强烈”4 种样式，如图 3-45 所示。“旋转”选项用来控制每个线段的自旋程度，包含“无”“轻微”“中”“自由”四种选项，如图 3-46 所示。

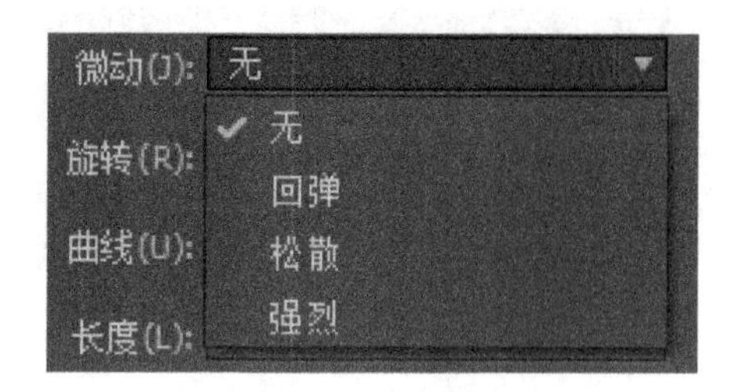

图 3-45 “微动”选项

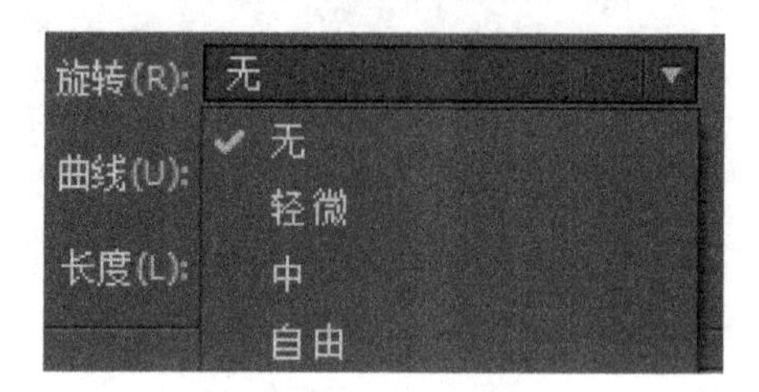

图 3-46 “旋转”选项

“曲线”选项用来控制每条线段的弧度，包含“直线”“轻微弯曲”“中等弯曲”“强烈弯曲”选项，如图 3-47 所示。“长度”选项用来控制每条线段在指定笔触粗细基础上的偏移程度，包括“相等”“轻微变化”“中等变化”“随机”四个选项，如图 3-48 所示。

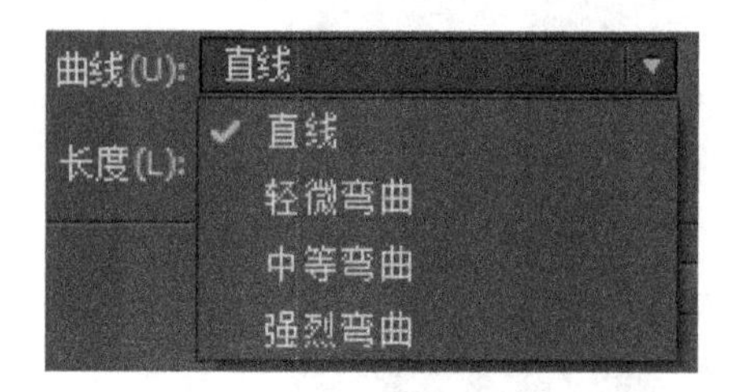

图 3-47 “曲线”选项

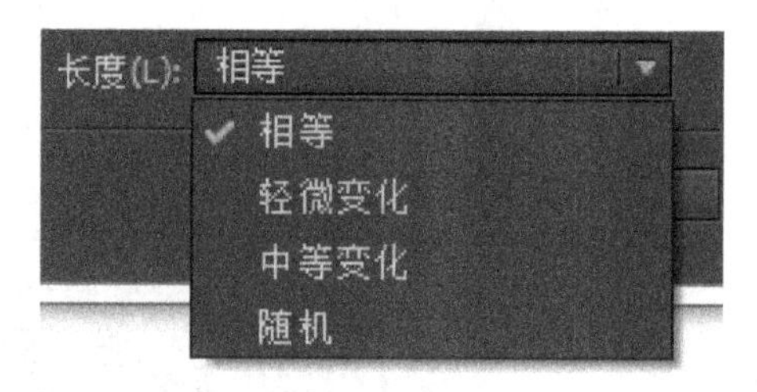

图 3-48 “长度”选项

3.2.3 对象绘制

在“线条工具”中可以选择选项以“对象绘制模式”绘制图形，即将“对象绘制模式打开”，如图 3-49 所示。而当“对象绘制模式关闭”时，即以形状方式绘制图形。两种方式绘制得到的结果将是完全不同的。以“对象绘制模式”绘制图形时，对象是相互独立的，对象叠加在一起时候不会自动合并(图形颜色相同时)、剪切(图形颜色不同时)，而以形状模式绘制时，图形叠加在一起时会出现合并、剪切，如图 3-50 和图 3-51 所示。

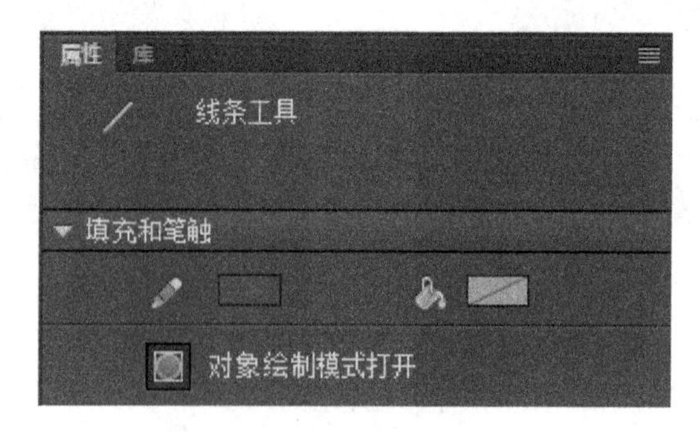

图 3-49 以对象绘制模式打开

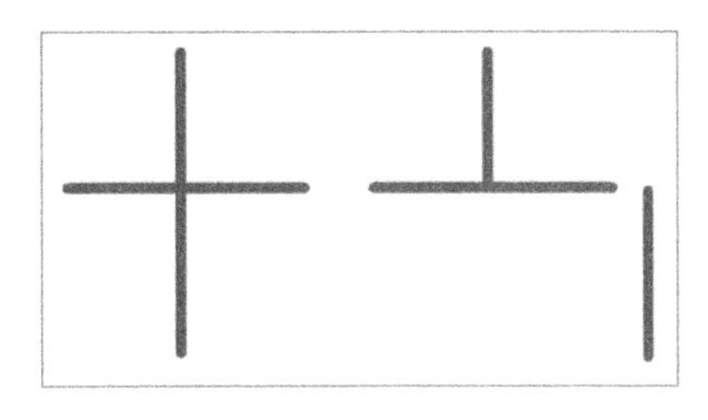

图 3-50　对象绘制模式关闭

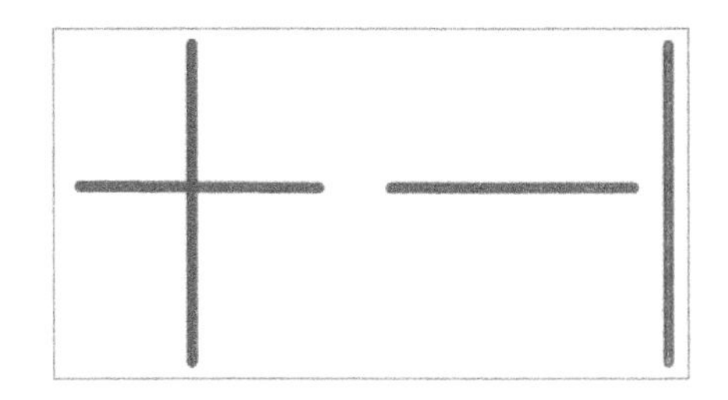

图 3-51　对象绘制模式打开

3.3　铅笔工具

使用“铅笔工具”可以随意绘制线条和形状，不仅可以绘制开放的线条，也可以绘制出封闭的形状。下面介绍铅笔工具的使用。

从工具箱中单击“铅笔工具”按钮，在属性面板中设置笔触颜色、笔触大小、样式、宽度等性，如图 3-52 所示，在舞台中单击并拖动鼠标，即可完成图形的绘制，其绘画的方式与使用真实铅笔大致相同。

若要在绘画时平滑或伸直线条和形状，可以为“铅笔工具”选择一种绘制模式，该绘制模式位于工具箱的底部，当选中“铅笔工具”时模式按钮会出现，如图 3-53 所示。

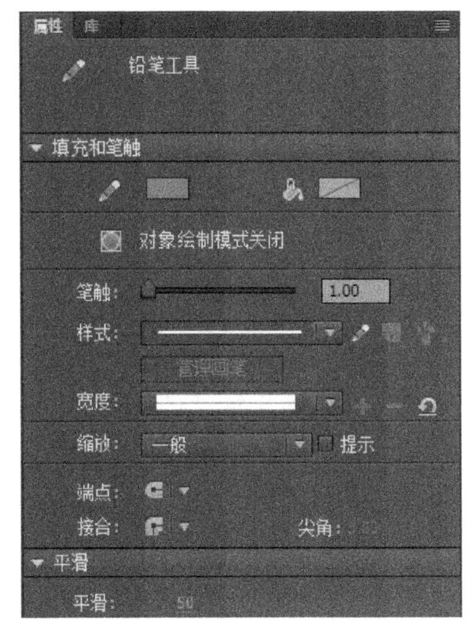

图 3-52　铅笔工具

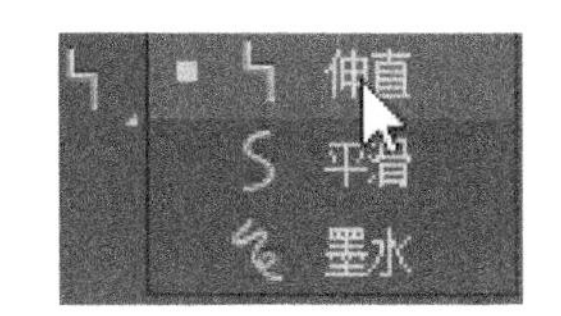

图 3-53　绘制模式

“伸直”：用于绘制直线，并将接近三角形、椭圆、圆形、矩形和正方形的形状转换为这些常见的几何形状 。

“平滑”：用于绘制平滑曲线，选择“平滑”模式时，可以设置平滑的数值控制线条的平滑度，数值范围为0~100。

“墨水”：用于绘制不用修改的手画线条。

3.4 矩形工具和基本矩形工具

在 Animate CC 中，“矩形工具”和“基本矩形工具”都用于绘制种比例的矩形和正方形的基础绘图工具，下面将介绍两种工具的用法。

3.4.1 矩形工具

单击工具箱中的“矩形工具”按钮，在舞台中单击并拖动鼠标至合适的位置，当释放鼠标后可以绘制矩形。矩形由“笔触”和“填充”两具部分组成，如图3-54所示。用户可以根据需要在属性面板中调整颜色、笔触大小、样式、宽度等参数，如图3-55所示。在“矩形工具”的属性面板中，包含笔触和填充、矩形选项两大类参数，其中笔触和填充中的参数和“线条工具”基本相同，由于“线条工具”绘制的图形为开放图形，无需填充，因而其“填充颜色”参数处于非激活状态，而在“矩形工具”中该参数处于激活状态。此外，矩形选项则为矩形特有的参数，下面将对部分参数进行介绍。

图3-54 矩形效果

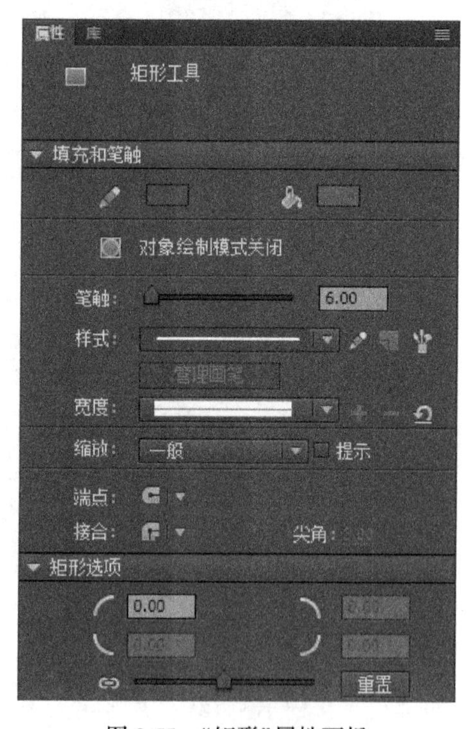

图3-55 “矩形”属性面板

填充颜色：单击“矩形工具”属性面板中的填充颜色按钮，打开“拾色器”面板，可以根据需要设置相应的矩形填充色，如图 3-56 所示。

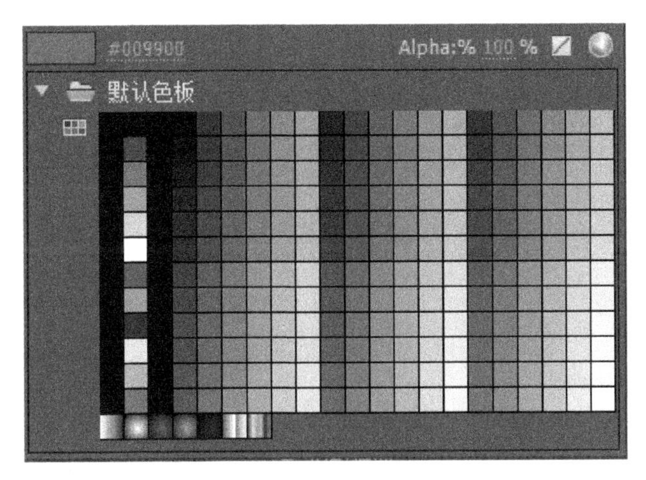

图 3-56　填充色“拾色器”面板

矩形选项：该参数用于设置矩形的四个角的圆角值，如图 3-57 所示。矩形默认的四个角的圆角值均为(0，0，0，0)，此时绘制的是直角矩形。用户可以在输入框中输入相应数值设置圆角值，也可通过滑块拖动来设置，滑块右边有“重置”按钮可将数值快速重置为(0，0，0，0)。圆角值的取值范围为：-100～100，如图 3-58～图 3-60 所示为不同圆角值时矩形的图形效果。

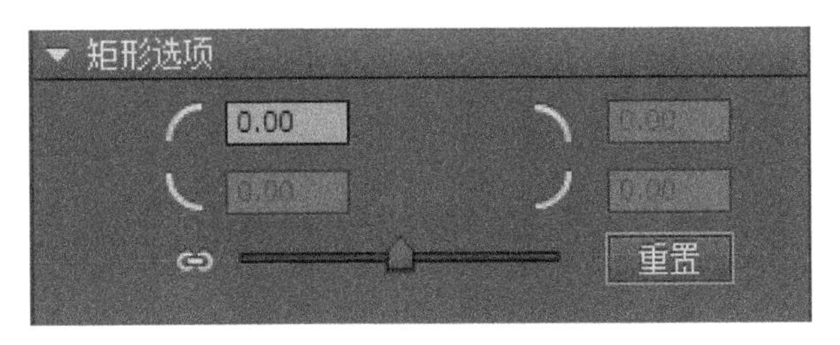

图 3-57　“矩形选项”设置

图 3-58　圆角值 =“-20”

图 3-59　圆角值 =“0”

图 3-60　圆角值 =“20”

此外，也可对矩形的四个角设置不同的圆角值，当矩形选项中的“链条”处于断开状态时，即可分别设置四个角的圆角，如图 3-61 所示。图 3-62 所示矩形的四个角的圆角值分别为：左上角：0，左下角：40，右上角：-40，右下角：20。

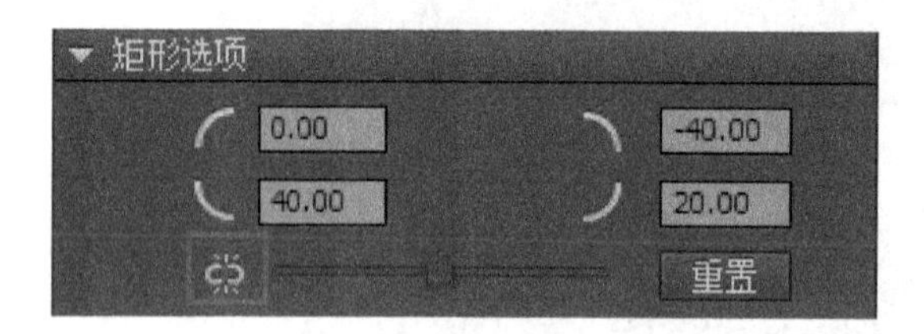

图 3-61　断开“矩形选项”链条

图 3-62　不同圆角值矩形效果

3.4.2　基本矩形工具

单击工具箱中的“基本矩形工具”按钮，在舞台中单击并拖动鼠标至合适的位置，当释放鼠标后可以绘制基本矩形，用户可以在属性面板中设置其参数，如图 3-63 所示。

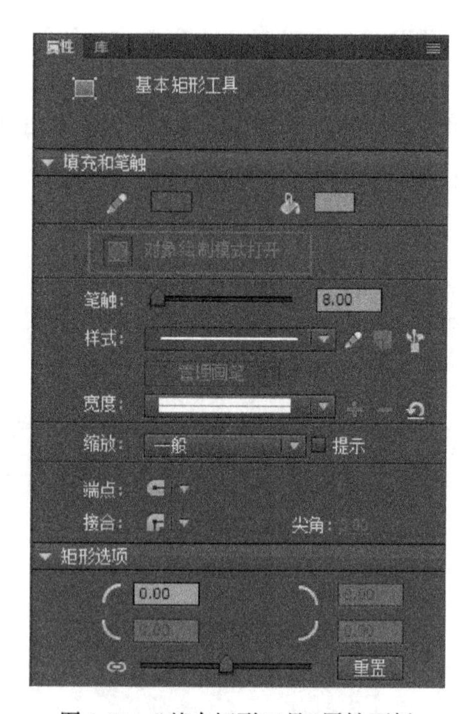

图 3-63　“基本矩形工具”属性面板

“基本矩形工具”与“矩形工具”的使用方法有两点不同。其一是绘制模式不同。“基本矩形工具”的绘制模式始终为“对象绘制模式打开”，而“矩形工具”则可以使用“对象绘制模式打开”或“对象绘制模式关闭”两种模式。其二是对圆角值的调整不同。“矩形工具”的圆角值必须在绘制之前设置，绘制完成后不能修改圆角值，而"基本矩形工具"可以对绘制完成的矩形使用"选择工具"拖动四个角上的控制节点快速调整其圆角，如图 3-64 所示。如果想分别调整四个角为不同的圆角值，只需将"基本矩形工具"属性面板中矩形选项下的链条断开即可。

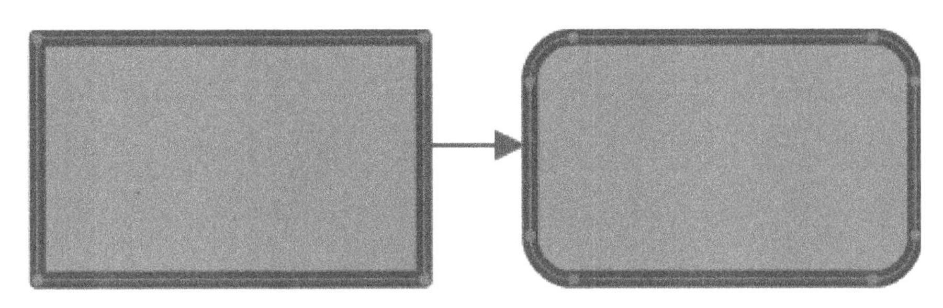

图 3-64　使用"选择工具"调整圆角

3.5　椭圆工具与基本椭圆工具

在 Animate CC 中，"椭圆工具"和"基本椭圆工具"都用于绘制种比例的椭圆、扇形、圆环和正圆的基础绘图工具，下面将介绍两种工具的用法。

3.5.1　椭圆工具

单击工具箱中的"椭圆工具"按钮，在舞台中单击并拖动鼠标至合适的位置，当释放鼠标后可以绘制椭圆。椭圆由"笔触"和"填充"两具部分组成，如图 3-65 所示。用户可以根据需要在属性面板中设置颜色、笔触大小、样式、宽度等参数，如图 3-66 所示。此外，在"椭圆工具"的属性面板中，用户可以设置椭圆的起始角度、结束角度、半径，通过该工具还可以绘制开放式的扇形等图形，下面介绍椭圆选项中各参数的意义及应用。

图 3-65　椭圆图形效果

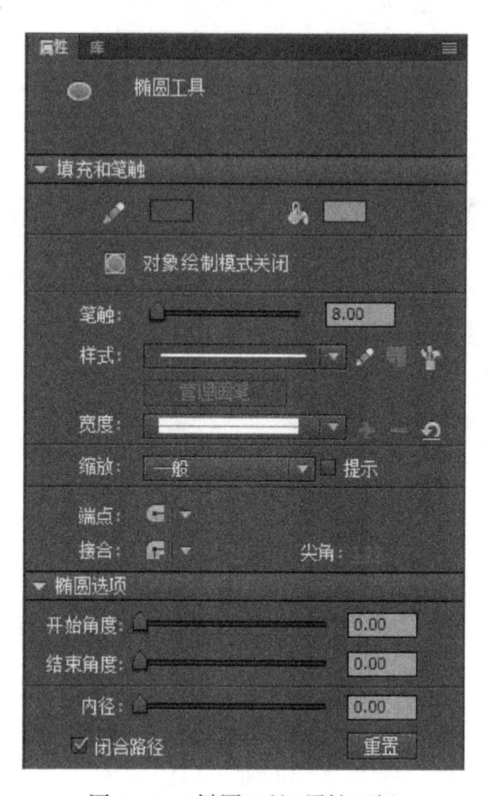

图 3-66 “椭圆工具”属性面板

开始角度：该选项用于设置椭圆或扇形图形的起始角度，用户可以在输入框中输入数值，也可以拖动滑块设置数值，开始角度数值范围为 0~360。

结束角度：该选项用于设置椭圆或扇形图形的结束角度，用户可以在输入框中输入数值，也可以拖动滑块设置数值，结束角度数值范围为 0~360。

如图 3-67 所示，将椭圆的开始角度设置为 90，结束角度设置为 360，在舞台中绘的图形效果如图 3-68 所示。如图 3-69 所示，将开始角度设置为 180，结束角度设置为 360 时，绘制的图形效果如图 3-70 所示。

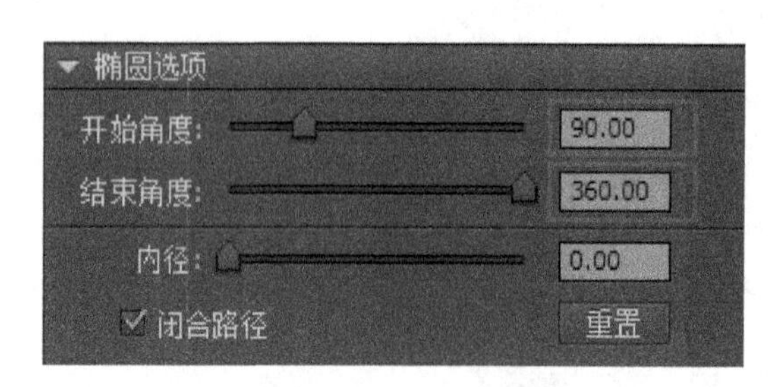

图 3-67 开骀角度-90，结束角度-360

图 3-68 图形效果

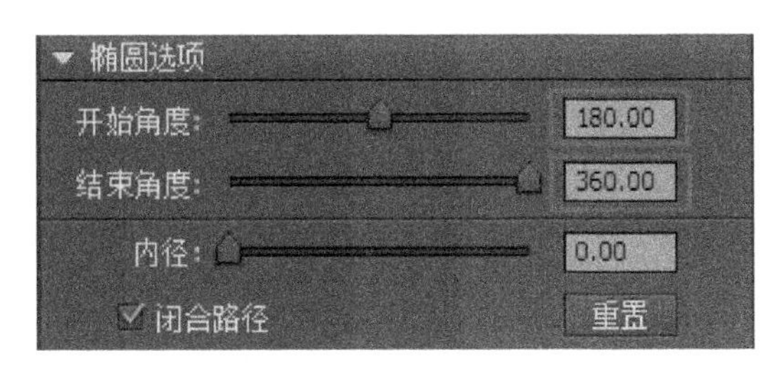

图 3-69　开始角度-180，结束角度-360

图 3-70　图形效果

内径：用于设置圆环中内圆的半径占外圆半径的比例，内径的数值范围为 0~99.00。用户可以在输入框中输入数值，也可以拖动滑块调整数值，如图 3-71 所示为不同内径时绘制的图形效果。

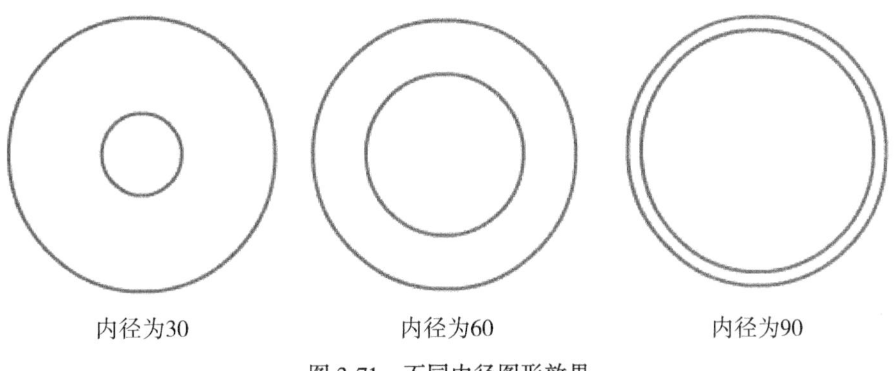

图 3-71　不同内径图形效果

闭合路径：该参数用于设置图形是开放或闭合的。当用户所绘制的图形为扇形时，若“闭合路径”选项处于非选中状态，此时绘制的图形为开放式图形，而当“闭合路径”选项处于选中状态时，绘制的图形为闭合式图形，如图 3-72 所示。

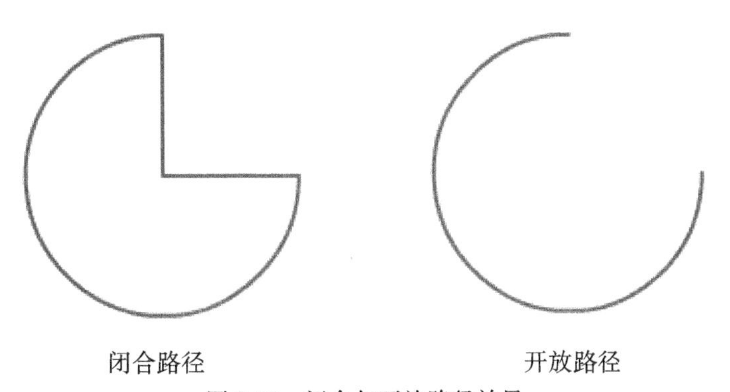

图 3-72　闭合与开放路径效果

重置：该选项用于将椭圆选项参数恢复为系统原始值，此时在舞台中绘制图形时将按原始值为大小和形状。

3.5.2 基本椭圆工具

单击工具箱中的“基本椭圆工具”按钮，在舞台中单击并拖动鼠标至合适的位置，当释放鼠标后可以绘制基本椭圆，用户可以在属性面板中设置其参数，如图 3-73 所示。

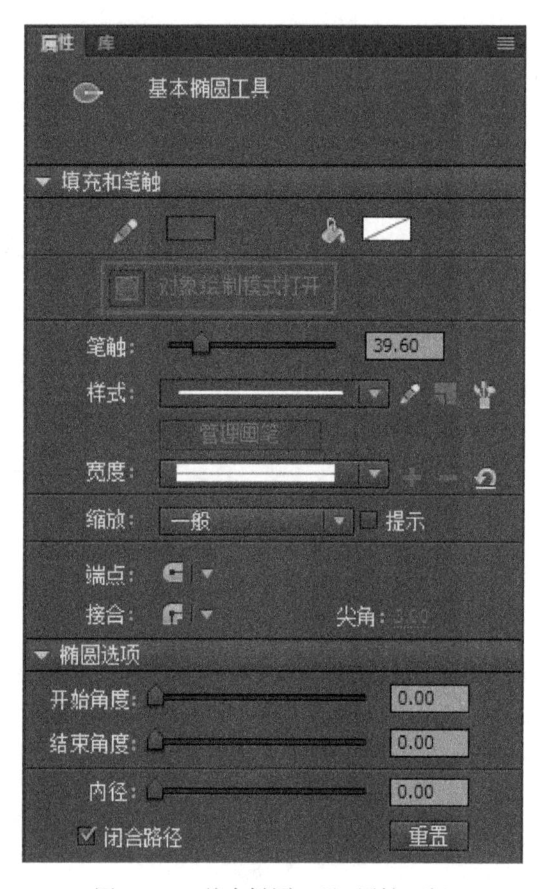

图 3-73 “基本椭圆工具”属性面板

“基本椭圆工具”与“椭圆工具”的使用方法有两点不同。其一是绘制模式不同。“基本椭圆工具”的绘制模式始终为“对象绘制模式打开”，而“椭圆工具”则可以使用“对象绘制模式打开”或“对象绘制模式关闭”两种模式。其二是对椭圆选项参数的调整不同。“椭圆工具”的椭圆选项参数必须在绘制之前设置，绘制完成后不能修改，而“基本椭圆工具”可以对绘制完成的椭圆使用“选择工具”拖动控制节点快速调整其开始角度、结束角度及内径值，如图 3-74 所示。

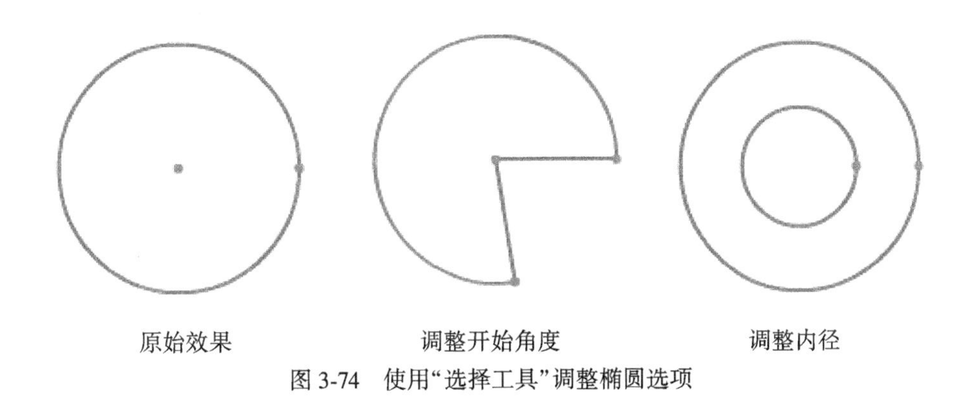

图 3-74　使用“选择工具”调整椭圆选项

3.6　多角星形工具

多角星工具用于绘制多边形和星形等基础几何图形，下面介绍该工具的用法。

单击工具箱中的“多角星工具”按钮，在舞台中单击并拖动鼠标至合适的位置，当释放鼠标后可以绘制多边形，如图 3-75 所示。在属性面板中可以设置多角星工具的属性，如图 3-76 所示。

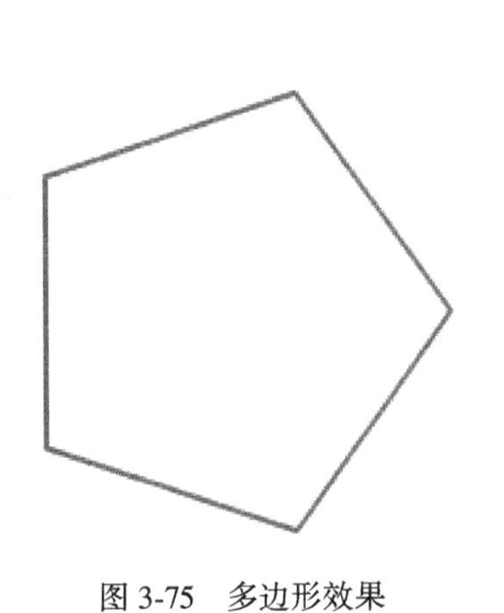

图 3-75　多边形效果

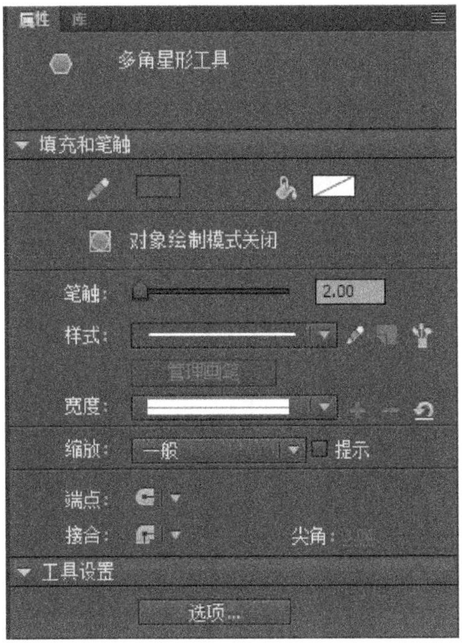

图 3-76　“多边形工具”属性

在“多角星工具”属性面板中可以通过“工具设置”的“选项”来设置相关参数。单击“工具设置”下的“选项”按钮，弹出工具设置对话框，在对话框中可以设置样式、边数、星形顶点大小，如图 3-77 所示。

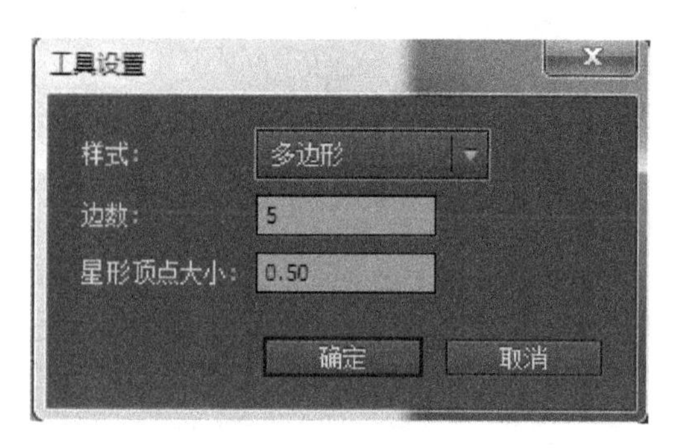

图 3-77 “工具设置”

样式：在样式选项中可以选择“多边形”和“星形”两种样式，默认为“多边形”，如图 3-78 所示为多边形和星形的效果。

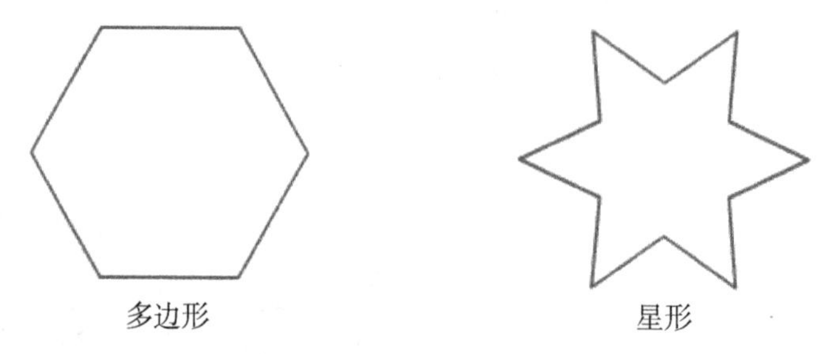

图 3-78 多边形和星形效果

边数：可以设置“多边形”或“星形”的边数，边数的数值范围是 3~32，如图 3-79 所示分别为 8 边和 20 边的星形效果。

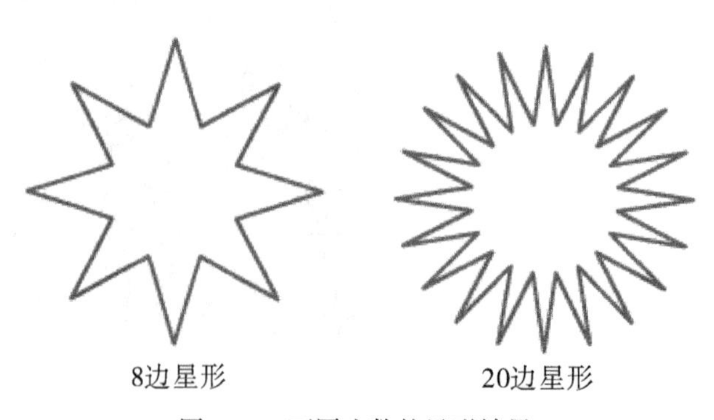

图 3-79 不同边数的星形效果

星形顶点大小：该参数用于设置星形图形中第半径的大小，数值范围为：0~1，数值越接近 0，创建出的星形顶点越尖，如图 3-80 所示。

图 3-80　不同顶点的星形效果

3.7　钢笔工具

“钢笔工具”通过绘制路径来创建直线或曲线段，使用“钢笔工具”可以绘制出很多不规则的图形，并能灵活地调整路径的长度、锚点的位置及曲线段的斜率，是动画创作中非常重要的工具之一。

“钢笔工具”是一个工具组，包括“钢笔工具”“添加锚点工具”“删除锚点工具”和转换锚点工具”四个工具，在使用“钢笔工具”创建初始路径后，可以通过添加锚点、删除锚点以及转换锚点来调整编辑路径，使路径达到所需的效果。下面介绍该工具的用法。

3.7.1　使用钢笔工具

绘制直线段：使用钢笔工具可以绘制各类由直线段组成的开放和封闭图形。单击工具箱中的“钢笔工具”按钮，在舞台中单击鼠标确定路径起点，再单击鼠标就确定另外一个点，可以绘制一条直线。结束路径有两种方法：一是在绘制最后一个锚点时双击鼠标；二是在路径的起点处单击，也即起点与终端重合。当路径的起点与终点不重合的时候可以绘制开放图形，此时图形不能填充；当起点与终端重合时，钢笔工具鼠标指针右下角将出现小圆圈，此时将绘制闭合图形，可以填充，如图 3-81 所示。

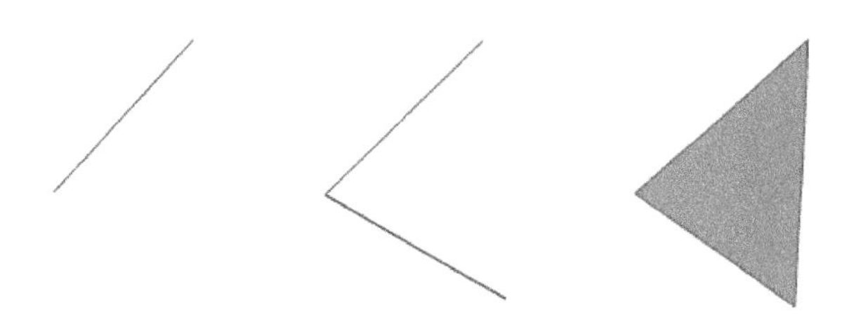

图 3-81　“钢笔工具”绘制直线图形

绘制曲线：单击工具箱中的“钢笔工具”按钮，在舞台中任意位置单击确定第一个锚点，此时钢笔笔尖变成一个箭头状。在第一个点的一侧选取另一个锚点，单击并拖曳鼠标，此时将会出现曲线的切线手柄，释放鼠标即可绘制出一条曲线段，曲线路径的结束方法与直线绘制时相同，如图 3-82 所示。图中以红色方块标记的为三个锚点，左侧为起点，中间的为第二个点，两个锚点之间的为曲线段，与曲线段相切并穿过第二个锚点的为切线手柄。按住“Alt”时可以分别调整锚点 2 两侧的切线段，从而调整曲线的斜率。

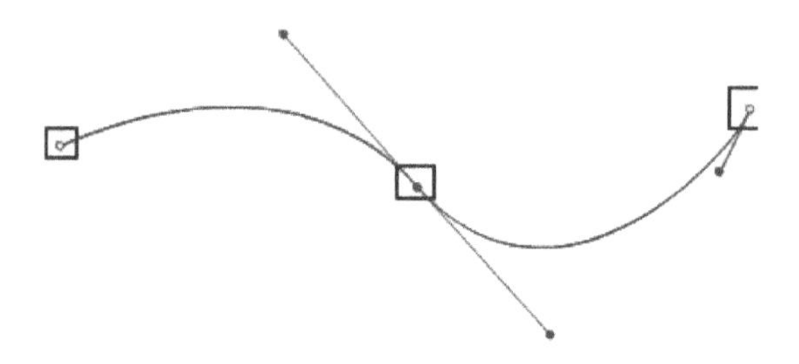

图 3-82　锚点、曲线段和切线手柄

3.7.2　调整锚点/线段

如果想调整锚点和线段，可以使用工具箱中的“部分选取工具”，该工具可以选择一个或多个锚点，在曲线上单击或拖拽框选曲线，可以选择整条曲线。单击或拖拽框选锚点，可以选择锚点，此时可以移动改变锚点的位置，如图 3-83 所示。调整锚点的同时，会对曲线段的位置、斜率、长度产生影响，从而改变图形的效果。

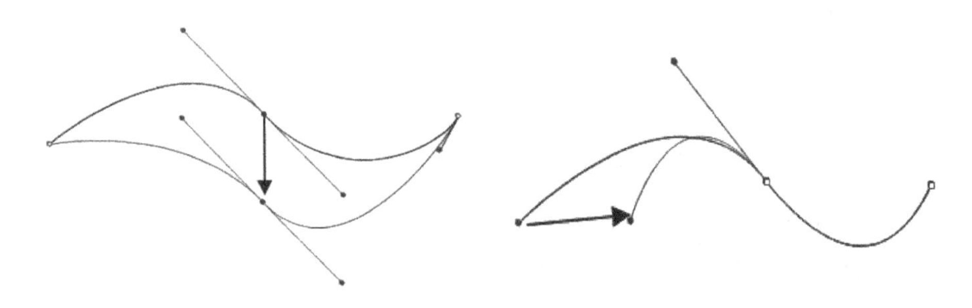

图 3-83　调整锚点位置

3.7.3　添加/删除锚点

使用“钢笔工具”在舞台中绘制一条线段，将光标移动到线段上时，会出现“钢笔+”指针，单击鼠标后可以在线段上添加节点，如图 3-84 所示。此外，也可从工具箱中的“添加锚点工具”在线段上添加锚点。

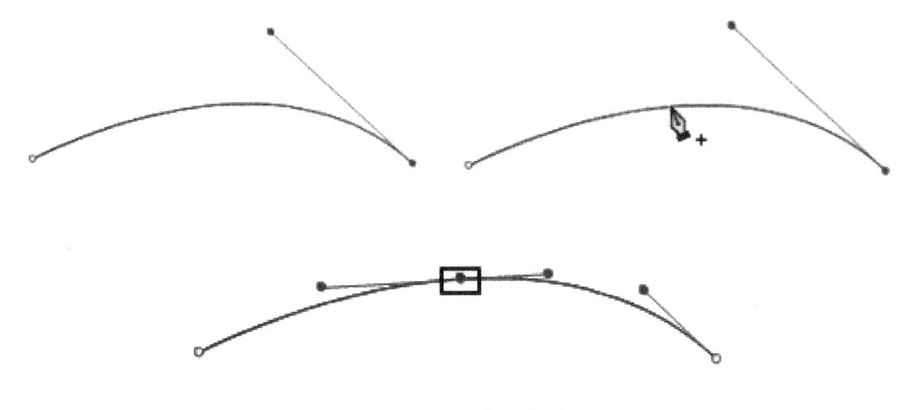

图 3-84　添 加 锚 点

从工具箱中的“删除锚点工具”可以在线段上删除锚点，如图 3-85 所示。

图 3-85　删 除 锚 点

3.7.4　转换锚点

使用工具箱中的“转换锚点工具”可以将直线段转换为曲线段。先绘制如图所示三角形，从工具箱中选择“转换锚点工具”选项，将鼠标指针指向需转换的锚点，指针变成转换箭头，单击并拖动锚点可将直线段转换为曲线段，如图 3-86 所示。此外，也可以使用“部分选择工具”选中线段后，按住“Alt”键拖动线段的调节争线手柄将直线段转换为曲线点。

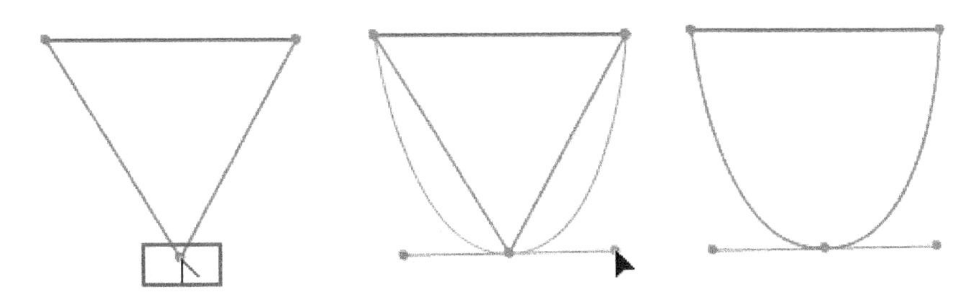

图 3-86　直线段转换曲线效果

如果要将曲线转换为直线，只需使用“转换锚点工具”在曲线点上单击鼠标，曲线点即转换为直线点，如图 3-87 所示。

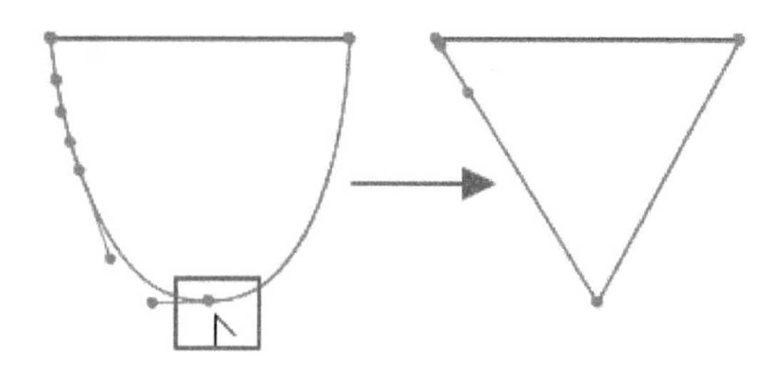

图 3-87　曲线转换为直线段效果

3.8　画 笔 工 具

在 Adobe 公司 2017 年 5 月发行的 Animate CC 版中有两个“画笔工具”，其中“画笔工具(Y)”可以绘制笔触和填充，和填充颜色。“画笔工具(B)”则只用于绘制类似于毛笔和水彩笔的封闭形状。下面介绍这两个工具的用法。

3.8.1　笔触画笔工具

单击工具箱中的“画笔工具(Y)”按钮，在舞台中拖动可以绘制笔触图形，用户可以在属性面板中设置参数，如图 3-89 所示。在“画笔工具(Y)”中也有类似于“铅笔工具”的绘制模式，该绘制模式位于工具箱的底部，如图 3-90 所示。用户可以选择“伸直”“平滑”“墨水”三种模式中的一种，当选择“平滑”模式时，可以在属性面板中设置平滑值。

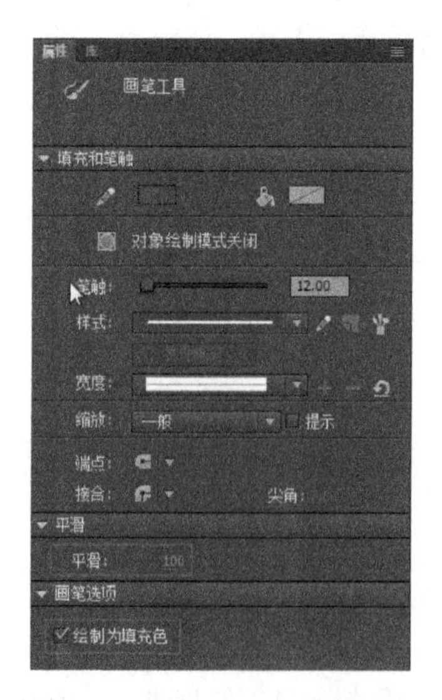

图 3-88　画笔工具(Y)属性面板

图 3-89　画 笔 模 式

绘制为填充色：在“画笔工具(Y)”的属性面板中可以选择“绘制为填充色”选项，此时绘制的图形是填充类图形而不是笔触。

3.8.2　填充画笔工具

单击工具箱中的“画笔工具(B)”按钮，在舞台中拖动可以绘制笔触图形，用户可以在属性面板中设置填充颜色、画笔形状、平滑度等等参数，如图 3-90 所示。

1. 设置画笔形状

从画笔形状对话框的圆形按钮列表中可以选择所需的画笔，如图 3-91 所示，其中包括圆形、椭圆、正方形、长方形等形状，如图 3-92 所示。除了选择系统提供的画笔形状外，用户也可以自定义形状，单击图 3-93 中“+”号按钮打开自定义画笔形状对话框，如图 3-94 所示，可以设置画笔形状、角度、平度等参数。“形状”可以选择圆形或正方形，“角度”是画笔笔触的倾斜角度，数值范围是-180～180，“平度”数值为 1%～100%。

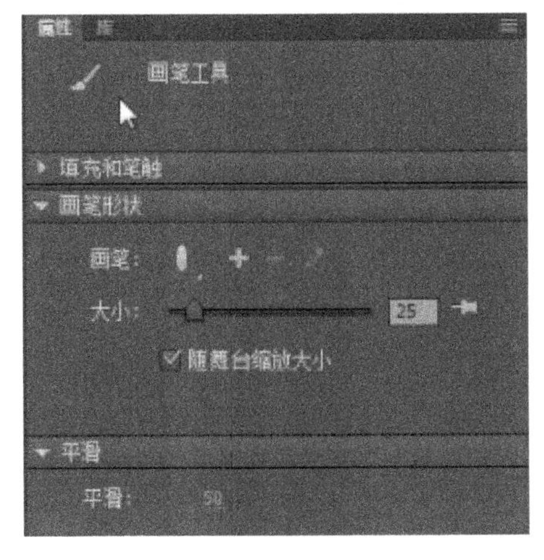

图 3-90　画笔工具(B)属性面板

图 3-91　“画笔形状”对话框

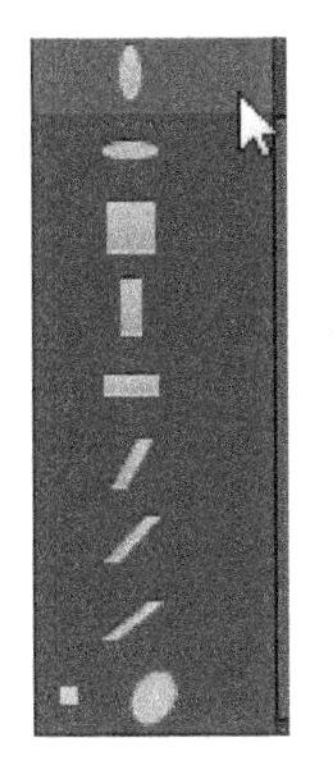

图 3-92　画笔形状

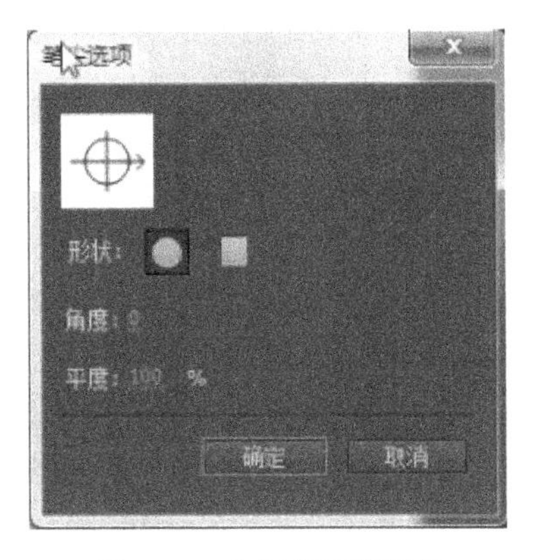

图 3-93　自定义画笔形状

自定义形状后，还可以选择选项删除或修改画笔形状，如图 3-94 所示。单击图中的“-”按钮，在弹出的“确定”对话框中单击“确定”，即可删除自定义画笔形状，如图 3-95 所示。单击“铅笔”可以修改画笔形状。

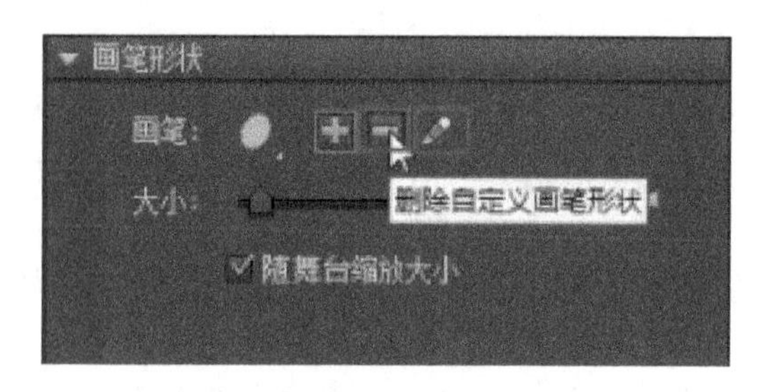

图 3-94　删除或修改画笔形状

图 3-95　删除自定义画笔第 3 章在 animate CC 中绘制图形

2. 设置画笔大小

单击工具箱中的“画笔工具(B)”按钮，在其属性对话框架中可以设置“画笔大小”，如图 3-96 所示，画笔大小的数值为 1~200，选中“随舞台缩放大小”后，画笔大小将随舞台的缩放而动态变化。

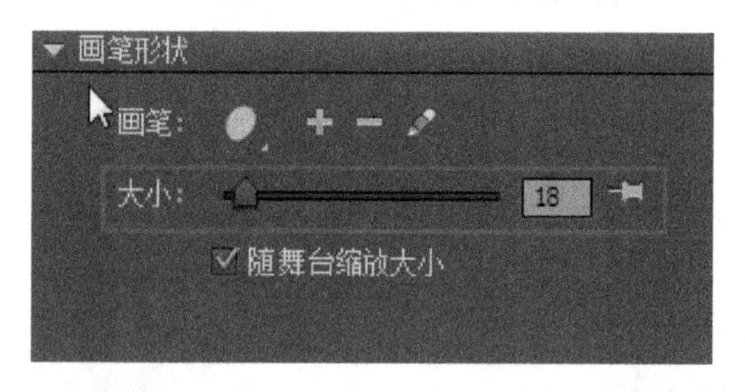

图 3-96　从“画笔工具”属性面板设置画笔大小

此外，还可以从工具箱面板中设置画笔大小，单击工具箱中的“画笔工具(B)”按钮，如图 3-97 所示。在工具箱的底部“画笔大小”按钮上单击，并从下拉列表中选择合适的画笔大小，如图 3-98 所示。

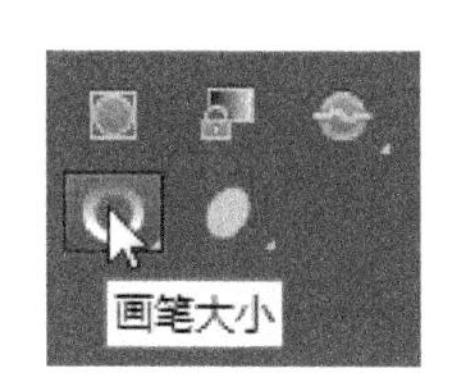

图 3-97　画笔大小按钮

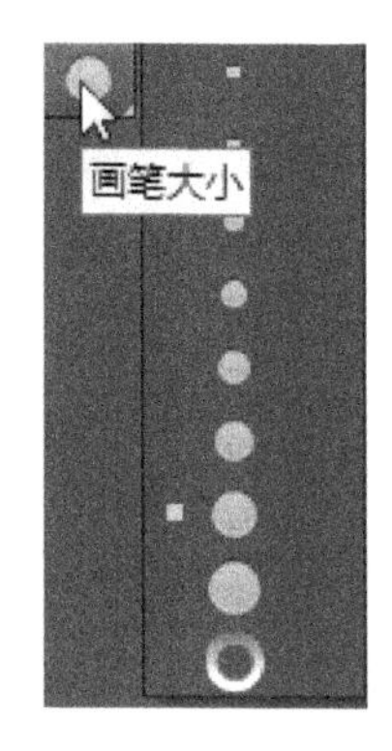

图 3-98　从工具箱面板设置画笔大小

3. 设置画笔模式

单击工具箱中的“画笔工具(B)”按钮后，在工具箱的底部“画笔模式”按钮上单击，并从下拉列表中选择合适的画笔模式，如图 3-99 所示。

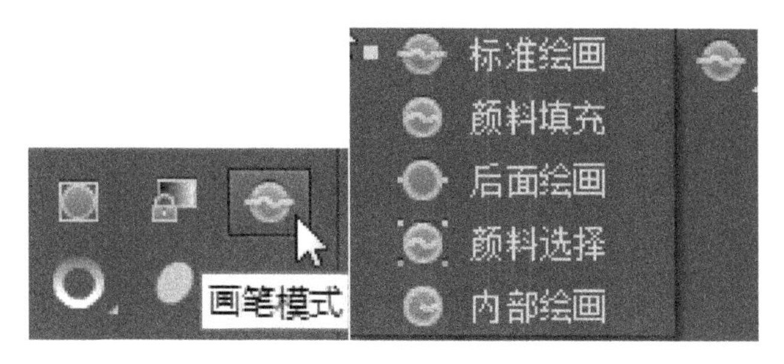

图 3-99　画 笔 模 式

标准绘画：使用该模式笔刷进行绘画时，会覆盖住原有图形，但不影响导入的图形和文本对象，如图 3-100 所示为使用“标准绘画”模式在场景中绘制图形的效果。

颜料填充：使用该模式笔刷进行绘画时，只对填充区域和空白区域涂色，会覆盖原有图形，但不影响线条，如图 3-101 所示为使用“颜料填充”模式在场景中绘制图形的效果。

图 3-100　“标准绘画”模式

图 3-101　“颜色填充”模式

后面绘画：使用该模式笔刷进行绘制时，只能在之前的图形下面进行绘画，如图 3-102 所示为使用“后面绘画”模式在场景中绘制图形的效果。

颜料选择：使用该模式进行绘画时，只在选定区域内进行绘画，可以使用选择工具或套索工具对色块进行选择后，并在选择区域内进行绘画，如图 3-103 所示为使用“颜料选择”模式在场景中绘制图形的效果。

内部绘画：使用该模式进行绘画时，笔刷只能在完全封闭的区域内进行绘画，起点在空白区域，只能在空白区域内进行绘画，如图 3-105 所示为使用“内部绘画”模式在场景中绘制图形的效果。

图 3-102 “后面绘画”模式

图 3-103 “颜料选择”模式

图 3-104 “内部绘画”模式

3.9 橡皮擦工具

“橡皮擦工具”主要用于擦除笔触及填充内容，在使用“橡皮擦工具”时，可以通过调节橡皮擦的擦除模式、擦除形状、水龙头三个附属工具来辅助擦除操作。单击工具箱的“橡皮擦工具”，在工具箱面板的底部可以看到“橡皮擦工具”的辅助工具选项，如图 3-105 所示。

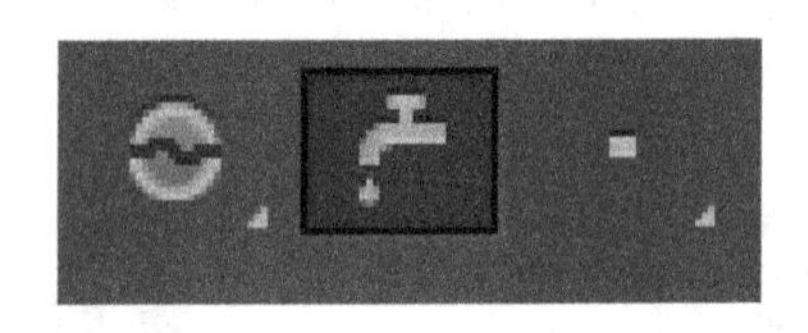

图 3-105 “橡皮擦工具”选项

3.9.1 “橡皮擦工具”模式

单击“橡皮擦工具”模式按钮，弹出五种“橡皮擦工具”模式，如图 3-106 所示。

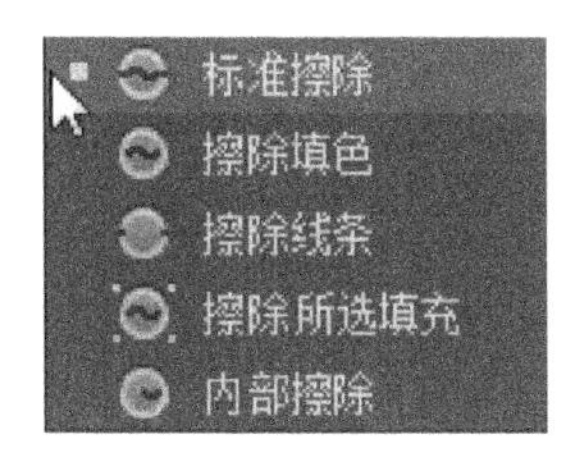

图 3-106　“橡皮擦工具”模式

标准擦除：使用该模式笔刷进行擦除时，可以同时擦除笔触和填充，如图 3-107 所示为使用“标准擦除”模式在场景中擦除图形的效果。

擦除填色：使用该模式笔刷进行擦除时，只擦填充，对笔触没有影响，如图 3-108 所示为使用“擦除填色”模式在场景中擦除图形的效果。

图 3-107　“标准擦除”模式

图 3-108　“擦除填色”模式

擦除线条：使用该模式笔刷进行擦除时，只擦笔触线长，对填充没有影响，如图 3-109 所示为使用“擦除线条”模式在场景中擦除图形的效果。

擦除所选填充：使用该模式笔刷进行擦除时，只对选定区域内进行擦除，可以使用选择工具或套索工具对色块进行选择后，并在选择区域内进行擦除画，如图 3-110 所示为使用“擦除所选填充”模式在场景中擦除图形的效果。

内部擦除：使用该模式笔刷进行擦除时，只对完全封闭的图形内部区域有影响，如图 3-111 所示为使用“内部擦除”模式在场景中擦除图形的效果。

图 3-109　“擦除线条”模式

图 3-110　“擦除所选填充”模式

图 3-111　“内部擦除”模式

3.9.2 水龙头

“水龙头工具”是一种智能的擦除，可以直接擦除色彩上相同的线条或填充色区域。单击“橡皮擦工具”，在工具箱面中选择“水龙头工具”选项，如图 3-112 所示。在需擦除的图形处单击即可擦除填充或笔触，如图 3-113 所示。如果图形处于选中状态，则可以一次完全擦除。

图 3-112 “水龙头”工具

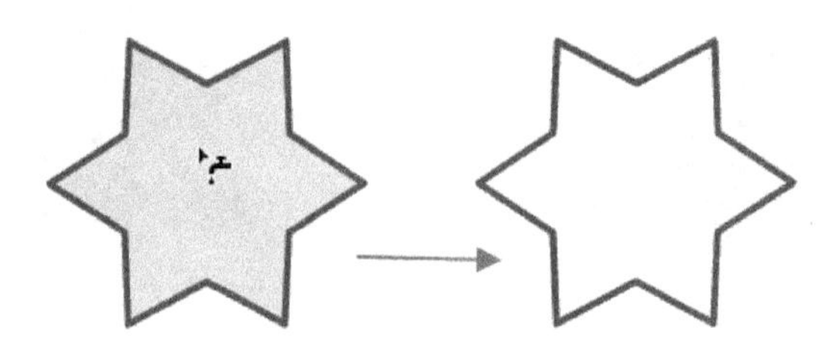

图 3-113 “水龙斗”擦除

3.9.3 橡皮擦形状

单击“橡皮擦工具”，在工具箱面中选择“橡皮擦形状”选项，从下拉列表中可以选择合适的“橡皮擦形状”，如图 3-114 所示。用户通过不同形状橡皮擦的使用，可以使擦除操作更为精确。

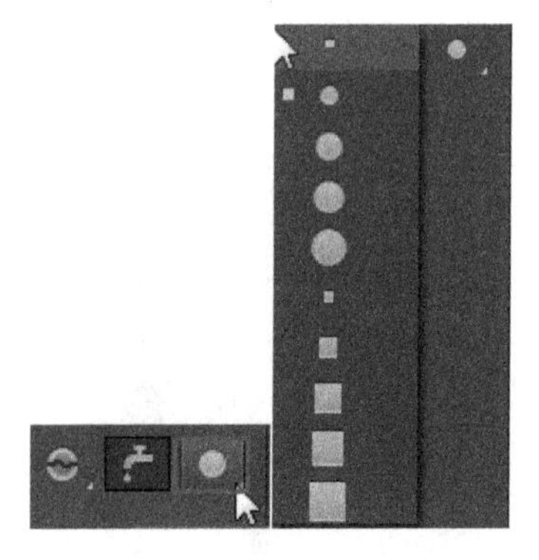

图 3-114 橡皮擦形状

3.10 本章小结

本章主要为读者介绍了 Animate CC 中图像处理基础知识、选择工具、基本绘图工具的技术与方法。通过本章的学习，读者可以掌握 Animate CC 中基本的图形绘制与编辑与方面的知识，为深入学习 Animate CC 知识奠定基础。

第 4 章 图形颜色处理

在动画的设计与制作中，丰富的色彩不仅能美化作品，同时也能给人美的享受。因此，颜色处理是 Animate CC 中绘制图形非常重要的环节，掌握 Animate CC 中颜色的处理方法，不仅能提高效率，对于提高作品的质量也大有裨益。本章将介绍 Animate CC 中颜色的处理。

4.1 笔触颜色和填充颜色

在 Animate CC 中图形一般都由笔触和填充两个部分组成，图形的颜色处理也就工具箱、属性面板、颜色面板、样本面板等工具创建、修改、编辑图形的"笔触颜色"和"填充颜色"。

4.1.1 使用"属性"面板编辑颜色

用户在绘制或修改图形的过程中可以使用"属性"面板中的"笔触颜色"和"填充颜色"来处理颜色，如图 4-1 所示。单击"笔触颜色"或"填充颜色"的色块可以打开颜色选择面板选择颜色，如图 4-2 所示。

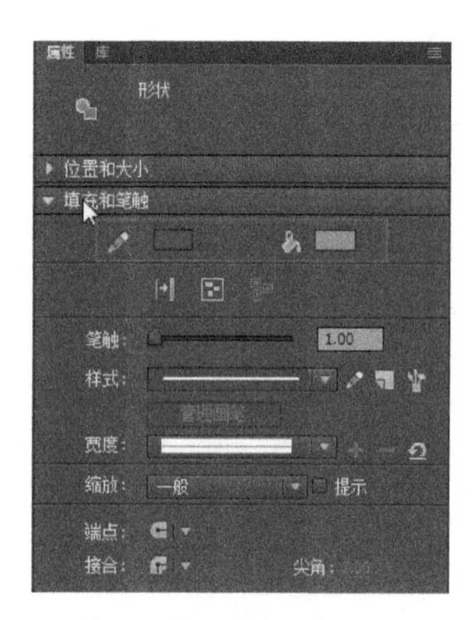

图 4-1 属性面板中的"笔触颜色"和"填充颜色"

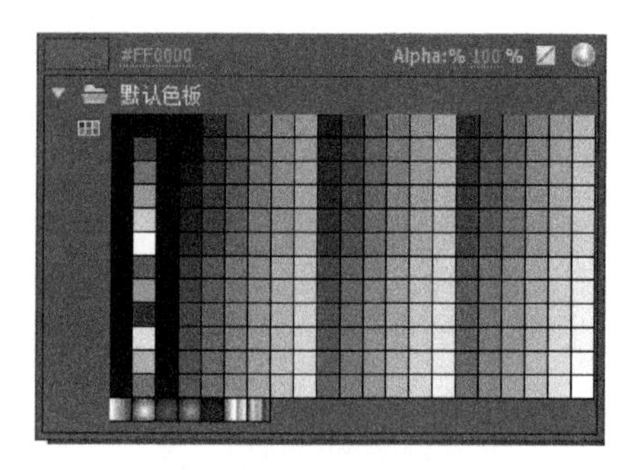

图 4-2 "颜色选择"面板

在该“颜色选择”面板中有系统提供的“默认色板”供用户选择颜色，包括纯色和渐变色。当选中某个颜色后会在面板的左上角出现该颜色的十六进制颜色编号，格式为“#××××××”，#后有 6 位十六进制字符，按前后顺序每两位分别代表红、绿、蓝三个原色。“Alpha”表示颜色的透明度，从0%～100%，100%为不透明，0%表示完全透明。如果用户想设置“空”或“无”颜色，则可以单击面板中的图标，若想选择“默认色板”之外的颜色，则可单击按钮，打开“颜色选择器”面板设置自定义颜色，如图 4-3 所示。在颜色选择器中提供了 HSB 和 RGB 模型用于定义颜色。

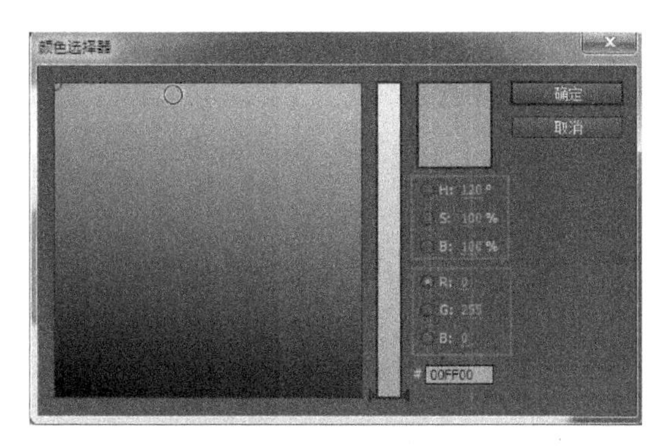

图 4-3　颜色选择器

HSB 模型：HSB 是指颜色的色相(Hue)、饱和度(Saturation)和亮度(Brightness)，是颜色的三属性。H 的取值范围是 0～360 度，也即用角度代表颜色，0～360 构成一个色相环；S 的取值范围是 0～100，0 表示颜色的饱和度最低，100 为最大；B 的取值范围也是 0～100，0 表示亮度最低，100 为最高。

RGB 模型：可以更改颜色的红(Red)、绿(Green)和蓝(Blue) 的色密度，也即使用三个轴(R、G 和 B)定义颜色。在 Animate CC 中 R、G、B 每个颜色轴的取值范围是 0～255。

4.1.2　使用“工具箱”编辑颜色

除了属性面板中可以设置颜色之外，也可以使用工具箱中的“笔触颜色”或“填充颜色”工具应用、创建和修改颜色，如图 4-4 所示。单击工具箱中的“笔触颜色”或“填充颜色”按钮，弹出“颜色选择”面板，如图 4-5 所示，该面板与属性面板中的“颜色选择”面板功能相同。

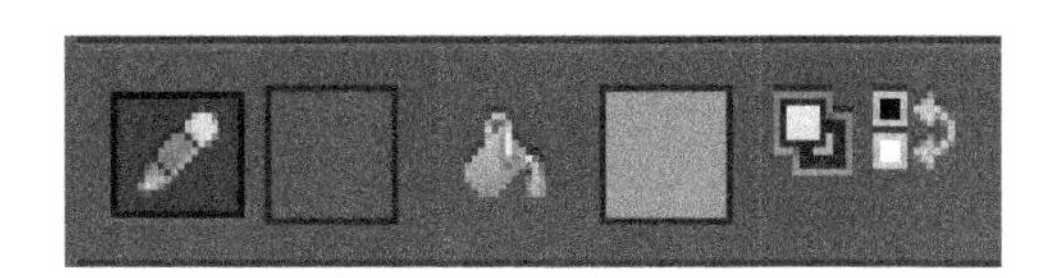

图 4-4　工具箱中“笔触颜色”或“填充颜色”

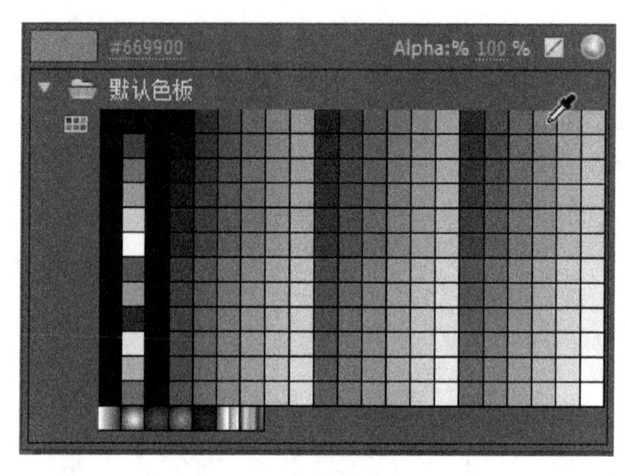

图 4-5 “颜色选择”面板

4.2 使用“样本”面板

“样本”面板以“调色板”的形式显示系统或用户预先定义好的一组色块。在 Animate CC 中每个文件都包含自己的调色板，该调色板存储在 Animate 文档中。Animate CC 将文件的调色板显示为“填充颜色”控件、“笔触颜色”控件以及“样本”面板中的样本。执行“窗口”→“样本”命令，打开“样本”面板如图 4-6 所示。“样本”面板中默认的调色板是 216 色的 Web 安全调色板。用户可以通过“样本”面板删除、复制、添加、替换调色板中的颜色。

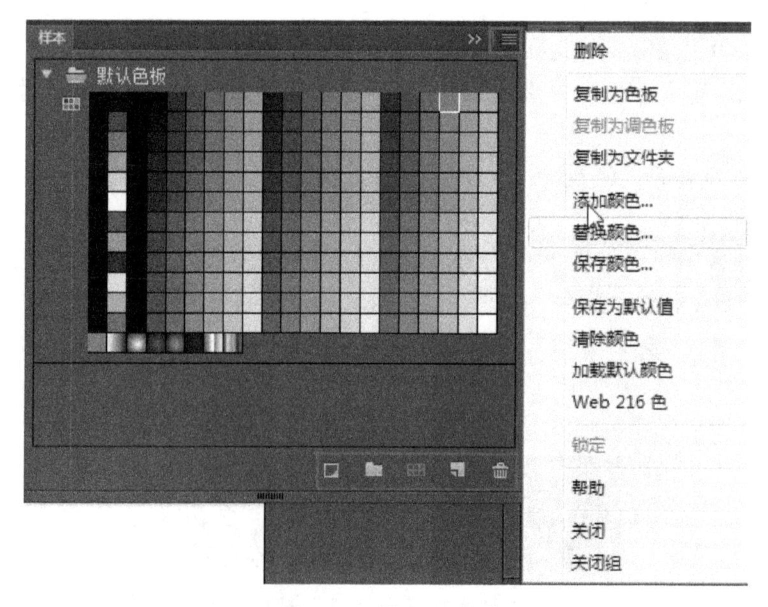

图 4-6 “样本”面板

删除：可以删除调色板中选中的色块。

复制：可将选择的颜色复制到当前的色板中，或将选择的颜色复制并生成新的色板文件夹，或将选中的调色板复为新的调色板。

添加/替换/保存颜色：可以将当前调色板保存为颜色集（*.clr）、颜色表文件（*.act），或从磁盘中将颜色集（*.clr）、颜色表（*.act）、*.gif 文件添加到当前色板中，或替换当前色板。通过添加/替换/保存颜色，可以在 Animate 文件之间，也可以在 Animate CC 和其他应用程序之间，导入和导出纯色和渐变色调色板。

保存为默认色：将当前色板保存为默认色板。

清除颜色：将色板中除黑色、白色、黑白渐变色之外的颜色都清除掉，如图 4-7 所示。

图 4-7　“清除颜色”结果

加载为默认色：将当前色板恢复为默认色板。

Web216 色：将当前色板恢复为 Web216 色的调色板。

4.3　使用“颜色”面板

“颜色”面板用于更改笔触和填充颜色、颜色类型，以及将新定义的颜色添加到“样本”中。执行“窗口”→“颜色”命令，打开“颜色”面板，如图 4-8 所示。在“颜色”面板中，可以通过 HSB 和 RGB 两种颜色模型定义“笔触”和“填充”色，修改颜色的透明度“A”，“A”是“Alpha”，其取值范围是 0%～100%。另外用户可以修改颜色类型，单击“纯色”弹出下拉列表，如图 4-9 所示，可以从列表中选择“无”“纯色”“线性渐变”“径向渐变”“位图填充”五种颜色类型，这五种颜色类型可以应用于笔触和填充颜色的效果。

下面以填充颜色为例，介绍五种颜色类型的应用及效果。

4.3.1　“无”色

在“颜色”面板中单击“填充颜色”按钮，并从颜色类型下拉列表中选择“无”选项，此时“填充颜色”右边出现无填充图标，如图 4-10 所示。在“无”色类型下绘制封闭图形，图形的填充区域将为透明，如图 4-11 所示，图形只有笔触色，填充区域呈现舞台背景色。

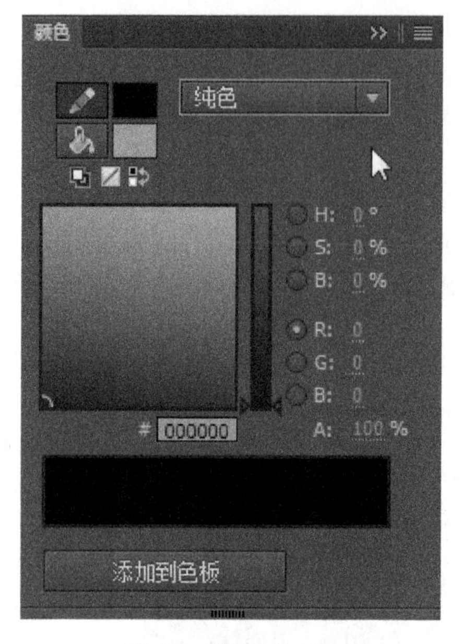

图 4-8 “颜色”面板

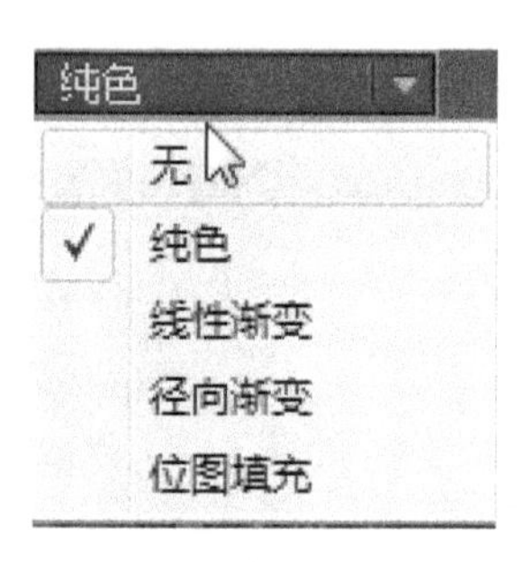

图 4-9 “颜色”类型

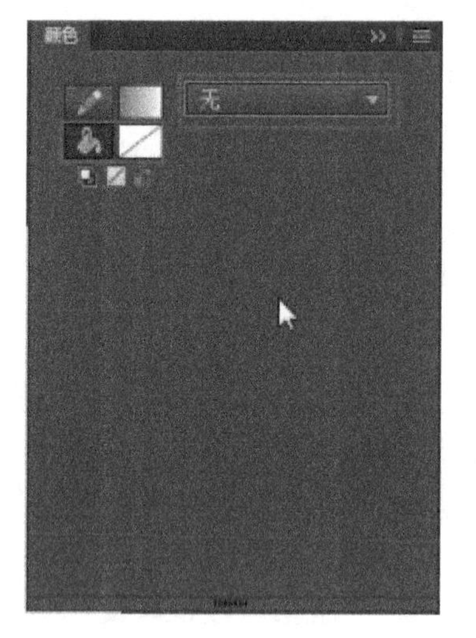

图 4-10 “无”填充

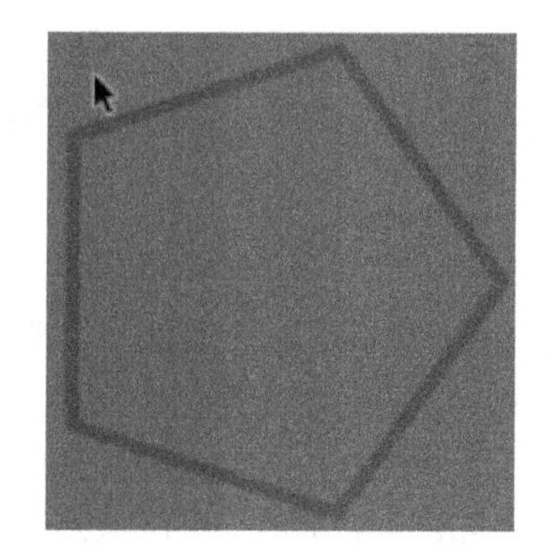

图 4-11 “无”填充图形效果

4.3.2 填充纯色

在“颜色”面板中单击“填充颜色”按钮，并从颜色类型下拉列表中选择“纯色”，此时“填充颜色”右边出现纯色图标，如图 4-12 所示。在“纯色”类型下绘制封闭图形，图形的填充区域将为单一色相的纯色，如图 4-13 所示。

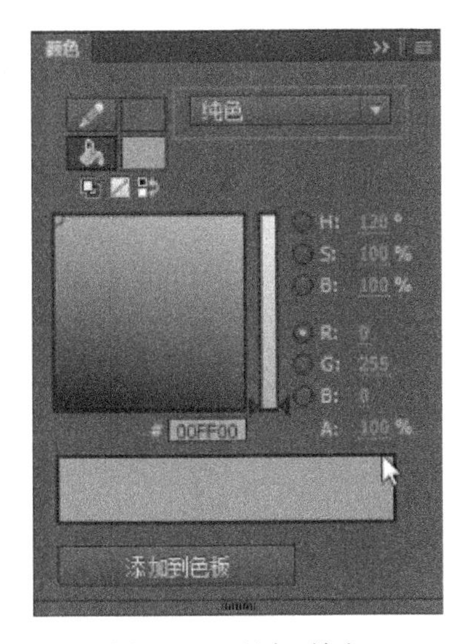

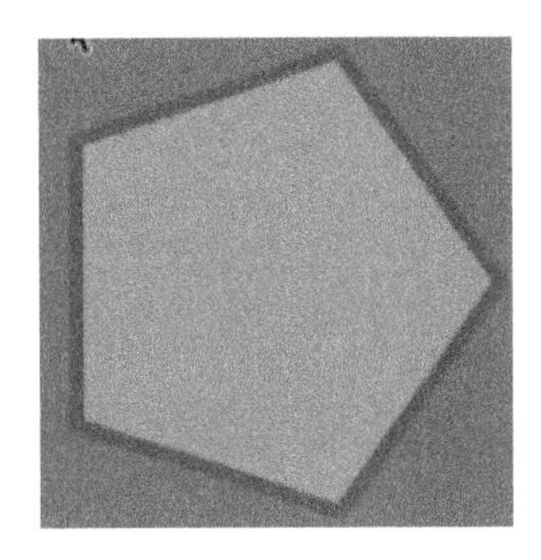

图 4-12　“纯色”填充　　图 4-13　“纯色”填充图形效果

4.3.3　填充渐变颜色

在“颜色”面板中单击“填充颜色”按钮，并从颜色类型下拉列表中选择“线性渐变”选项，此时“填充颜色”右边出现线性渐变填充图标，如图 4-14 所示。在“线性渐变”填充模式下，填充色至少包含两种颜色，这两种颜色按线性排列的方式从一种颜色过渡到另一种颜色。除了“线性渐变”之外，Animate CC 中还提供“径向渐变”方式，此时渐变色按圆形的方式从圆心向外辐射，如图 4-15 所示。“线性渐变”和“径向渐变”的图形效果如图 4-16 和图 4-17 所示。

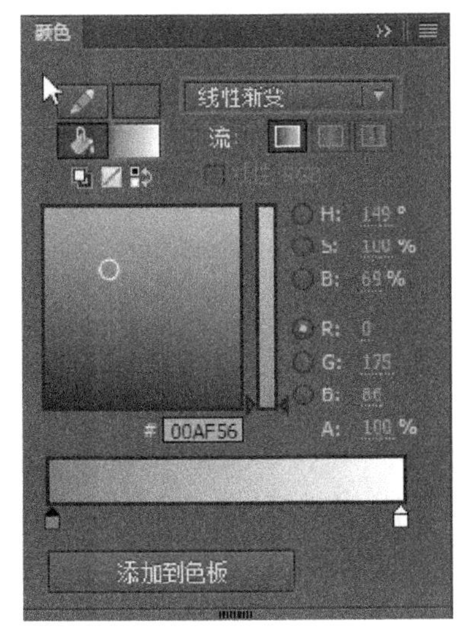

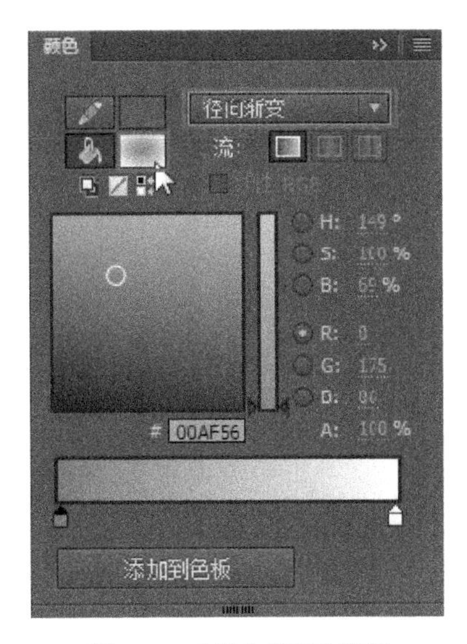

图 4-14　“线性渐变”填充　　图 4-15　“径向渐变”填充

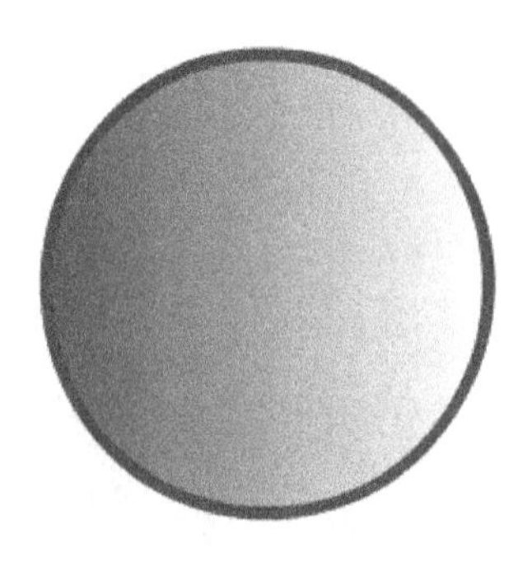

图 4-16 “线性渐变”填充效果

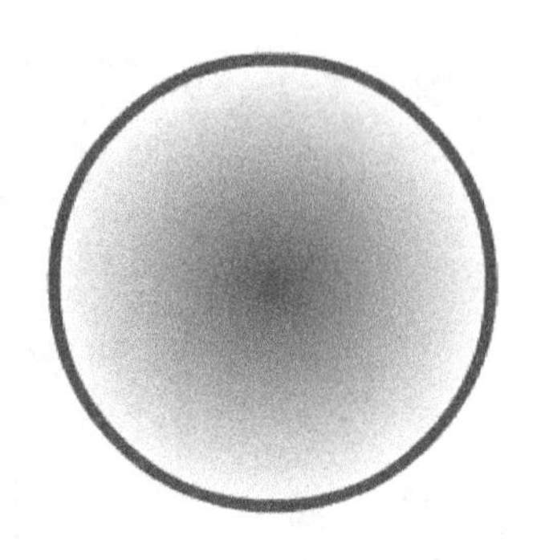

图 4-17 “径向渐变”填充效果

渐变填充中渐变色默认为两种颜色，用户可以根据需要在渐变轴中修改、增加、删除渐变色，如图 4-18 所示。修改渐变色时只需在颜色滑块上双击鼠标，在弹出的“调色板”中选取颜色，如图 4-19 所示。

图 4-18 渐变轴

图 4-19 修改渐变色

如果想增加渐变色，可以将鼠标指针放置在渐变轴底部，出现“黑色箭头+”图标时单击鼠标，即可增加一个渐变色，如图 4-20、图 4-21 所示。如果想删除渐变色，直接在渐变轴中向下拖拉颜色滑块即可。

图 4-20 增加渐变色箭头

图 4-21 新增的渐变色

如果想改变颜色在图形中的渐变位置，可以在渐变轴中左右拖动颜色滑块，如图 4-22、图 4-23 所示。

图 4-22 移动渐变色

图 4-23 移动后的渐变色

4.3.4　位图填充

在 Animate CC 中除了可以使用纯色、渐变色填充之外，也可以使用位图填充图形。单击颜色类型下拉列表从中选择“位图填充”选项，在没有导入过位图至位图填充选项中时会自动打开导入位图对话框，用户可从话框中选择相应导入位图，如图 4-24、图 4-25 所示。如果想使用其他位图，可以在颜色面板中单击“导入”按钮，并从导入对话框中选择位图导入。

图 4-24　位图填充

图 4-25　导入位图

导入位图后，可以使用绘图工具在舞台中绘制图形。如图 4-26 所示为分别使用椭圆和矩形工具绘制图形后的位图填充效果。

图 4-26　位图填充效果

4.4　墨水瓶和颜料桶工具

对绘制完成后的图形可以使用“墨水瓶”工具和“颜料桶”工具修改笔触属性和填充颜

色。接下来介绍这两个工具的使用。

4.4.1 墨水瓶工具

“墨水瓶工具”是笔触属性修改的工具，使用“墨水瓶工具”可以更改一个或多个线条或者形状轮廓的笔触颜色、宽度和样式，但对直线或形状轮廓只能应用纯色，而不能应用渐变或位图。

单击工具箱中的“墨水瓶工具”按钮，在“属性”面板或工具箱中的“笔触颜色”控件中，使用“调色板”选择一种颜色，并在“属性”面板中进行宽度、样式等参数的设置，如图 4-27 所示。然后在舞台场景中单击需要修改笔触的图形部分，本例中完成对星形图形笔触的修改，完成后效果如图 4-28 所示。

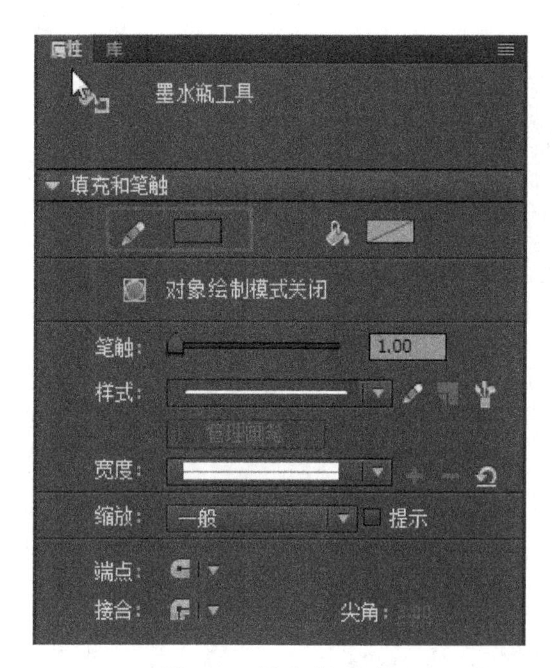

图 4-27　墨水瓶工具

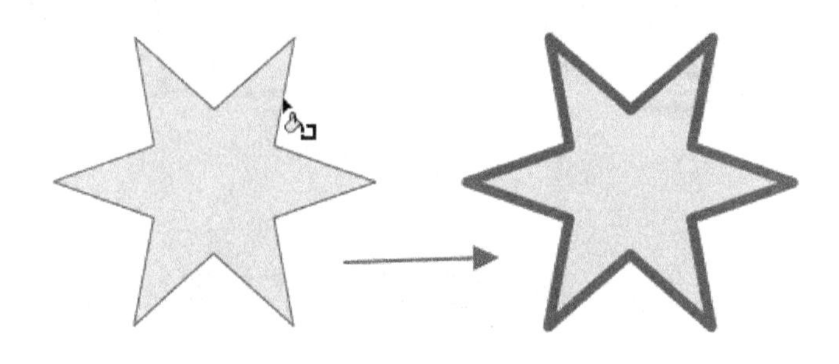

图 4-28　应用“默水瓶工具”修改笔触

4.4.2　颜料桶工具

“颜料桶”工具主要用于填充封闭区域及有细小间隙的未封闭区域的图形，包括空白区域和更改已填充区域的颜色。

单击工具箱中的“颜料桶工具”按钮，在“属性”面板或工具箱中的“填充颜色”控件中，使用“调色板”选择一种纯色、渐变色或位图，如图 4-29、图 4-30 所示。然后在舞台场景中单击需要修改填充的图形部分，本例中完成对星形图形填充色的修改，完成后效果如图 4-31 所示。

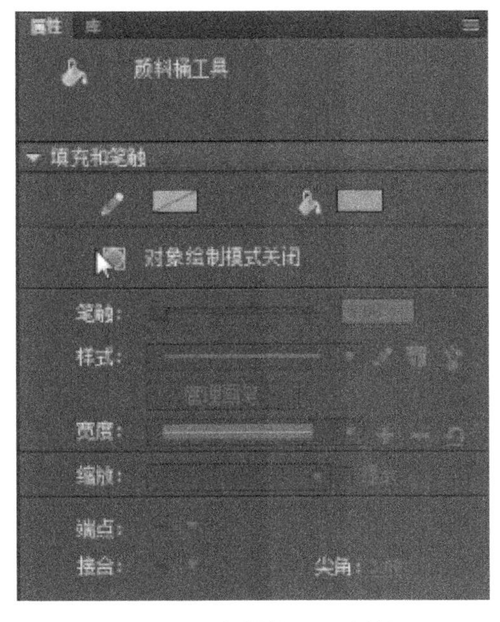

图 4-29　“颜料桶”工具属性

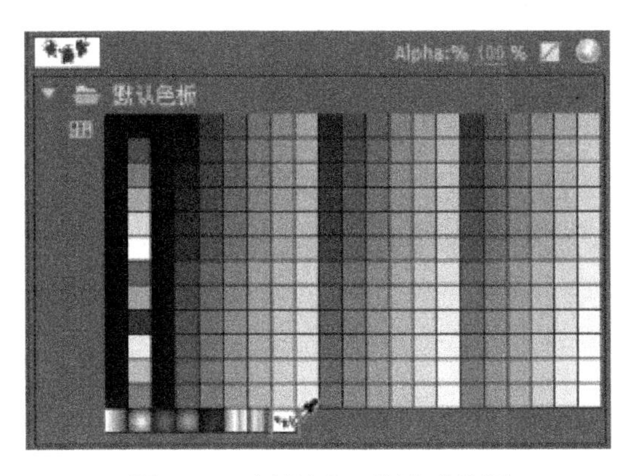

图 4-30　选择纯色、渐变或位图

图 4-31　应用“颜料桶”工具修改填充

间隙大小：对于有细小间隙的未封闭区域的图形可以设置“间隙大小”选项来控制图形的填充，使绘图变得更加容易方便，“间隙大小”按钮位于工具箱的底部。单击工具箱中的“颜料桶工具”按钮，在工具箱底部可以打开“间隙大小”下拉列表，如图 4-32 所示。

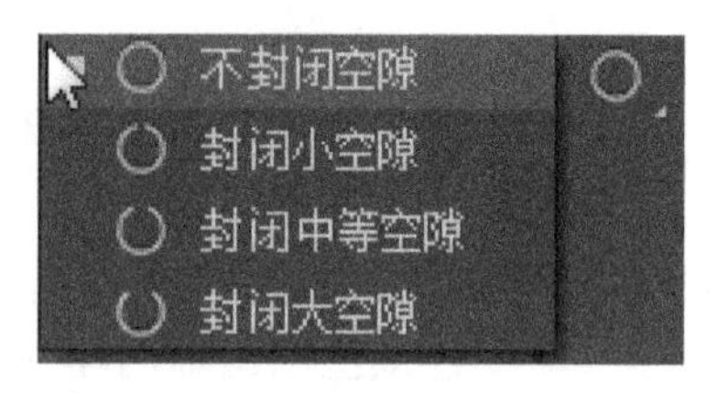

图 4-32　间 隙 大 小

不封闭空隙：只填充封闭没有空隙的图形。

封闭小空隙：能填充有小缺口的图形。

封闭中等空隙：能填充有中等缺口的图形。

封闭大空隙：能填充有较大缺口的图形。

需要注意的是对于小空隙、中等空隙、大空隙这三种空隙实际上并不是很大的空隙，如图 4-33 所示这样的空隙是不可填充的，相对很小的空隙才可以填充，如图 4-34 所示这样的空隙在操作时就可以填充。

图 4-33　不可填充的空隙

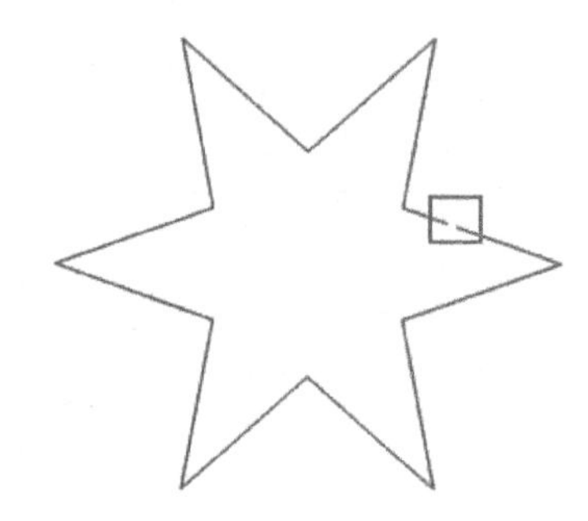

图 4-34　可在中等和大空隙模式下被填充

4.5　滴 管 工 具

“滴管工具”可以从一个对象复制填充和笔触属性，然后立即将它们应用到其他对象。“滴管”工具还允许从位图图像取样用作填充。

4.5.1　笔触取样

单击工具箱中的“滴管工具”按钮，在图形的笔触部分取样，如图 4-35 所示，该工具自动变成墨水瓶工具，然后单击要应用其属性的笔触区域，如图 4-36 所示。

图 4-35　取样笔触

图 4-36　拷贝笔触

4.5.2　填充取样

单击工具箱中的“滴管工具”按钮，在图形的填充部分取样，如图 4-37 所示，该工具自动变成“颜料桶工具”，然后单击要应用其属性的填充区域，如图 4-38 所示。

图 4-37　取样填充

图 4-38　拷贝填充

4.6　渐变变形工具

在 Animate CC 中，使用渐变变形工具调整填充的大小、方向或者中心，可以使渐变填充或位图填充变形。本小节介绍渐变填充工具的使用方法。

4.6.1　线性渐变变形

选择“矩形工具”选项，在属性面板中单击填充色按钮，从调色器中选择线性渐变色块，然后使用“矩形工具”在舞台中绘制一个线性渐变的矩形，如图 4-39 所示。

单击“渐变变形工具”按钮，在绘制的矩形上单击，会出现填充变形的控制柄，包括中心点、方向控制点、大小控制点，如图 4-40 所示。

中心点：将鼠标放在中间空心圆点上时，会出现四方向的箭头图标，通过移动它，可以改变填充色的中心位置，如图 4-41 所示。

图 4-39　渐变填充矩形

图 4-40　中心、方向、大小控制

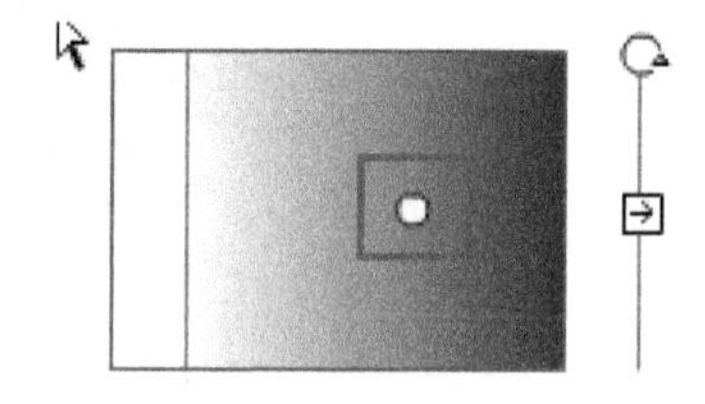

图 4-41　改变中心点

方向：将鼠标移动到右上角黑色正三角形的控制点时，鼠标会变为旋转的四个箭头样的图标，这时按住鼠标移动，可以对填充色进行方向旋转，如图 4-42 所示。

大小：将鼠标拖动右边中部指向右方箭头的方框时，可以调整渐变色的大小，比如拉伸渐变色，使它过度更细致，如图 4-43 所示。

图 4-42　改变方向　　　　图 4-43　改变大小

4.6.2　径向渐变变形

选择“椭圆工具”选项，在属性面板中单击填充色按钮，从调色器中选择径向渐变色块，然后使用“椭圆工具”在舞台中绘制一个径向渐变的正圆，如图 4-44 所示。

单击“渐变变形工具”按钮，在绘制的正圆上单击，会出现填充变形的控制柄，包括焦点、中心点、宽度、方向控制点、大控制点，如图 4-45 所示。

图 4-44　径向填充

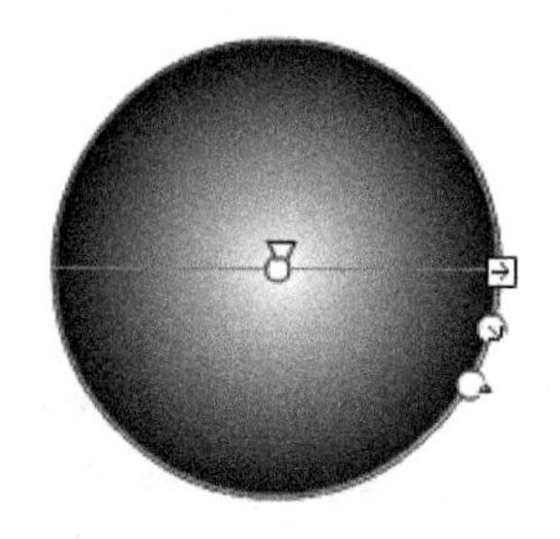

图 4-45　径向渐变控制点

焦点：焦点初始位置处于径向渐变的中心点，其控制点为倒立的三角形，拖动焦点可以改变径向渐变焦点的位置，如图 4-46 所示。

中心点：中心点和焦点的初始位置几乎重叠，其控制点为空心圆，将鼠标放在中间空心圆点上时，会出现四方向的箭头图标，通过移动它，可以改变填充色的中心位置，如图 4-47 所示。

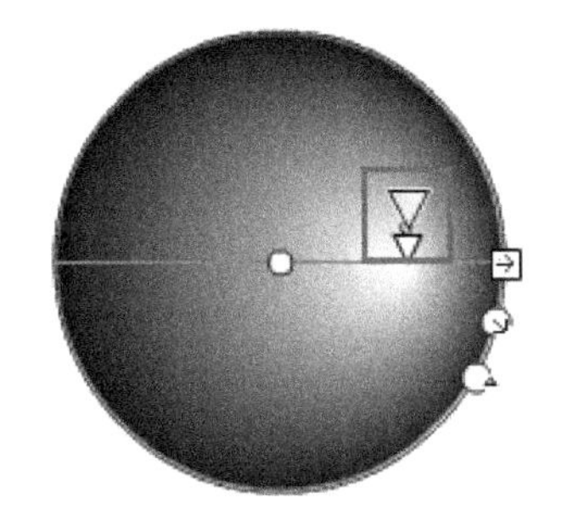

图 4-46　调整焦点

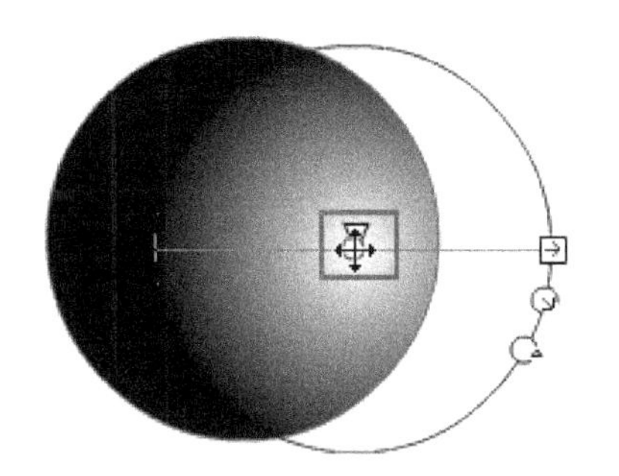

图 4-47　调整中心点

宽度：宽度控制点位于圆形右上角，其控制点为右向箭头的方框，将鼠标移动到控制点上时，可以调整渐变色的宽度，如图 4-48 所示。

大小：大小控制点位于宽度控制点的下方，其图标为圆形中右向箭头，将鼠标放在控制点上时，出现圆形右向箭头图标，这时按住鼠标移动，可以对填充色大小进行调整，如图 4-49 所示。

方向：方向制点位于大小控制点的下方，其图标为圆形中黑色三角形，将鼠标放在控制点上时，出现圆旋转图标，可以对填充色方向进行调整，如图 4-50 所示。

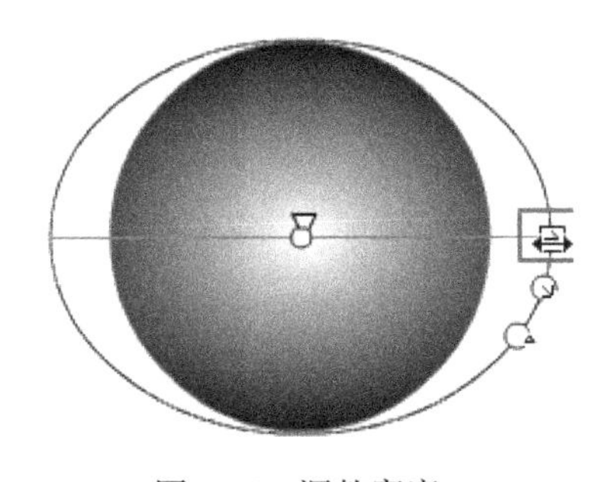

图 4-48　调整宽度

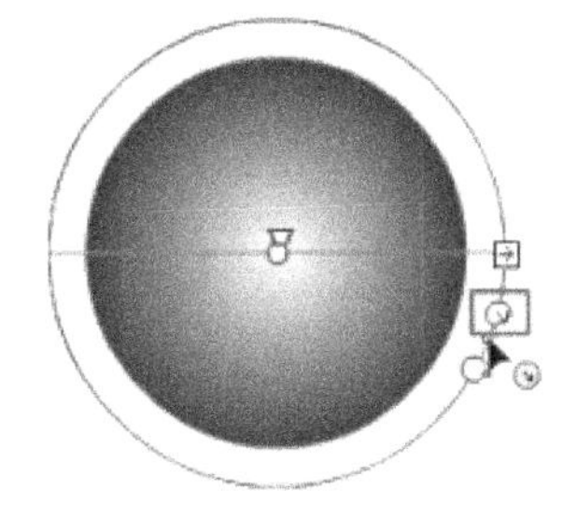

图 4-49　调整大小

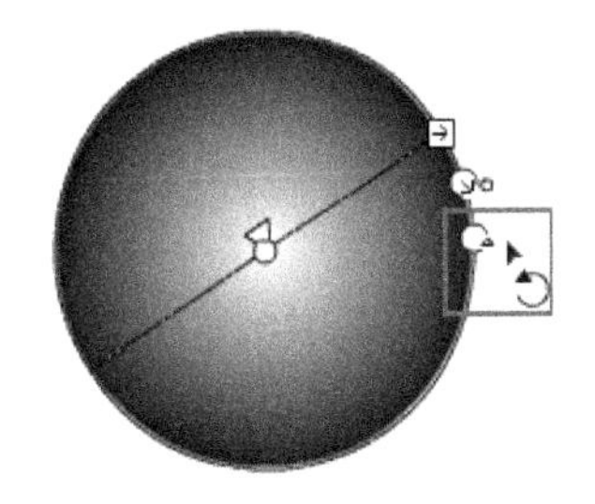

图 4-50　调整方向

4.7　锁定填充

可以使用锁定填充功能锁定渐变色或位图填充，使填充看起来好像扩展到整个舞台，并且用该填充涂色的对象好像是显示下面的渐变或位图的遮罩。

选择“多角星工具”选项，在舞台中绘制多个星形图形，在工具箱中单击“填充色”按钮选择线性渐变色块，然后选择“颜料桶工具”选项并关闭“锁定填充”功能，使用颜料桶工具分别填充星形图形，效果如图 4-51 所示，三个星形具有独立的线性渐变效果。

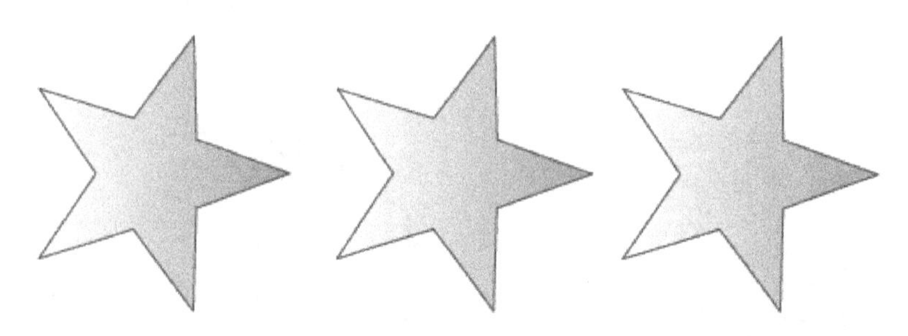

图 4-51 未“锁定填充”线性渐变效果

将“锁定填充”功能打开，即选择“颜料桶工具”，在工具箱中底部单击“锁定填充”按钮，如图 4-52 所示。然后用“颜料桶工具”在星形图形封闭区域重新填充，效果如图 4-53 所示。此时线性渐变填充将三个星形图作为一个整体进行填充。

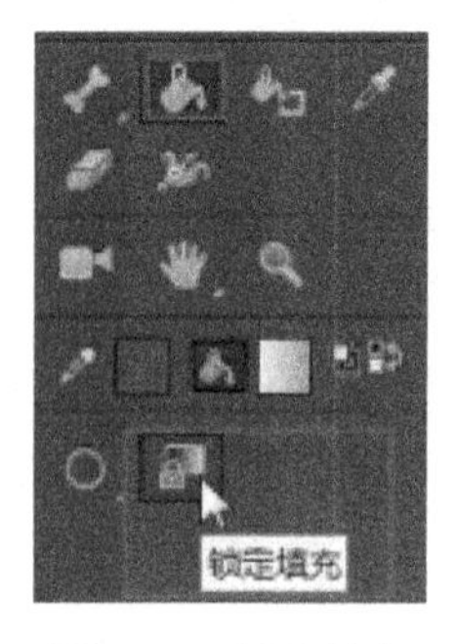

图 4-52 锁定填充

图 4-53 “锁定填充”线性渐变效果

4.8 本章小结

本章主要讲解了 Animate CC 中颜色的处理方法，包括“样本”面板和“颜色”面板的应用，创建笔触颜色和填充颜色的方法，修改笔触颜色和填充颜色的方法，并能够使用“滴管工具”“颜料桶工具”“墨水瓶工具”和“渐变变形工具”对颜色进行处理。通过本章的学习，用户就能够在 Animate CC 中对图形进行熟练的填色操作，掌握创建颜色和修改颜色的方法，并且能够随意处理图形的颜色。

第5章　Animate CC 中的对象操作

本章将为读者介绍 Adobe Animate CC 中对象的操作，主要包括选择对象、对象变形、对象的合并与分离、对象的对齐与分布、层叠顺序的调整等内容。通过本章的学习读者能够全面掌握对象操作的基本方法与技巧，为以后的动画设计与制作打好基础。

5.1　选择对象

在 Animate CC 中若要对对象进行操作，则需先选择对象。用户可以使用选择工具、部分选择工具、套索工具选择对象的整体或部分，下面分别介绍这几个工具的用法。

5.1.1　使用“选择工具”选择对象

“选择工具”是 Animate CC 中最常用的工具之一，通过该工具可以选择形状、位图、元件、文本、视频等对象，也可以选择单个或多个对象。“选择工具”的操作分为单击选择和拖拽选择两种方法。

1. 单击选择

在工具箱中单击“矩形”工具并在工具箱底部选择“形状”绘制模式，在属性面板中设置笔触、颜色等参数，然后在舞台中绘制长方形图形，长方形由笔触和填充两个部分组成。在工具箱中单击“选择工具”，在舞台中长方形图形的填充区域单击可以选择长方形的填充部分，如图5-1所示，在长方形的笔触部分单击可以其中选择一条边，如图5-2所示。

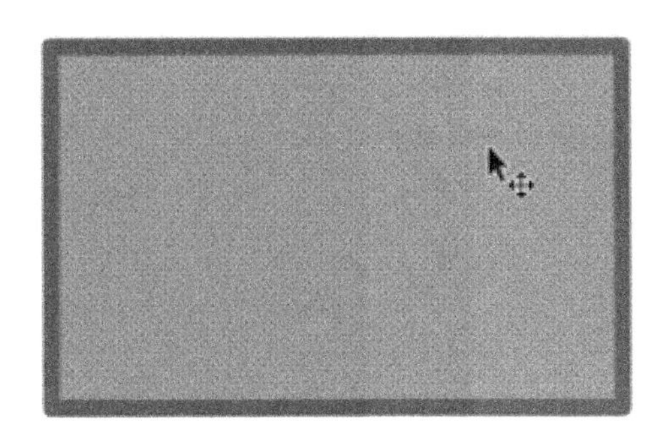

图5-1　选择“填充”部分

图5-2　选择“轮廓”部分

如果想选中四条边，则可以按住“shift”的同时分别单击四条边，如图 5-3 所示。

2. 拖拽选择

使用“选择工具”拖拽绘制选择区域可以选中图形填充和轮廓的部分或整体。如图 5-4 所示，

图 5-3　选择长方形四条边

图 5-4　拖动框选整个填充和笔触

拖动选择图形的整体，如图 5-5 所示选择图形填充和轮廓的部分。

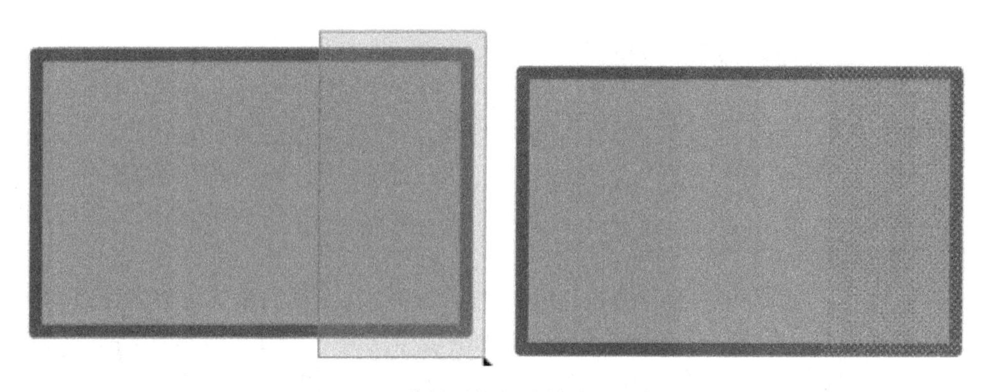

图 5-5　拖拽选择部分填充和笔触

提示：要选择“选取”选项工具，也可以按下 V 键。要在其他工具处于活动状态时临时切换到“选取”工具，请按下 Control 键（Windows）或 Command 键(Macintosh)。

提示：如果矩形工具以“对象”模式绘制长方形，则使用“选择工具”单击长方形即可国时选中笔触和填充部分。

5.1.2　使用“部分选择工具”选择对象

“部分选择工具”用于选择图形形状的锚点和线段，改变锚点的位置、线段的位置，实现修改图形的目的。“部分选择工具”的操作分为单击选择和拖拽选择两种方法。

1. 单击选择

在工具箱中单击“多角星形”工具并在工具箱底部选择“形状”绘制模式，在属性面板中设置笔触、颜色等参数，然后在舞台中绘制多边形图形，多边形图形由笔触和填充两个部分组成。在工具箱中单击“部分选择工具”，在舞台中多边形图形的笔触上单击可以选择多边形，如图 5-6 所示。此时并未选中某一锚点或线段，因而无法修改图形的形状，只能移动该图形。

在“多角星形”的锚点上单击可以选择一个或多个锚点。如果要选择多个锚点，可以按住“Shift”键的同时单击锚点，如图 5-7 所示。

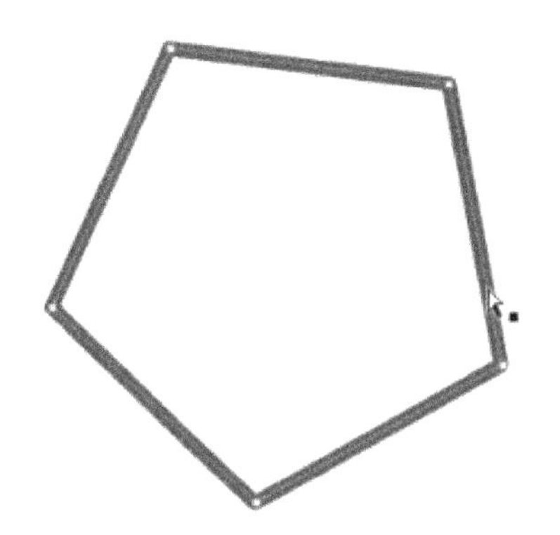

图 5-6 单击选择多边形笔触

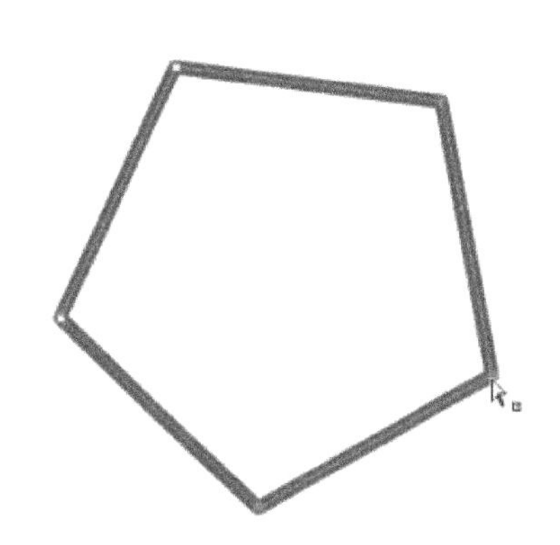

图 5-7 按住“Shitf”单击选择多个锚点

2. 拖拽选择

使用“部分选择工具”拖拽绘制选择区域可以选中图形的锚点或线段。从工具箱中选择“部分选择工具”，在舞台中多边形图形右侧拖拽绘制选择区域，可以选中多边形的两个锚点和一条线段，如图 5-8 所示。此时可以拖拽线段可以改变图形的形状，如图 5-9 所示。

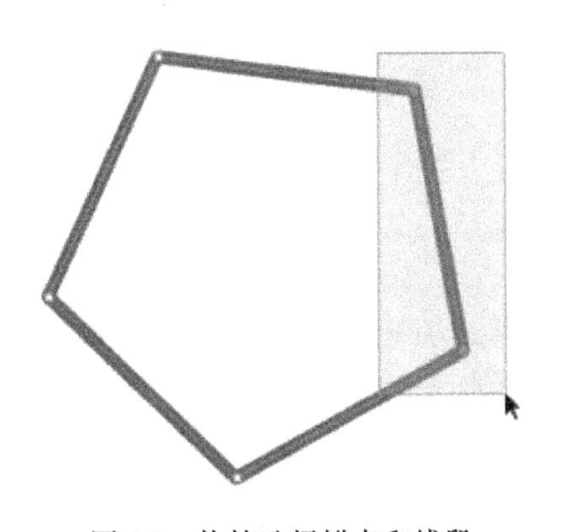

图 5-8 拖拽选择锚点和线段

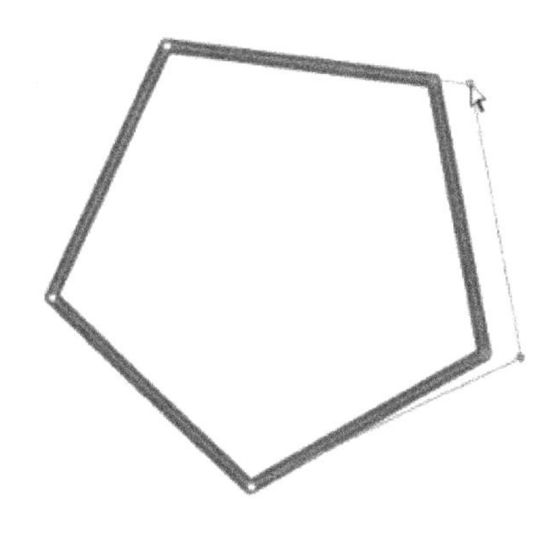

图 5-9 改变锚点和线段位置

5.1.3 使用“套索工具”选择对象

在 Animate CC 中“套索工具”实际上是一个工具组，包括套索工具、多边形工具、魔术棒工具，如图 5-10 所示。这三个工具与 Photoshp CC 软件中的套索工具、多边形工具、魔术棒工具功能及用法相似。套索工具和多边形选择工具以绘制形状的方式选择对象，魔术棒工具根据颜色的相似性选择对象。

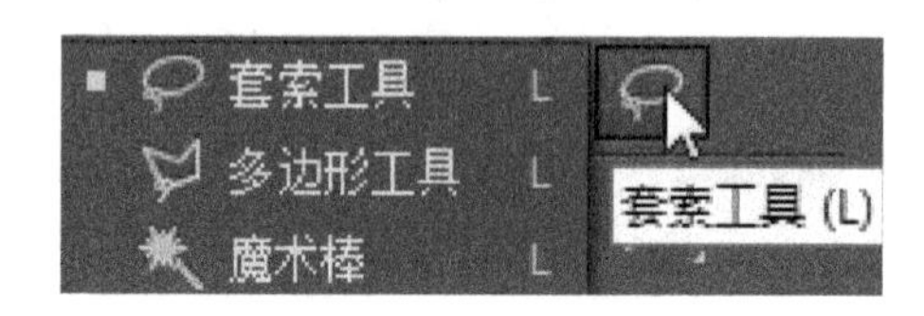

图 5-10 套 索 工 具

1. 套索工具

“套索工具”通过拖拽绘制不规则的选择区域来选择图形的填充和笔触。在工具箱中单击“椭圆”工具并在工具箱底部选择“形状”绘制模式，在属性面板中设置笔触、颜色等参数，然后在舞台中绘制椭圆图形，图形由笔触和填充两个部分组成。在工具箱中单击“套索工具”，在舞台中椭圆图形上拖动绘制选择区域，被选中的部分图形可以通过移动来分离，如图 5-11 所示。

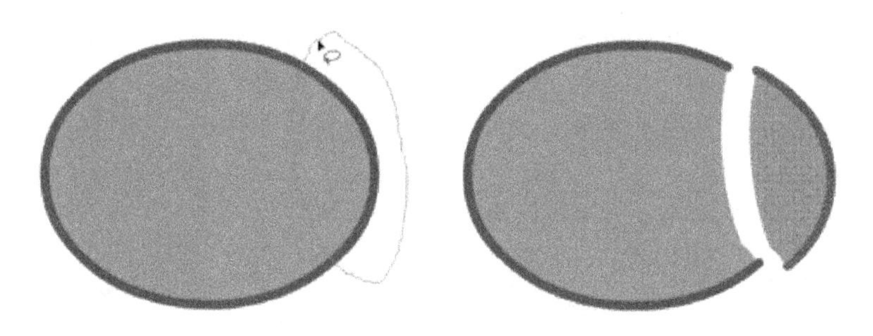

图 5-11 “套索工具”选择

2. 多边形工具

多边形工具用于绘制直边选择区域来选择图形的填充和笔触。在工具箱中单击“椭圆”工具并在工具箱底部选择“形状”绘制模式，在属性面板中设置笔触、颜色等参数，然后在舞台中绘制椭圆图形，图形由笔触和填充两个部分组成。在工具箱中单击“套索工具”并从下拉菜单中选择“多边形工具”选项，在舞台中椭圆图形上单击设定起始点，将指针放在第一条线要结束的地方，然后单击，继续设定其他线段的结束点，要闭合选择区域，双击即可。被选中的部分图形可以通过移动来分离，如图 5-12 所示。

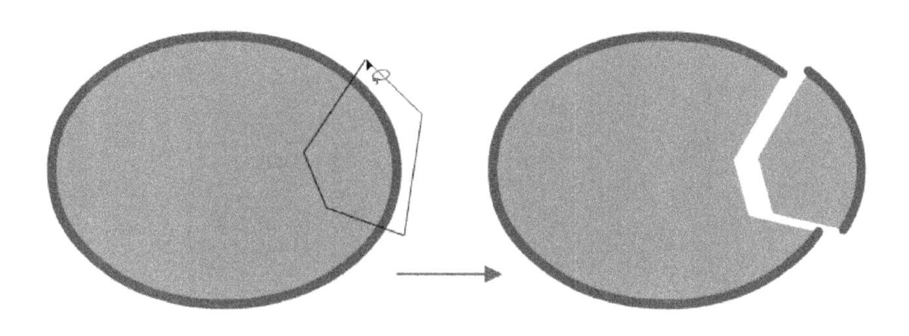

图 5-12　“多边形工具”选择

3. 魔术棒工具

魔术棒工具按照颜色相近的原则从位图中生成选择区域，用法与 Photoshop 中的魔术棒工具相同。在工具箱中单击“套索工具”并从下拉菜单中选择“魔术棒工具”选项，并在属性面板中设置相关参数，如图 5-13 所示。

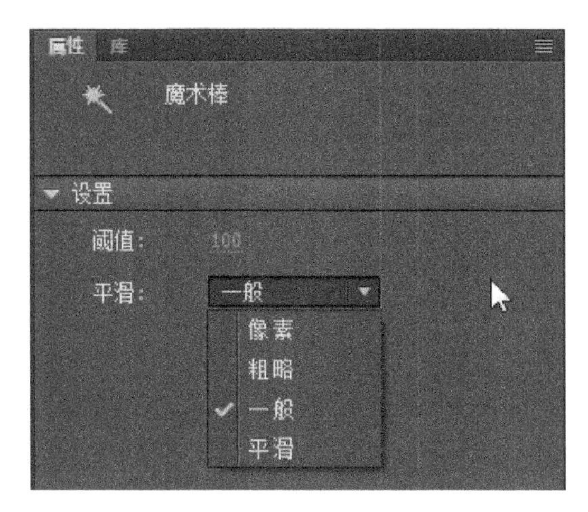

图 5-13　“魔术棒工具”属性

阈值：阈值用于定义将相邻像素包含在所选区域内必须达到的颜色接近程度。数值越高，包含的颜色范围越广。输入的数值范围是介于 1 和 200 之间的值，如果输入 0，则只选择与您单击的第一个像素的颜色完全相同的像素。

平滑：选择一个选项来定义选区边缘的平滑程度。有像素、粗略、一般、平滑四个选项，选择区域的平滑程度依次提高，在“平滑”选项下选择的选择区平滑度最高。

使用魔术棒工具时需首先分离位图。从磁盘中导入一张位图，并执行“修改”→“分离”命令分离位图，已分离的位图被选中后会出细小的网格，如图 5-14 所示。

从“套索工具”下拉菜单中执行“魔术棒工具”选项，在属性面板中设置参数，然后在位图中的背景中单击，并拖动鼠标可以将背景分离，如图 5-15 所示。

图 5-14 “分离”位图

图 5-15 “魔术棒工具”选择并分离背景

5.2 预览对象

在 Animate CC 中若要加快文档的显示速度，可以使用“视图”菜单中的命令关闭呈现品质功能，该功能需进行额外的计算，因此会降低文档的显示速度。Animate CC 提供轮廓、高速显示、消除锯齿、消除文字锯齿、整个 5 种预览模式，如图 5-16 所示。

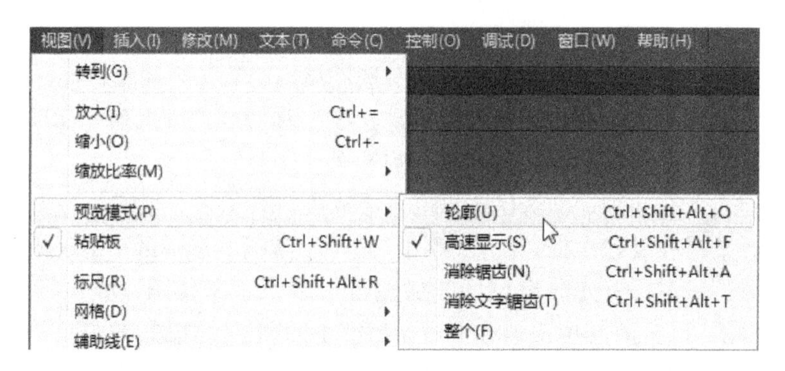

图 5-16 预 览 模 式

5.2.1　轮廓

在轮廓模式下，只显示场景中形状的轮廓，从而使所有线条都显示为细线。这样就更容易改变图形元素的形状以及快速显示复杂场景。在舞台中导入素图形素材，默认状态下将以“消除文字锯齿”模式显示，如图 5-17 所示。从“视图”菜单中选择“预览模式”命令，并从下拉菜单中选择“轮廓”模式，显示效果如图 5-18 所示。

图 5-17　“消除文字锯齿”模式

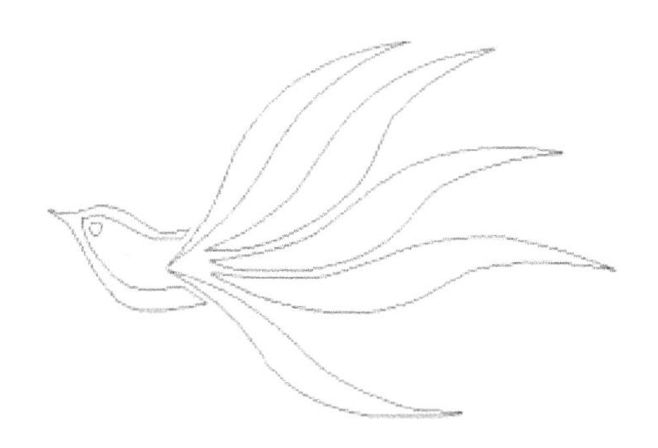

图 5-18　“轮廓”模式

5.2.2　高速显示

在该模式下将关闭消除锯齿功能，并显示绘画的所有颜色和线条样式。在 Animate CC 中执行“文件”→“新建”→“从模板中新建”命令，选择 HTML5 Canvas 类型文档的动画示例文档，打开时以“消除文字锯齿”模式显示，如图 5-19 所示。从“视图”菜单中执行“预览模式”命令，并从下拉菜单中选择“高速显示”模式，显示效果如图 5-20 所示。在图形的边界处出现明显的锯齿，图中矩形框标示更为明显。

图 5-19　“消除文字锯齿”模式

图 5-20　“高速显示”模式

5.2.3 消除锯齿

在该模式下，能打开线条、形状和位图的消除锯齿功能，从而使屏幕上显示的形状和线条的边沿更为平滑，如图 5-21 所示。但绘画速度比“高速显示”选项的速度要慢很多。消除锯齿功能在提供数千(16 位)或上百万(24 位)种颜色的显卡上处理效果最好。在 16 色或 256 色模式下，黑色线条经过平滑，但是颜色的显示在快速模式下可能会更好。

图 5-21 “消除锯齿”模式

5.2.4 消除文字锯齿

“消除文字锯齿”模式是最常用的工作模式，能平滑所有文本的边缘。处理较大的字体大小时效果最好，如果文本数量太多，则速度会较慢。如图 5-22 和图 5-23 分别为“消除文字锯齿”模式和“高速显示”模式下显示的文字，可以发现在“高速显示”模式下文字边缘的锯齿状明显，而在“消除文字锯齿”模式下文字边缘更为平滑。

Animate CC

图 5-22 “消除文字锯齿”模式

Animate CC

图 5-23 “高速显示”模式

5.2.5 整个

在“整个”模式下能完全呈现舞台上的所有内容，但可能会减慢显示速度。在 Animate

CC 中执行“文件”→“新建”→“从模板中新建”命令，选择 WebGL 类型文档的动画示例文档，打开时分别以“轮廓”模式和“整个”模式显示，效果如图 5-24 和图 5-25 所示。

图 5-24　“轮廓”模式

图 5-25　“整个”模式

5.3　变形对象

在 Animate CC 中，用户可以使用“自由变形工具”“窗口”→“变形”面板或“修改”→“变形”菜单命令将图形对象、组、文本块和实例进行变形。根据所选元素的类型，可以变形、旋转、倾斜、缩放或扭曲该元素，如图 5-26、图 5-27 所示。在变形操作期间，可以更改或添加选择内容。

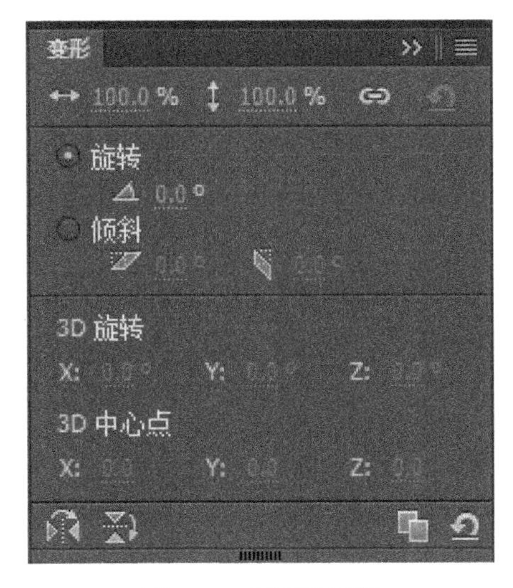

图 5-26　“变形”面板

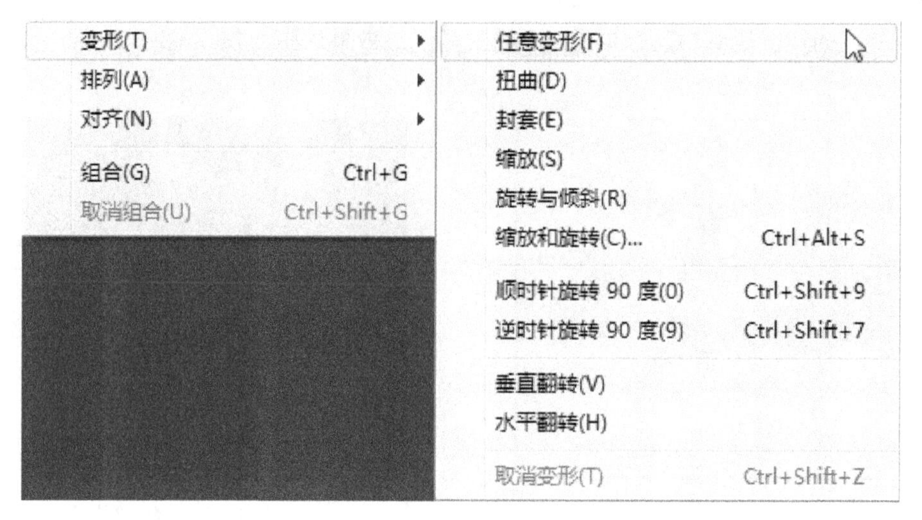

图 5-27 “变形”菜单命令

5.3.1 什么是变形点

在变形期间，所选元素的中心会出现一个变形点。变形点最初与对象的中心点对齐。用户可以移动变形点，将其返回到它的默认位置以及移动默认原点。

选择工具箱中的“多角星形工具”，在属性面板中设置参数，并在舞台中绘制星形图。从工具箱中选择“自由变形工具”选项，在舞台中单击选中星形图，此时在星形图的中间出 5-26 空心现变形点，如图 5-28 所示。移动该变形点可以改变位置，如图 5-29 所示。

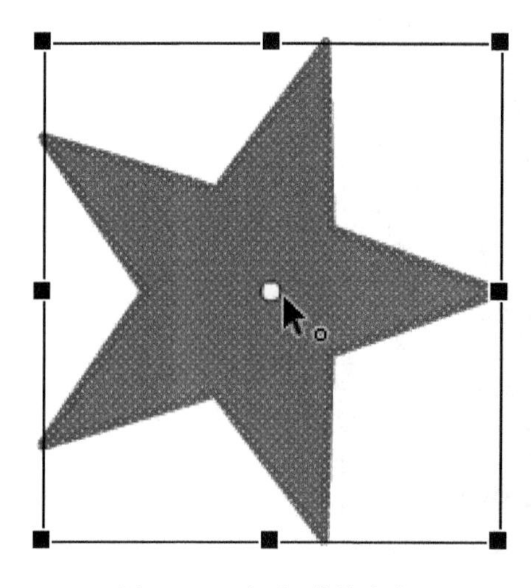

图 5-28 “变形”菜单命令

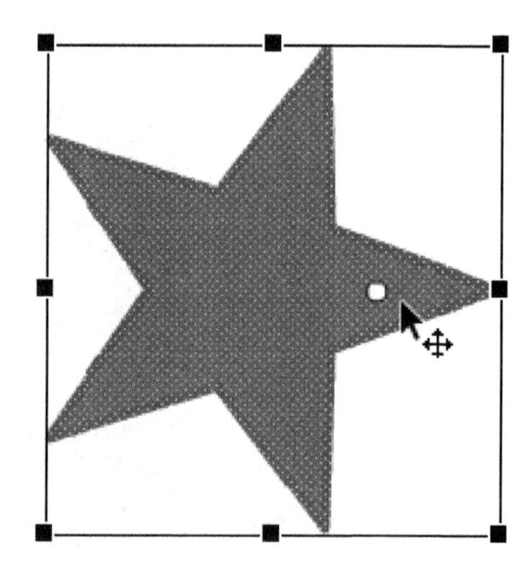

图 5-29 改变变形点

5.3.2 自由变形对象

在工具箱中选择“自由变形工具”，在舞台中单击选择相应图形对象，便会在该图形周围出现变换框，如图 5-30 所示，变换框由中心点和 8 个控制点构成。将鼠标分别移动到变换框的四个角上时，可以对图形进行旋转变换，如图 5-31 所示。此外还可以对图形进行水平和垂直切变、缩放等变形操作，如图 5-32、图 5-33 所示。

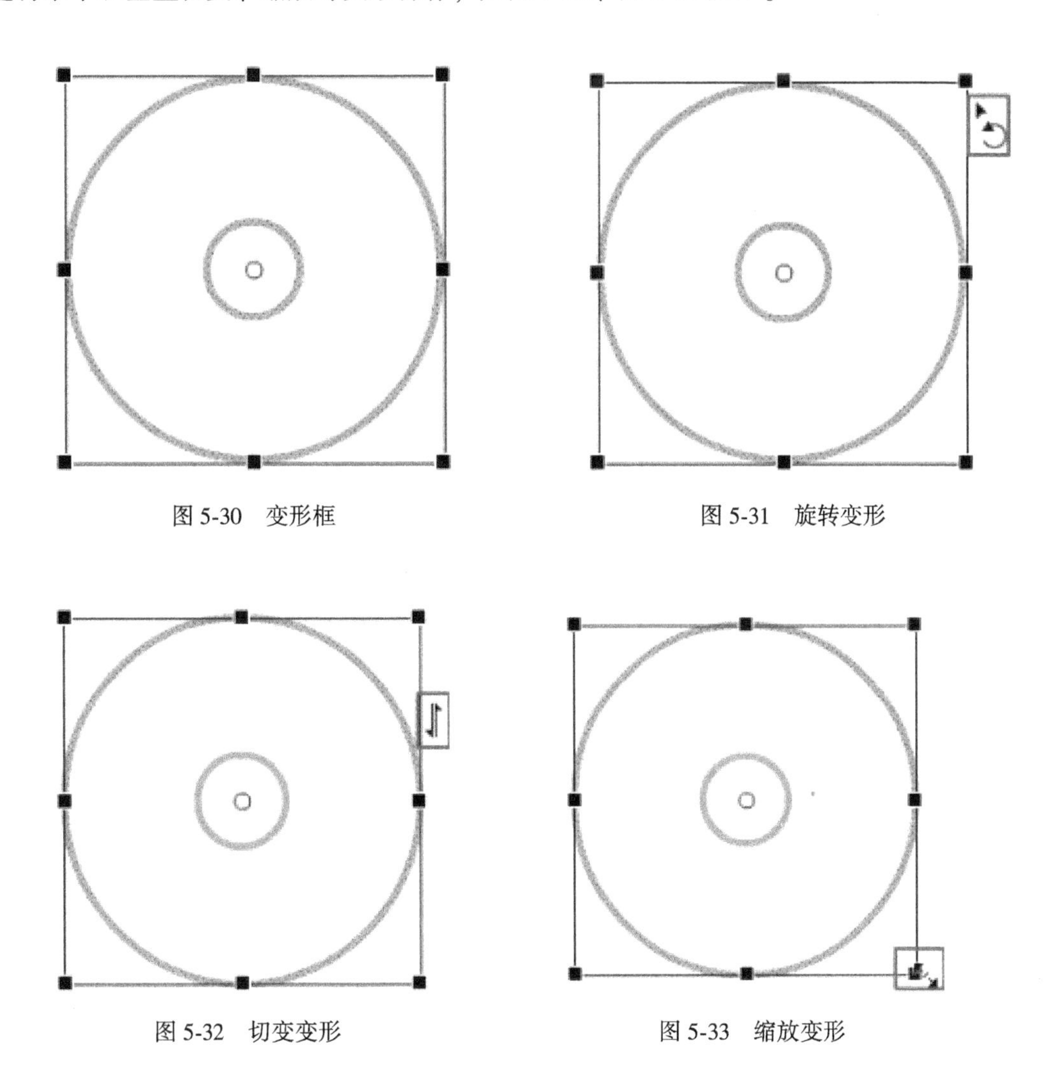

图 5-30 变形框

图 5-31 旋转变形

图 5-32 切变变形

图 5-33 缩放变形

旋转对象：旋转时以变形点为轴心旋转对象，用户可以根据需求改变变形点的位置，再进行旋转变换，如图 5-34 所示为变形点变换后执行旋转变形的效果。

切变对象：切变是在固定变形框的一条边的基础上，对图形对象实施水平与垂直倾斜变形的操作，如图 5-35、图 5-36 所示。

图 5-34　旋转变形

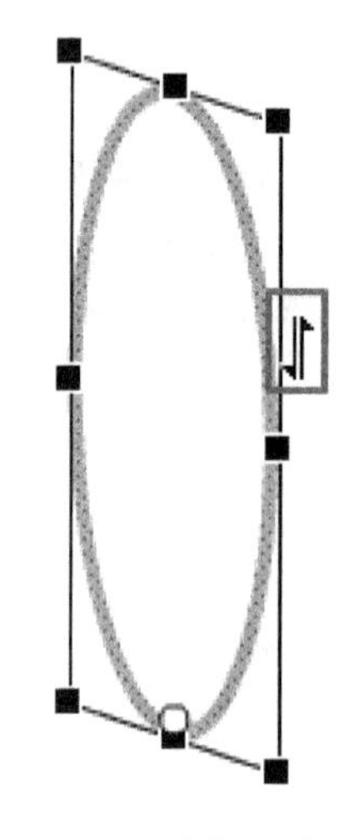

图 5-35　垂直切变变形

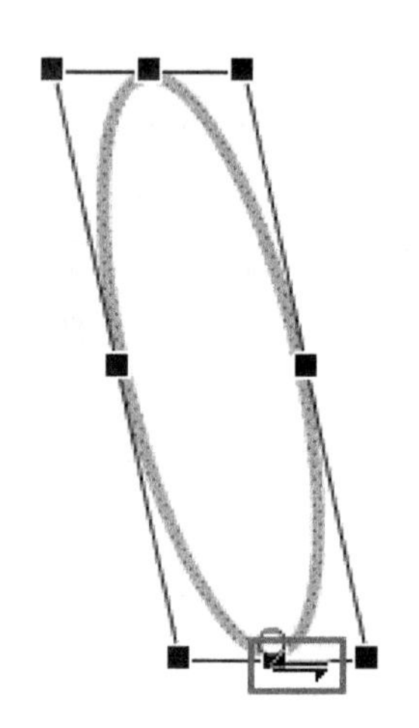

图 5-36　水平切变变形

扭曲对象：如果要扭曲形状，可以按住 Control 键（Windows）或按住 Command 键（Macintosh）拖动角手柄或边手柄。在工具箱中单击“多角星形”工具并在工具箱底部选择“形状”绘制模式，在属性面板中设置笔触、颜色等参数，然后在舞台中绘制星形图形，如图 5-37 所示。使用“任意变形工具”单击选择图形，按住“Ctrl”键，单击并拖动变形框的控制点，对图形实施扭曲变形，如图 5-38 所示。

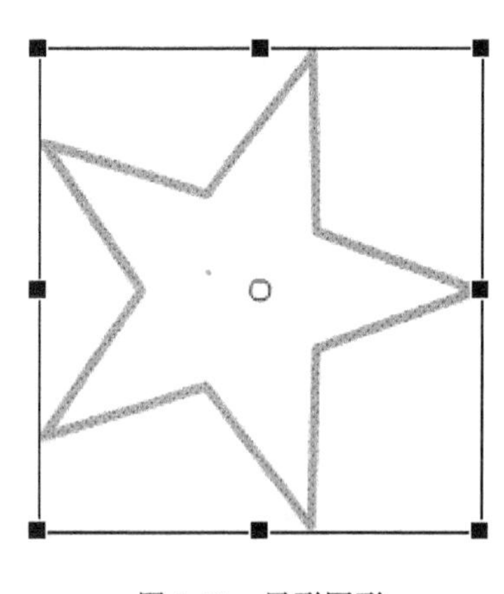

图 5-37　星形图形

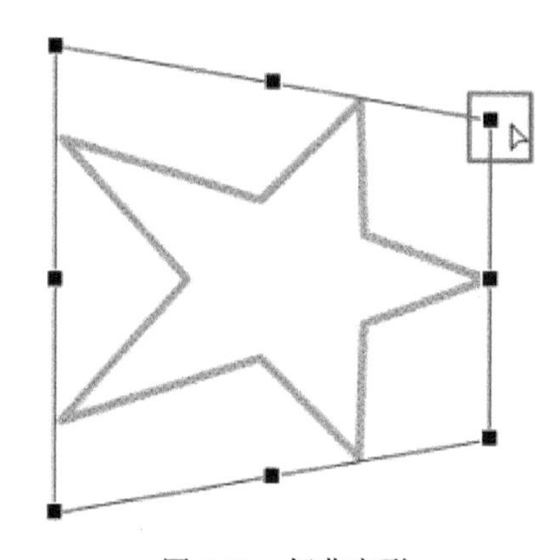

图 5-38　扭曲变形

5. 3. 3　封套对象

“封套”功能用于弯曲或扭曲对象形状。封套是一个边框，其中包含一个或多个对象。

更改封套的形状会影响该封套内的对象的形状，可以通过调整封套的点和切线手柄来编辑封套形状。

选择工具箱中的“椭圆工具”，在属性面板中设置参数，并在舞台中绘制圆形，在工具箱中单击“选择工具”选中圆形，并执行“修改”→“变形”→“封套”命令，圆形对象周围出现封套的控制点，如图 5-39 所示。拖动控制点和切线手柄修改封套以修改图形的形状，如图 5-40 所示。

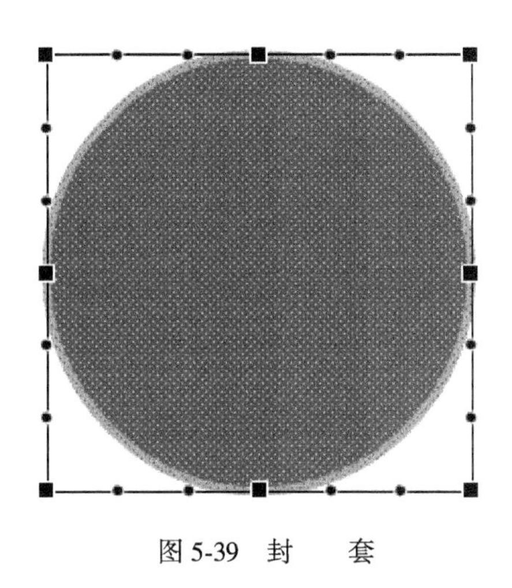

图 5-39　封　　套

图 5-40　使用封套修改图形形状

5.3.4　翻转对象

使用翻转命令可以沿垂直或水平轴翻转对象，而不改变其在舞台上的相对位置。在 Animate CC 中可以通过“修改”→“变形”→“水平翻转”或“修改”→“变形”→“垂直翻转”命令快速翻转对象，也可以使用“变形”面板中的水平和垂直翻转功能翻转对象。选择工具箱中的“文本工具”，在属性面板中设置参数，并在舞台中输入文本，在“变形”面板中的单击水平翻转按钮，文字翻转效果如图 5-41 所示。

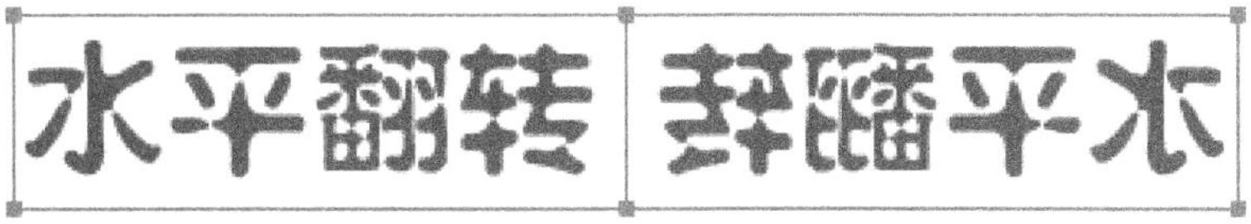

图 5-41　水 平 翻 转

选择工具箱中的“文本工具”，在属性面板中设置参数，并在舞台中输入文本，在“变形”面板中的单击垂直翻转按钮，文字翻转效果如图 5-42 所示。

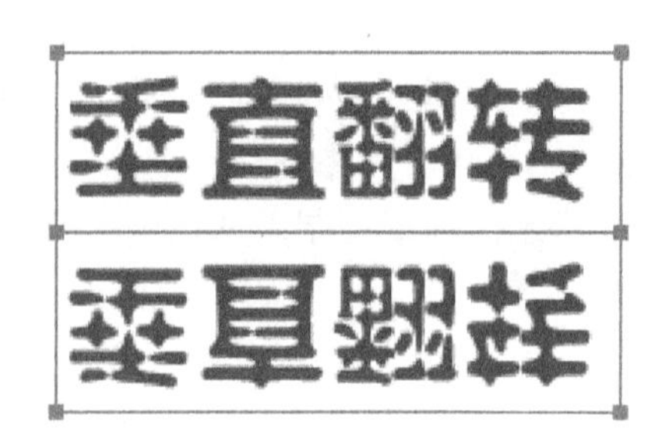

图 5-42　垂 直 翻 转

5. 3. 5　旋转与缩放

通过“修改”→“变形”菜单中选择菜单命令可以对图形进行旋转操作，包括顺时针旋转 90 度、逆时针旋转 90 度、旋转与缩放等命令，如图 5-43 所示。选择工具箱中的“文本工具”，在属性面板中设置参数，并在舞台中输入文本，在“变形”面板中的单击“旋转与缩放”命令，弹出“旋转与缩放”对话框，如图 5-44 所示。在对话框的“缩放”输入框中输入缩放比例 120%，在对话框的“旋转”输入框中输入旋转角度 15 度，结果如图 5-45 所示。

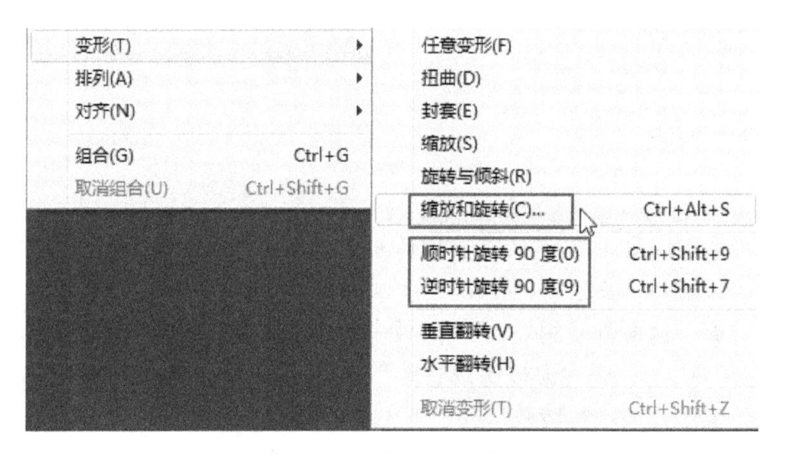

图 5-43　旋 转 与 缩 放

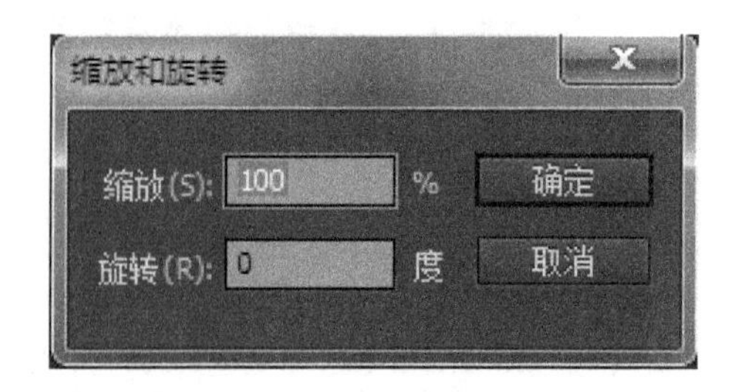

图 5-44　“旋转与缩放”对话框

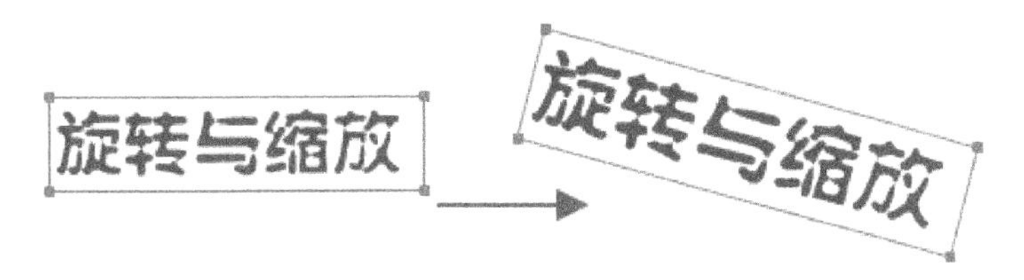

图 5-45　“旋转与缩放”对象

从“修改”→“变形”菜单中选择菜单命令“顺时针旋转 90 度”“逆时针旋转 90 度”对文本框实放旋转操作，结果如图 5-46 所示。

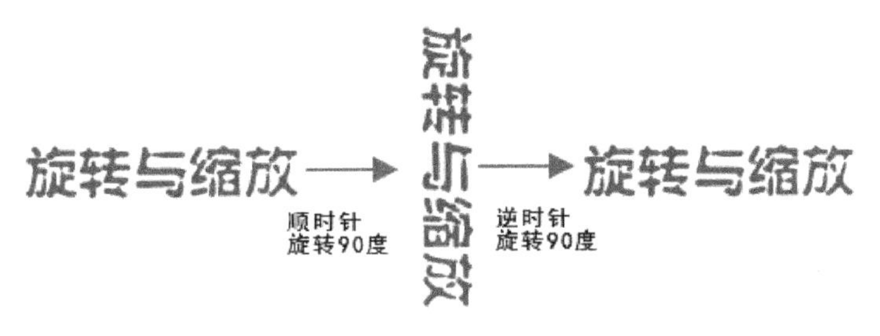

图 5-46　顺时针和逆时针旋转 90 度

5.4　合 并 对 象

若要通过合并或改变现有对象来创建新形状，可以使用“修改”菜单中的“合并对象”命令，如图 5-47 所示。“合并对象”包括联合、交集、打孔、裁切四种命令，每个命令都应用于特定类型的图形对象。在一些情况下，所选对象的堆叠顺序决定了操作的工作方式。

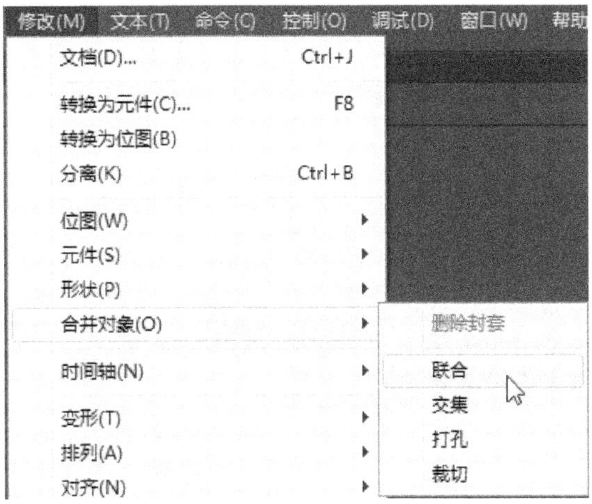

修改(M)　文本(T)　命令(C)　控制(O)　调试(D)　窗口(W)　帮助

文档(D)...　Ctrl+J
转换为元件(C)...　F8
转换为位图(B)
分离(K)　Ctrl+B
位图(W)
元件(S)
形状(P)
合并对象(O)
时间轴(N)
变形(T)
排列(A)
对齐(N)

删除封套
联合
交集
打孔
裁切

图 5-47　合 并 对 象

5.4.1 联合对象

联合对象用于合并两个或多个合并形状或绘制对象。联合对象后将生成一个“对象绘制”模式形状，它由联合前形状上所有可见的部分组成，将删除形状上不可见的重叠部分。

选择工具箱中的“矩形工具”和“椭圆工具”，并在工具箱底部单击“对象绘制”按钮，以对象模式绘制图形。在属性面板中设置参数后，在舞台中分别绘制矩形和圆形，如图5-48所示。同时选中两个对象后，执行“修改”→“合并对象”的“联合”命令，结果如图5-49所示。对比图5-48和图5-49可以发现，在图5-49的小方框标示处出现一个新的锚点，该锚点是在将矩形和圆形联合成一个对象后产生的。

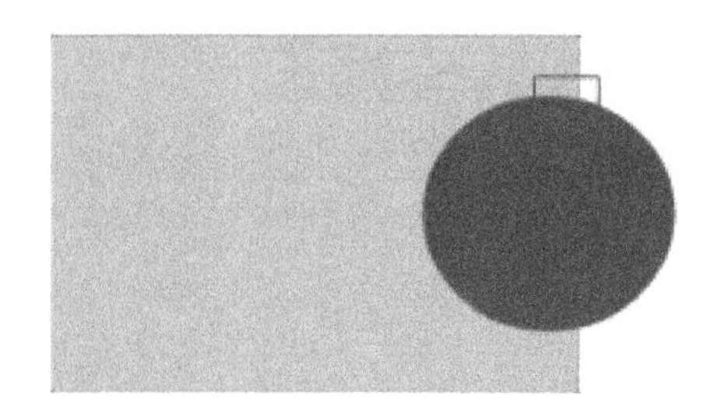

图5-48 矩形和圆形对象

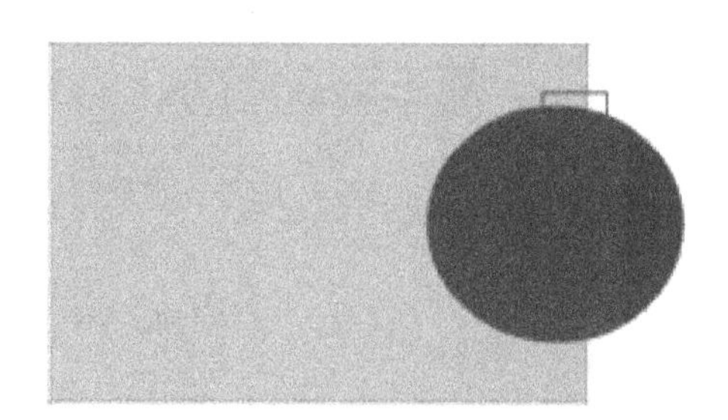

图5-49 “联合”对象效果

5.4.2 交集对象

交集对象将创建两个或多个绘制对象的交集的对象。生成的“对象绘制”形状由合并的形状的重叠部分组成。交集对象操作将删除形状上任何不重叠的部分，生成的形状使用堆叠中最上面的形状的填充和笔触。同时选中图5-50中的矩形和椭圆对象后，执行“修改”→“合并对象”的“交集”命令，得到如图5-50右侧对象效果。

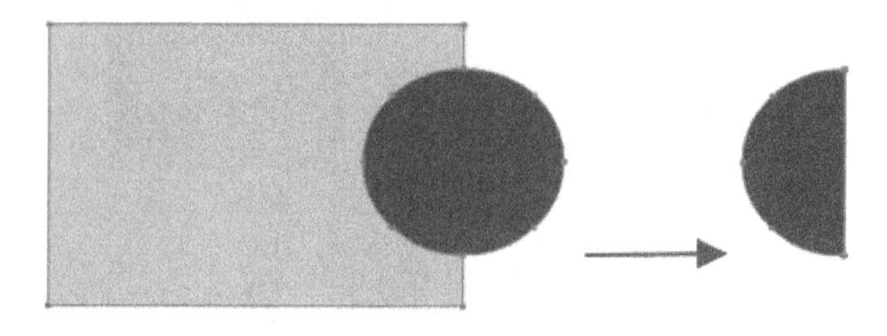

图5-50 “交集”对象效果

5.4.3　打孔对象

“打孔对象”命令将删除选定绘制对象的某些部分，这些部分由该对象与排在该对象前面的另一个选定绘制对象的重叠部分定义。同时选中图 5-51 中的矩形和椭圆对象后，执行“修改”→“合并对象”的“打孔”命令，得到如图 5-51 右侧对象效果。

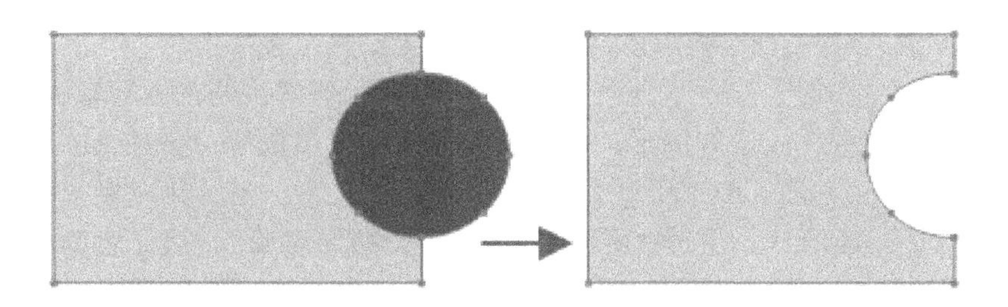

图 5-51　“打孔”对象效果

5.4.4　裁切对象

“裁切对象”命令使用一个绘制对象的轮廓裁切另一个绘制对象。前面或最上面的对象定义裁切区域的形状。将保留下层对象中与最上面的对象重叠的所有部分，而删除下层对象的所有其他部分，并完全删除最上面的对象。同时选中图 5-52 中的矩形和椭圆对象后，执行“修改”→“合并对象”的“裁切”命令，得到如图 5-52 右侧对象效果。

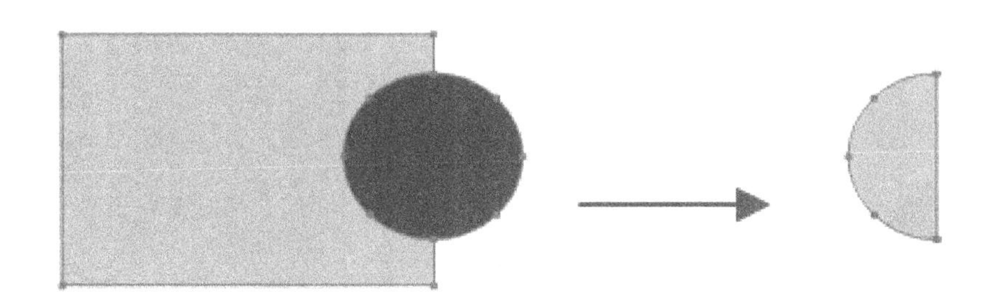

图 5-52　“裁切”对象效果

5.5　组合、分离、排列与对齐对象

在 Animate CC 中可以将多个对象组成一个群组，或将一组对象分离为多个独立对象，

以及对对象进行对齐与分布等操作，本节将分别介绍这些操作。

5.5.1 组合对象

若要将多个元素作为一个对象来处理，可以组合命令将它们组合。例如，创建了一幅绘画后，可以将该绘画的元素合成一组，这样就可以将该绘画当成一个整体来选择和移动，从而带来很多方便。用户可以选择形状、其他组、元件、文本等对象进行组合。当选择某个组时，“属性”检查器会显示该组的 x 和 y 坐标及其像素尺寸。

选择工具箱中的“矩形工具”“椭圆工具”“多角星形工具”，并在工具箱底部单击“对象绘制”按钮，以对象模式绘制图形。在属性面板中设置参数后，在舞台中分别绘制矩形、圆形和多边形，如图 5-53 所示。同时选中三个对象后，在属性面板中显示三个对象的属性，如图 5-54 所示。在属性面板中显示的是“绘制对象”，填充色则由于三个对象不同而不能确定，x 和 y 坐标位置以左上角的矩形为参考，像素尺寸则是三个对象的和。

对象组合后可以对组进行编辑而不必取消其组合，也可以在组中选择单个对象进行编辑。使用“选择工具”选择群组后，在某个图形上双击鼠标左键，可以进入到组的编辑窗口，如图 5-55 所示。此时可对单个对象进行编辑，编辑完成后单击图 5-57 左上角“左向箭头”即可退出群组到场景。

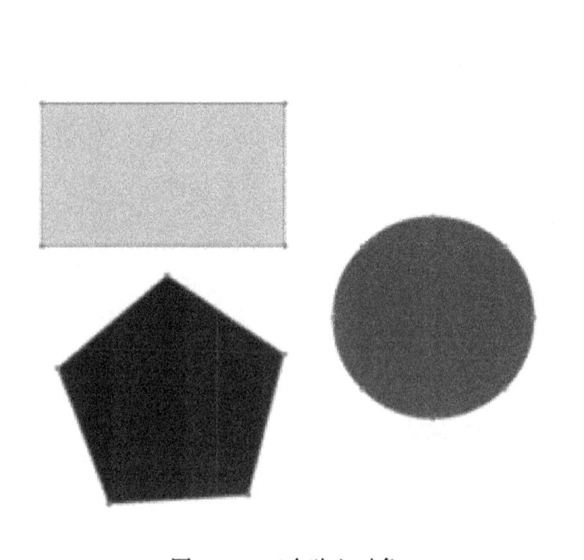

图 5-53　三个独立对象

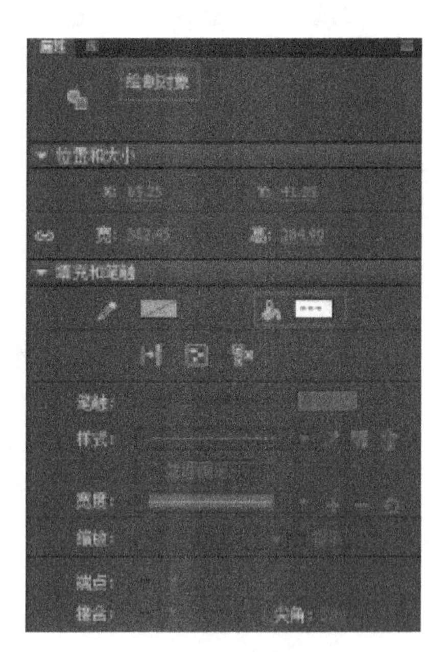

图 5-54　独立对象属性

同时选中三个对象后，执行“修改”→“组合”命令，或按下 Control+G 键，将其组合成一个群组，如图 5-55 所示。选中该群组在属性面板中显示群组的属性，如图 5-56 所示。

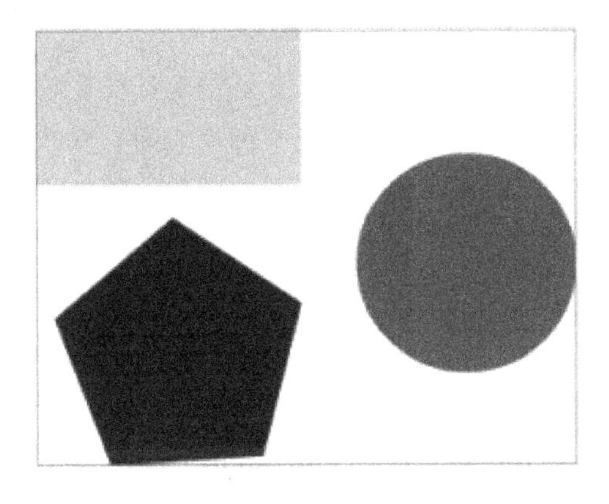

图 5-55　群 组 对 象

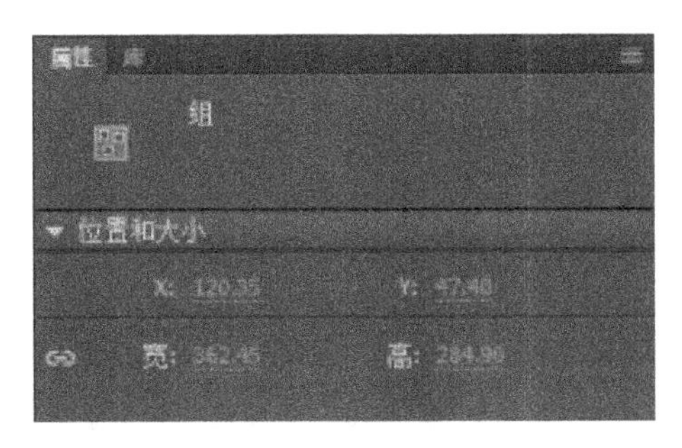

图 5-56　群 组 属 性

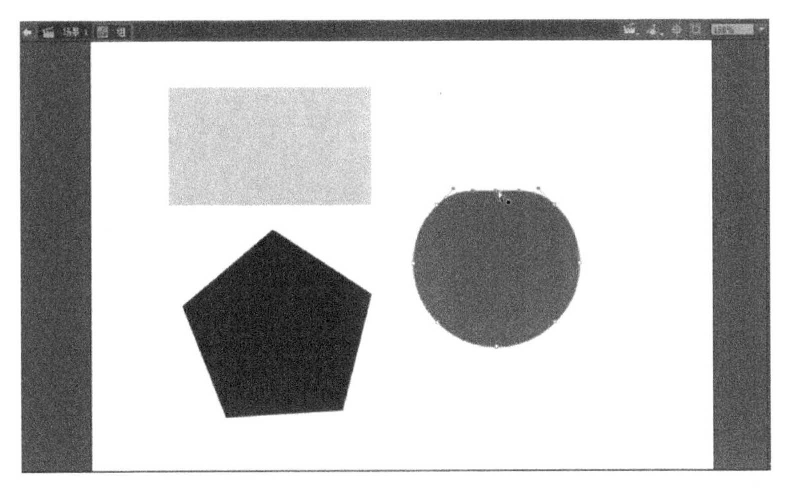

图 5-57　群 组 编 辑

提示：若要取消对象的组合，请选择“修改”选项→“取消组合”，或者按下 Control+Shift+G(Windows) 键。

5.5.2　分离对象

若要将组、实例和位图分离为单独的可编辑元素，可以使用“修改”→“分离”命令，这会极大地减小导入图形的文件大小。尽管可以在分离组或对象后立即选择“编辑”→“撤销”选项，但分离操作不是完全可逆的。它会对对象产生如下影响：

(1)切断元件实例到其主元件的链接。

(2)放弃动画元件中除当前帧之外的所有帧。

(3)将位图转换成填充。

(4)在应用于文本块时，会将每个字符放入单独的文本块中。

(5)应用于单个文本字符时，会将字符转换成轮廓。

提示：不要将“分离”命令和“取消组合”命令混淆。“取消组合”命令可以将组合的对象分开，并将组合的元素返回到组合之前的状态。它不会分离位图、实例或文字，或将文字转换成轮廓。

从本地磁盘中导入“leaf. jpg”位图到库中，并将位图从库中拖入到场景中，适当调整其尺寸，如图 5-58 所示。

图 5-58　导入位图到场景中

从位图中可以看见有两片叶子及白色背景，接下将使用“分离”功能及魔术棒工具、套索工具将白色背景去除，并将两片叶子分离，步骤如下：

使用“选择工具”选中场景中的位图，执行“修改”→“分离”命令，分离后的位图中将出现细小的网格，效果如图 5-59 所示。

图 5-59　分 离 位 图

从工具箱中选择“套索工具”选项，并从下拉菜单中选择“魔术棒”选项工具，在属性面板中设置参数。使用“魔术棒”工具在位图中白色背景部单击并拖动白色背景，此时可将白色背景从位图中分离，如图 5-60 所示。

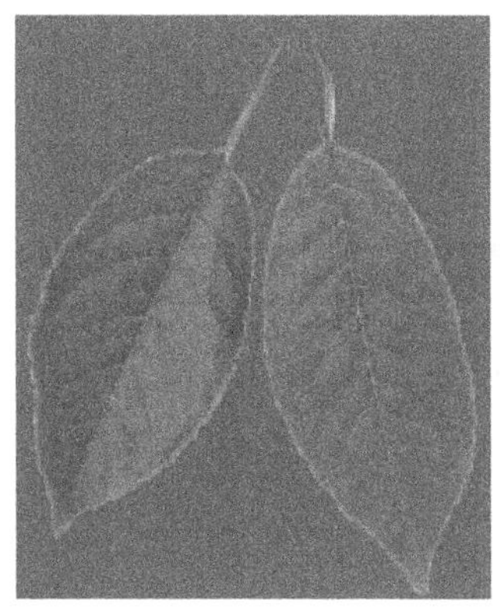

图 5-60 分离白色背景

从工具箱中选择“套索工具”，从场景中选择其中一片叶子，拖动该片叶子，或执行“编辑”→“剪切”和“粘贴”命令可将叶子分离，如图 5-61、图 5-62 所示。

图 5-61 使用“套索”选择叶子

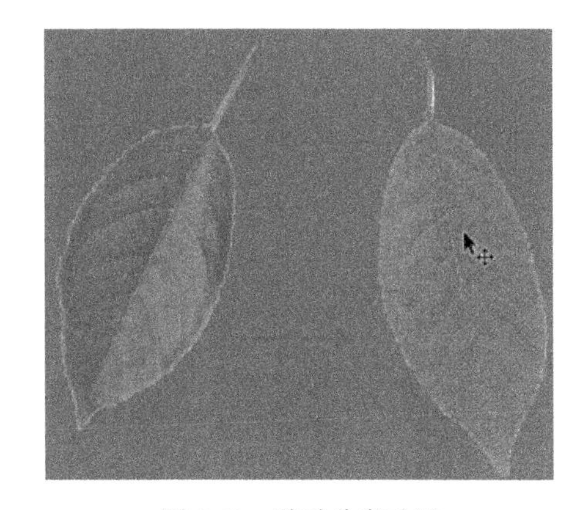

图 5-62 移动分离叶子

5.5.3 对齐对象

通过“对齐”面板能够沿水平或垂直轴对齐所选对象。用户可以沿选定对象的右边缘、中心或左边缘垂直对齐对象，或者沿选定对象的上边缘、中心或下边缘水平对齐对象。从“窗口”菜单中选择“对齐”面板，如图 5-63 所示，对齐面板中可以对对象进行对齐、分布、匹配大小、设置间隔等操作。

1. 垂直对齐

从工具箱中选择“矩形工具”选项，在工具箱面板底部单击“对象绘制”按钮。在“矩形工具”的属性面板中设置笔触、颜色等参数，并在舞台中绘制多个矩形，如图 5-64 所示。使用“选择”工具选中四个矩形对象，从“窗口”菜单中选择“对齐”面板，单击“顶对齐”按钮，效果如图 5-65 所示。使用相同方法可以实现矩形对象的“垂直中齐”“底对齐”，如图 5-66、图 5-67 所示。

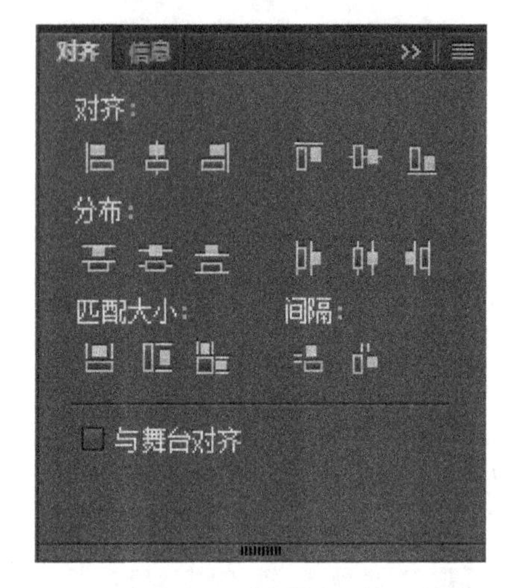

图 5-63　对 齐 面 板

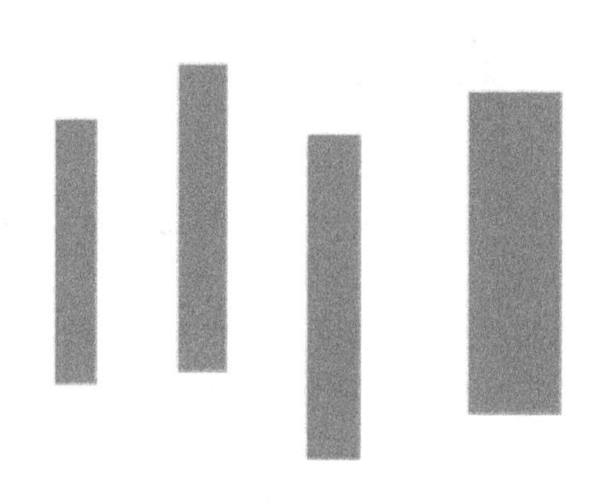

图 5-64　矩 形 对 象

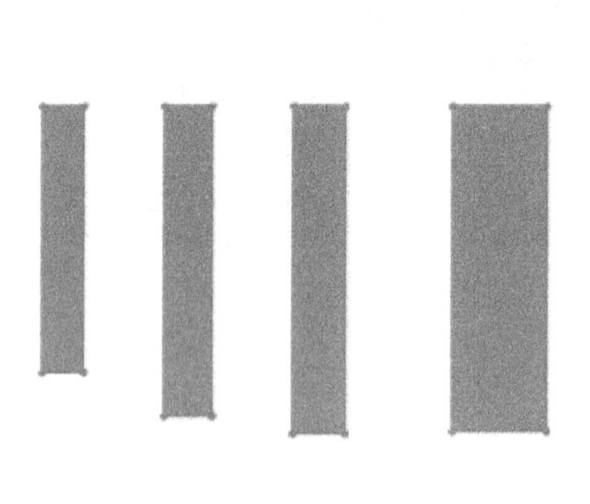

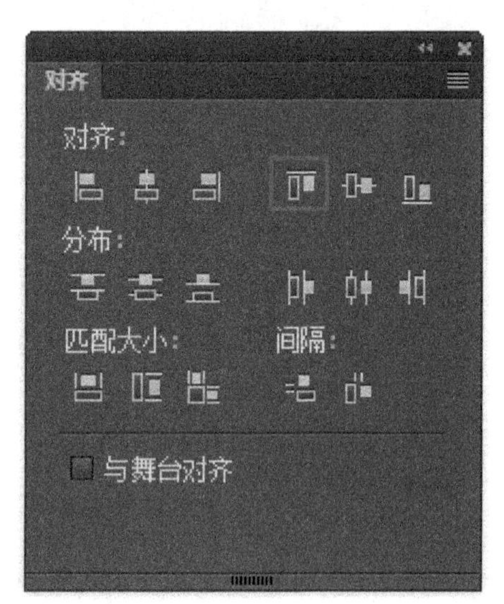

图 5-65　“顶对齐”效果

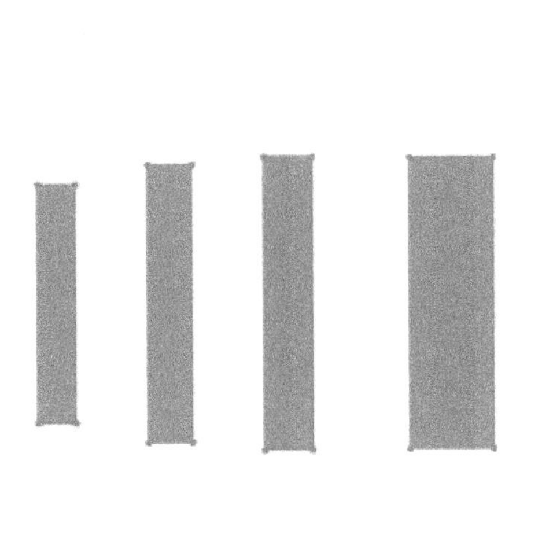
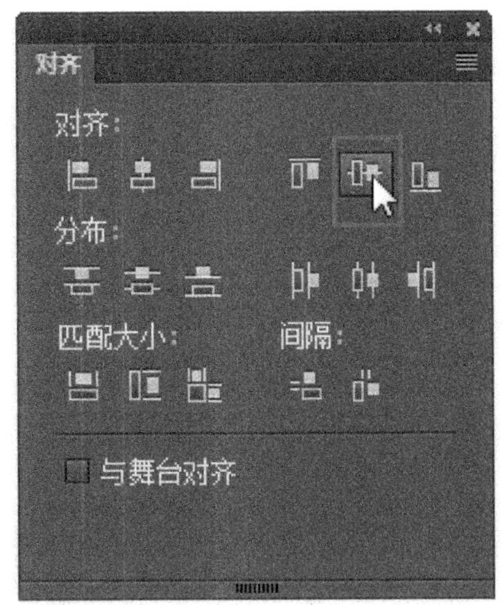

图 5-66　“垂直中齐”效果

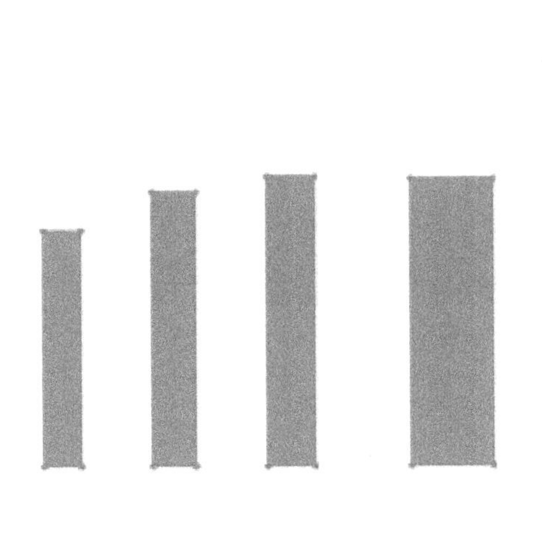
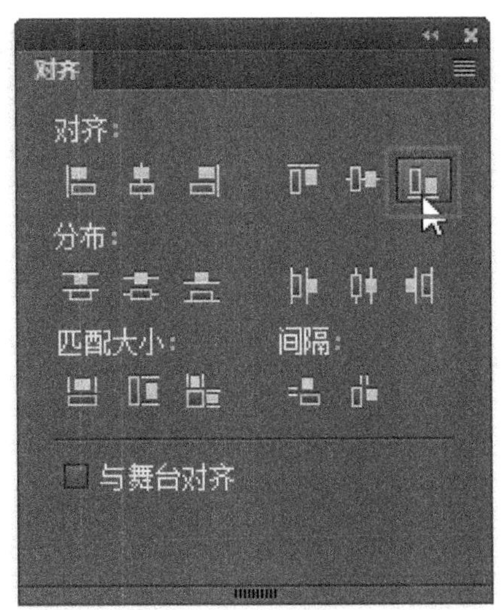

图 5-67　“底对齐”效果

2. 水平对齐

从工具箱中选择“椭圆工具”选项，在工具箱面板底部单击“对象绘制”按钮。在“椭圆工具”的属性面板中设置笔触、颜色等参数，并在舞台中绘制多个圆形轮廓，如图 5-68 所示。

使用“选择”工具选中三个圆形轮廓对象，从“窗口”菜单中选择“对齐”面板，单击“左对齐”按钮，效果如图 5-69 所示。使用相同方法可以实现圆形轮廓对象的“水平中齐”“右对齐”，如图 5-70、图 5-71 所示。

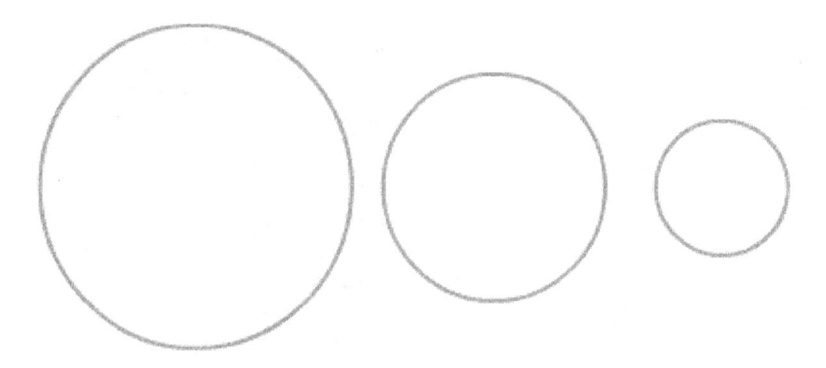

图 5-68　圆 形 对 象

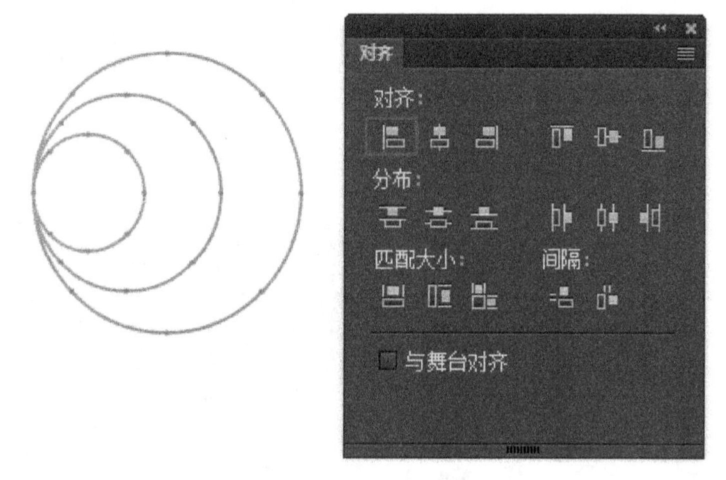

图 5-69　左对齐效果

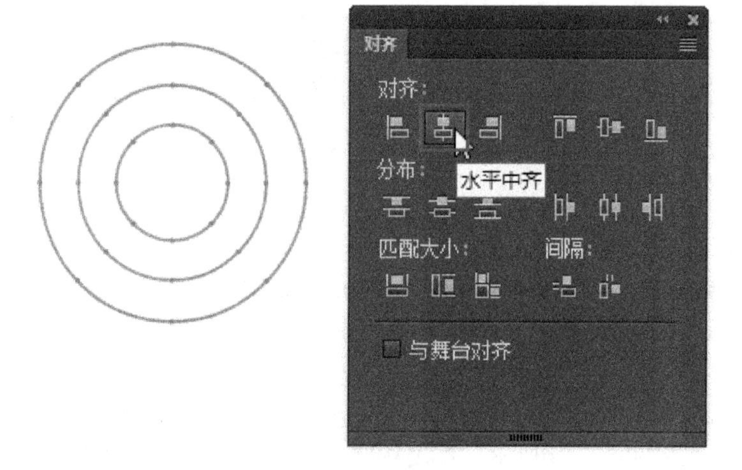

图 5-70　水平中齐效果

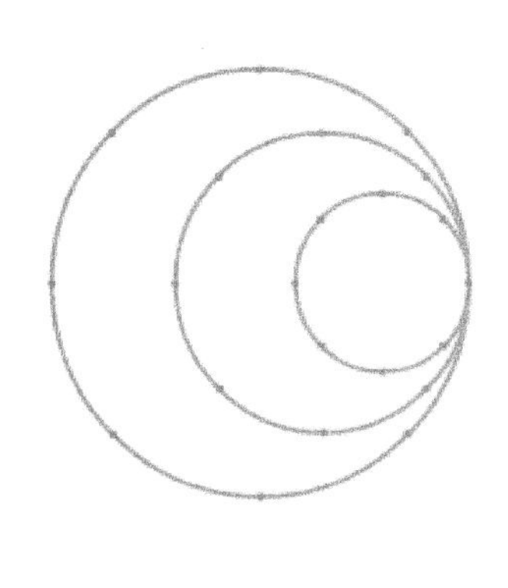

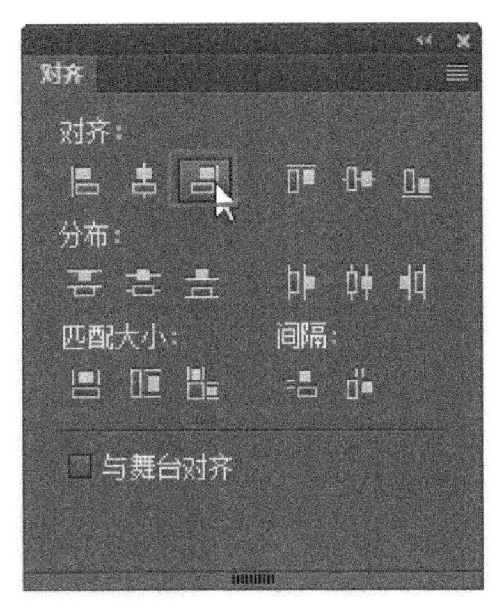

图 5-71　右对齐效果

3. 分布对象

使用“分布对象”功能可以快速均匀分配对象间的水平或垂直间距。分布功能包括顶部分布、垂直居中分布、底部分布、左侧分布、水平居中分布、右侧分布 6 种类型，如图 5-72 所示。

水平分布：从工具箱中选择“矩形工具”选项，在“矩形工具”的属性面板中设置笔触、颜色等参数，并在舞台中绘制多个矩形，如图 5-73 所示。使用“选择”工具选中多个矩形对象，从“窗口”菜单中选择“对齐”面板，在面板中单击“左侧分布”按钮，效果如图 5-74 所示。从图 5-72 可以看出，5 个矩形对象具有相同的水平间距。除了“左侧分布”按钮之外，也可以使用“水平居中分布”“右侧分布”功能分布对象，可以实现相同的效果。

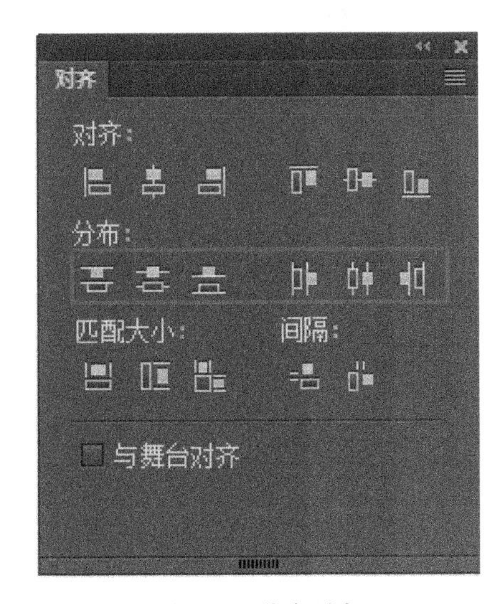

图 5-72　分布对象

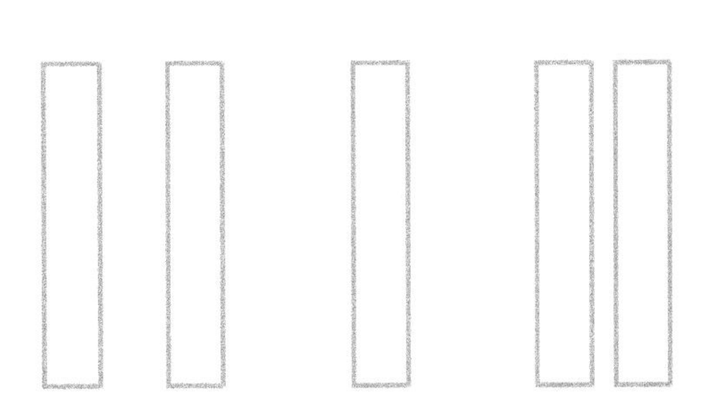

图 5-73　非等间距矩形对象

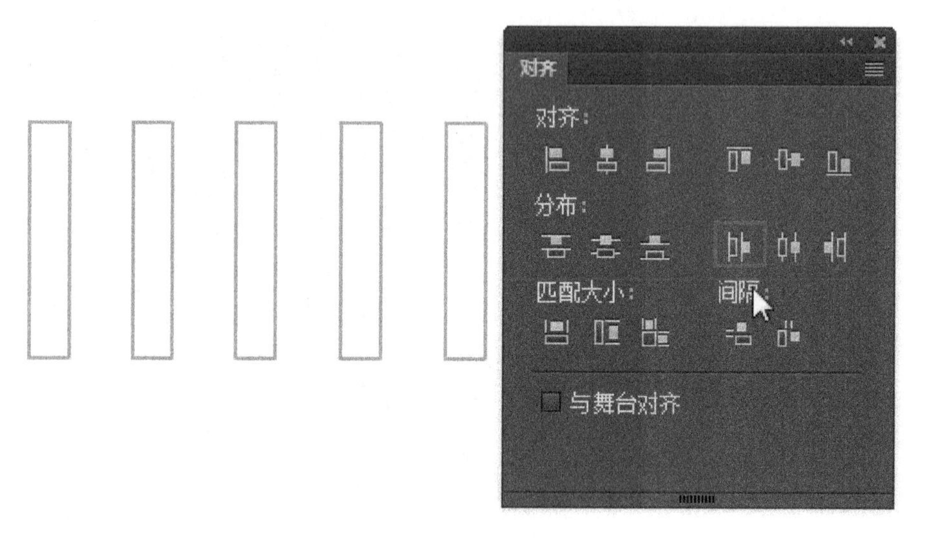

图 5-74　水平分布对象效果

垂直分布：从工具箱中选择“矩形工具”选项，在“矩形工具”的属性面板中设置笔触、颜色等参数，并在舞台中绘制多个矩形，如图 5-75 所示。使用“选择”工具选中多个矩形对象，从“窗口”菜单中选择“对齐”面板，在面板中单击“顶部分布”按钮，效果如图 5-76 所示。从图 5-76 可以看出，5 个矩形对象具有相同的水平间距。除了“顶部分布”按钮之外，也可以使用“垂直居中分布”“底部分布”功能分布对象，可以实现相同的效果。

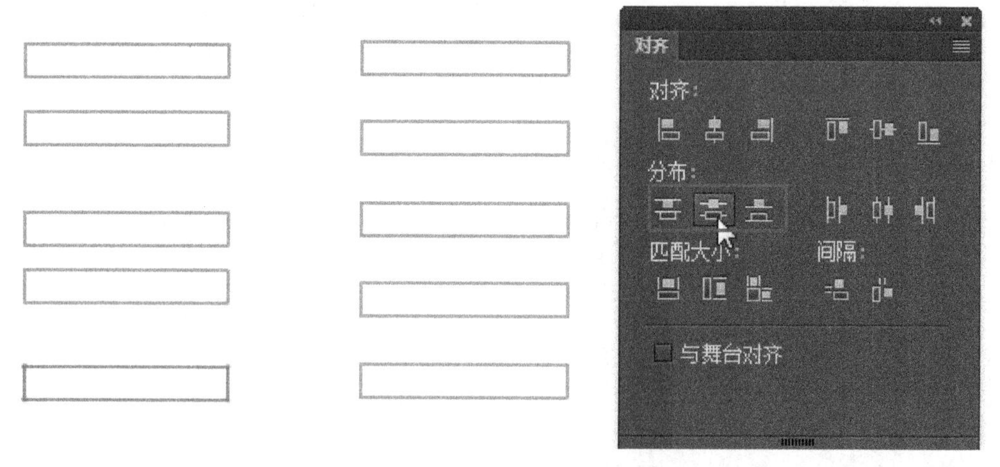

图 5-75　非等间距矩形对象　　图 5-76　垂直分布对象效果

4. 匹配大小与间隔

通过匹配大小的功能可以将宽和高不相同的对象匹配为相同大小的对象。在对齐面板中的“匹配大小”选项中有“匹配宽度”“匹配高度”“匹配宽和高”三个选项。

在“矩形工具”的属性面板中设置笔触、颜色等参数，并在舞台中绘制多个矩形。使用“选择”工具选中多个矩形对象，从“窗口”菜单中选择“对齐”面板，在面板中单击“匹配宽和高”按钮，效果如图 5-77 所示。

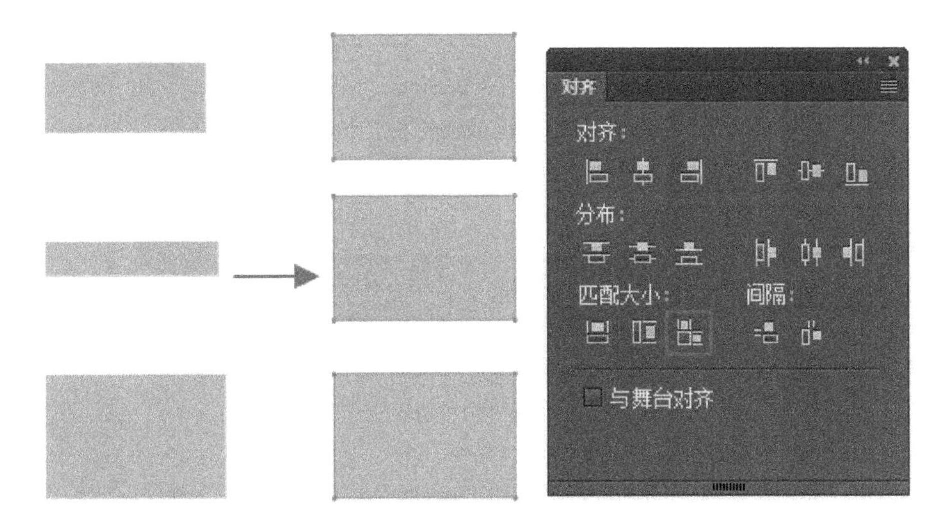

图 5-77　“匹配宽和高”效果

此外，在对齐面板中可以对多个对象进行水平与垂直间间隔的平均处理。此项功能与分布功能类似，但对于多个大小不同的对象，使用间隔功能与分布功能存在差异。

5.5.4　层叠对象

层叠对象是指对象在屏幕深度方向前后位置。在同一图层内，Animate CC 会根据对象的创建顺序层叠对象，将最新创建的对象放在最上面。对象的层叠顺序决定了它们在重叠时的出现顺序。用户可以在任何时候更改对象的层叠顺序。

在 Animate CC 中，线条和形状总是在组和元件对象的下面。要将它们移动到上面，必须组合它们或者将它们变成元件。此外，图层也会影响层叠顺序。第 2 层上的任何内容都在第 1 层的任何内容之前，依此类推。要更改图层的顺序，可以在时间轴中将层名拖动到新位置。

1. 使用图层改变层叠顺序

从工具箱中选择“多角星形工具”和“椭圆工具”选项，并在工具箱底部单击“对象绘制”模式，在属性面板中设置笔触、颜色等参数后在舞台中分别绘制多边形和圆形。调整图层，将多边形和圆形放置在不同的图层内，如图 5-78 所示。在图 5-78 中，“圆形”图层在“多边形”图层的上面，和场景中两个对象的层叠顺序一致。

在时间轴面板中将“圆形”图层移动到“多边形”图层的下面，则圆形对象也相应的移动到多边形对象的下面，如图 7-79 所示。

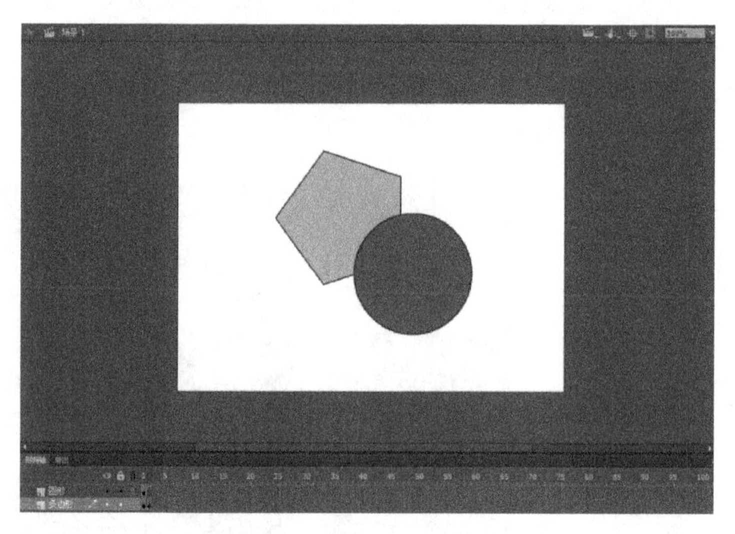

图 5-78　不同图层中的多边形和圆形

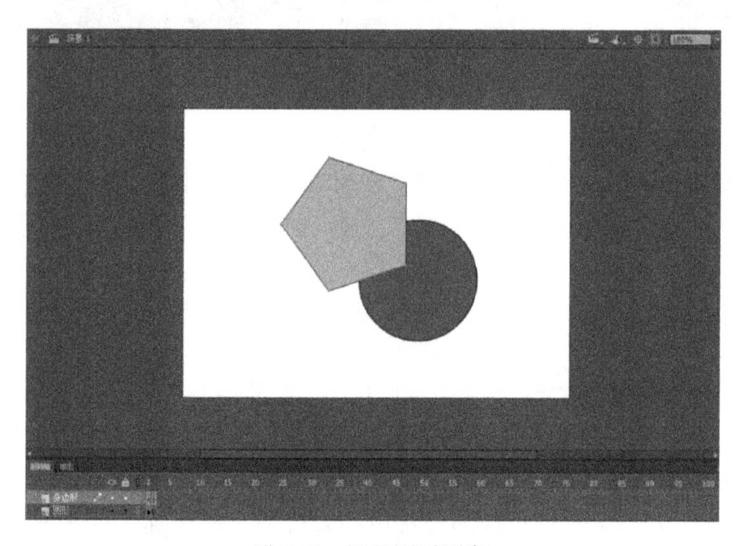

图 5-79　调整图层顺序

2. 使用排列功能改变层叠顺序

除了通过改变图层的顺序来调整对象的层叠顺序之外，也可以用“修改”菜单中的“排列”命令，如图 5-80 所示。选择“修改”选项→“排列”→“移至顶层”或“移至底层”可以将对象或组移动到层叠顺序的最前或最后。选择“修改”选项→“排列”→“上移一层”或“下移一层”可以将对象或组在层叠顺序中向上或向下移动一个位置。

此外，也可以在选定某个需要调整的对象后，单击鼠标右键，从下拉菜单中选择“排列”选项，在其子菜单中同样可以选择“移至顶层”“移至底层”“上移一层”“下移一层”选项。

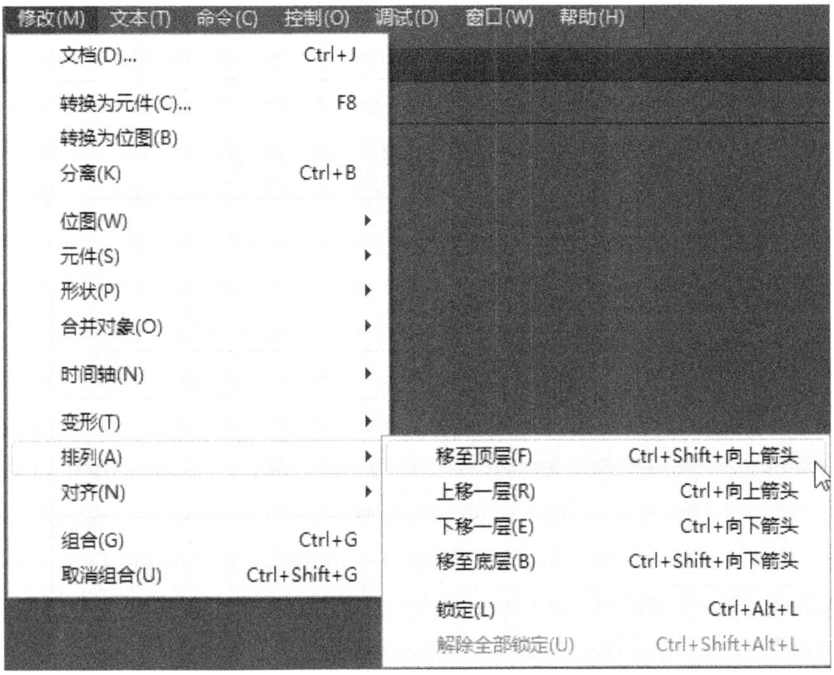

图 5-80　排 列 对 象

5.6　本 章 小 结

本章主要向大家介绍了对象的操作，主要讲述了选择对象、对象变形、对象的合并与分离、对象的对齐与分布、层叠顺序的调整的方法。通过本章的学习能够全面的掌握对象操作的基本方法与技巧，为以后的动画设计与制作打好基础。

第6章　创建与编辑文本

文本是动画作品传递信息的重要手段，也是 Animate CC 动画设计与制作中不可或缺的元素。本章将介绍使用文本工具创建与编辑文本，包括文本的类型选择、字符与段落格式设置、文本滤镜效果制作等方面的内容。

6.1　使用文本工具

单击 Animate CC 工具箱中的“文本工具”，在属性面板中可以设置文本的位置与大小、字符格式、段落格式、滤镜等文本属性，如图 6-1 所示。

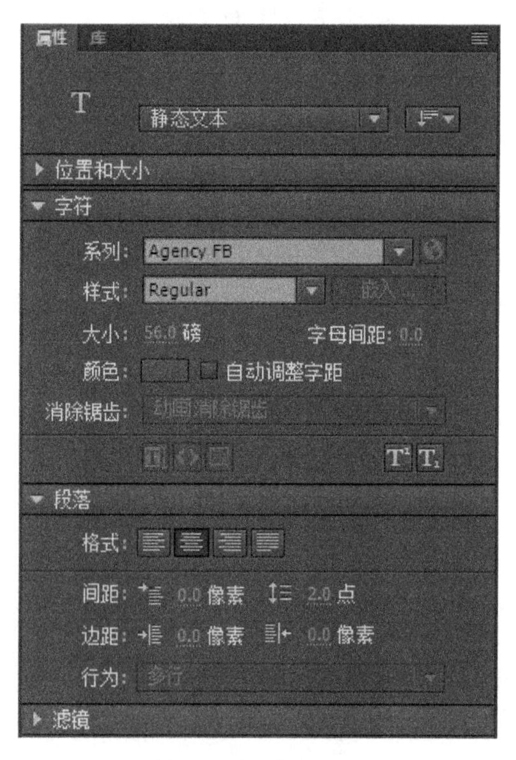

图 6-1　文 本 属 性

6.1.1　文本类型

在 Animate CC 的“文本工具”中可以创建 3 种类型的文本，如图 6-2 所示。用户可以通过不同的文本类型创建出个性化的文本动画效果。

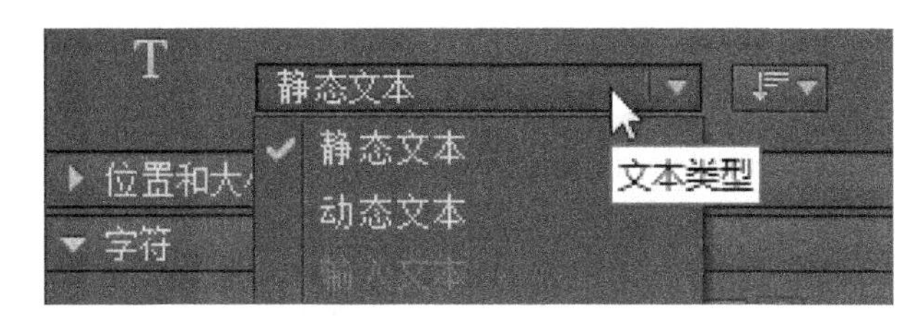

图 6-2　文 本 类 型

静态文本：静态文本是用来创建动画中一直不会发生变化的文本，具有更多的属性支持选项，静态文本中的所有资源将在发布期间转换为轮廓，能得到卓越的所见即所得用户体验。由于文本将发布为矢量轮廓，因此可以在运行时对其进行编辑。

动态文本：动态文本用来创建显示动态更新的文本，如股票报价或天气预报。相比静态文本，它支持的属性选项较少，它还支持 Typekit Web 字体。

输入文本：用于创建可以让用户输入的文本域，例如需要通过表单提交数据。需要注意的是在 Animate CC 中，“输入文本”只适用于 ActionScript 3. 0、AIR for Android、ios 等类型的文档，而不能在 HMTL5 CANVAS、WebGL 中使用。

6.1.2　创建文本

在 Animate CC 中可以使用“文本工具”在舞台中创建“点文本”和“段落文本”。首先在工具箱中单击“文本工具”按钮，并在属性面板中设置文本属性，然后在舞台中单击鼠标可以创建“点文本”，如图 6-3 所示。用户可以在点文本框架内输入文本，文本框架会随着文本的增加而扩张，在“静态文本”类型下，点文本框架会一直向舞台两边扩张，如图 6-4 所示。但在“动态文本”类型下，文本框架会自动换行成为多行文本，如图 6-5 所示。

图 6-3　点文本　　图 6-4　输入点文本　　图 6-5　动态文本类型的点文本

如果要创建“段落文本”，可以使用“文本工具”在舞台中单击并拖动绘制一个文本框架，如图 6-6 所示。在文本框架内输入文本，当文本宽度超过文本框架长度时，文本框自动换行成为多行文本，而文本框的宽度不变，如图 6-7 所示。

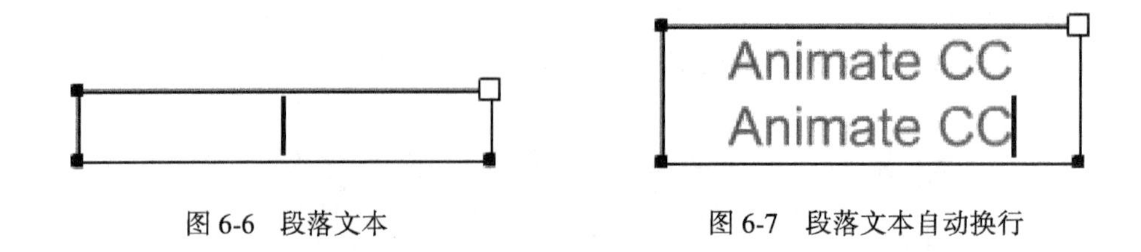

图 6-6　段落文本　　　　图 6-7　段落文本自动换行

6.2　设置文本属性

文本属性包括“字符”和“段落”属性，通过文本属性的设置可以格式化文本、合理排版、美化动画效果，并且可增加文本的清晰度与可读性。

6.2.1　设置字符属性

字符属性包括字符系列、字符样式、大小、字母间距、颜色等参属性，如图 6-8 所示。

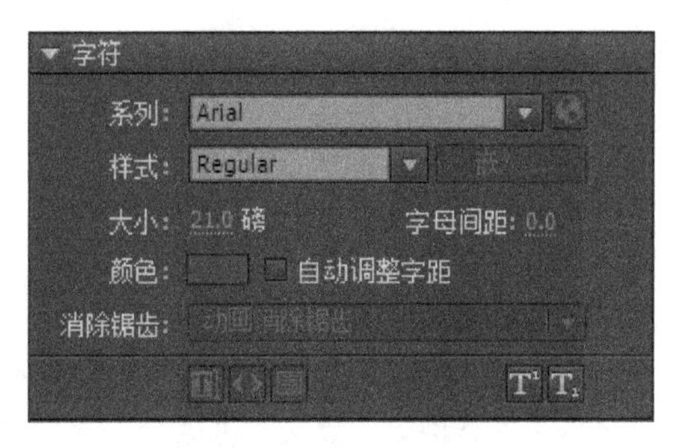

图 6-8　字 符 属 性

系列：系列选项中列举的是 Animate CC 软件中用户可以使用的各类字体，用户可以根据需求从下拉列表中选择相应字体，也可以在系列选项的文本框中输入字体名称。

样式：该选项是字体的样式，不同的字体有不同的字体样式，最常见的字体样式包括常规(Regular)、斜体(italic)、加粗(Bold)、加粗斜体(Bold italic)，如图 6-9 所示为 Times New Roman 字体的字体样式。当字体为 Arial 时，字体的样式则包括窄体(Narrow)、常规、斜体、加粗、加粗斜体、黑色加粗体(Black)6 种，如图 6-10 所示。如果选择的字体是中文字体，例如宋体、黑体、隶书等，此时的字体样式则变成灰色不可选择，如图 6-11、图 6-12 所示。

图 6-9　Times New Roman 字体样式

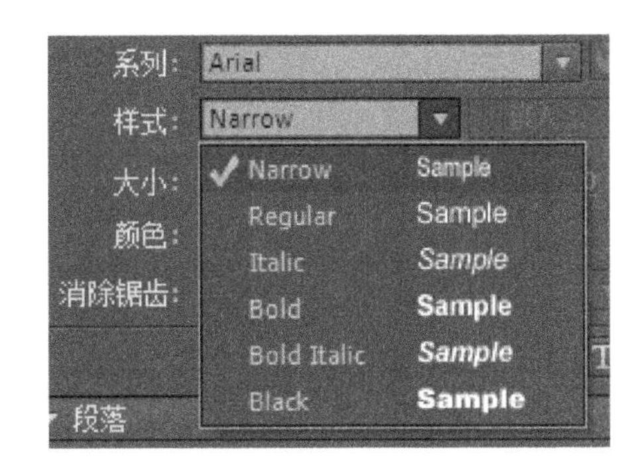

图 6-10　Arial 字体样式

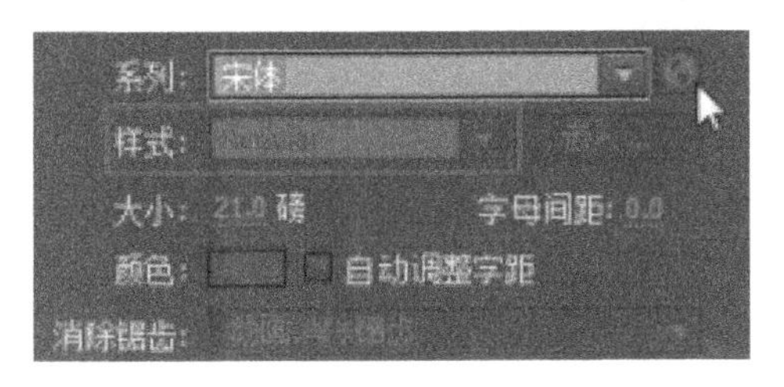

图 6-11　宋体的字体样式

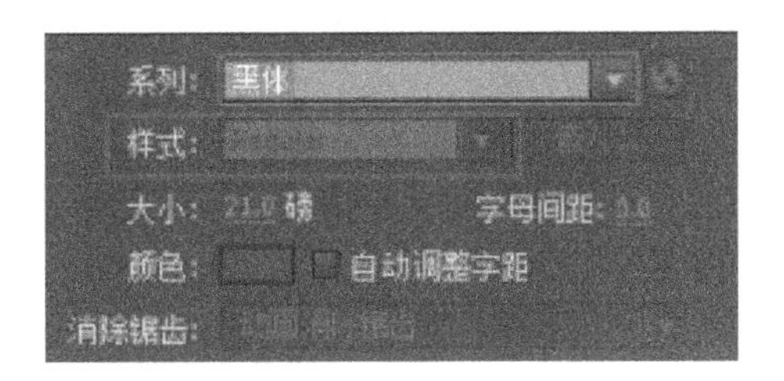

图 6-12　黑体的字体样式

大小：用于设置字符的尺寸，默认单位是“磅”。用户可以通过拖动鼠标左右移动控制字体大小，也可以在文本框中输入代表字体大小的数值。

字母间距：用于设置所选字符或文本的间距。用户可以通过拖动鼠标左右移动控制字体大小，也可以在文本框中输入代表字母间距的数值。

颜色：用于设置字符的颜色。单击颜色旁边的色块在弹出的调色板中选择颜色，如图 6-13 所示。在调色板中只能选择纯色，另外还可以设置文字的颜色 Alpha 值，也即是透明度。

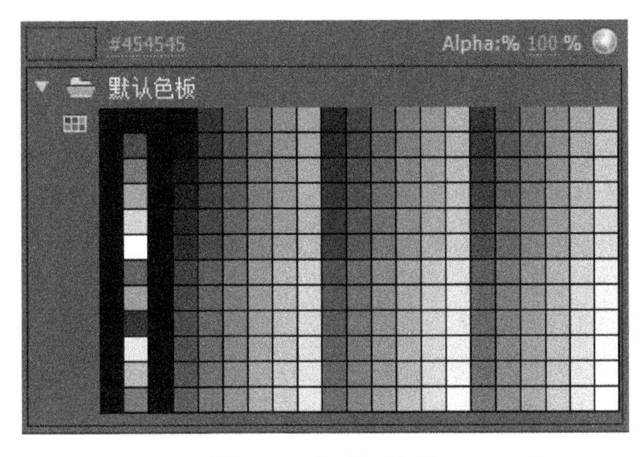

图 6-13　文 字 颜 色

自动调整字距：该选项使用字体的内置字距调整信息，例如拉丁字符可以使用内置于字体中的字距调整信息。

消除锯齿：使用消除锯齿功能可以使屏幕文本的边缘变得平滑。消除锯齿选项对于呈现较小的字体大小尤其有效。启用消除锯齿功能会影响到当前所选内容中的全部文本。对于各种点值大小的文本，消除锯齿功能以相同的方式工作。需注意的是在 Animate CC 中只有在 ActionScript 3.0、AIR for Android、ios 等类型的文档中消除锯齿选项才能有效，而在 HTML5 CANVAS 文档中不能使用，如图 6-14、图 6-15 所示。

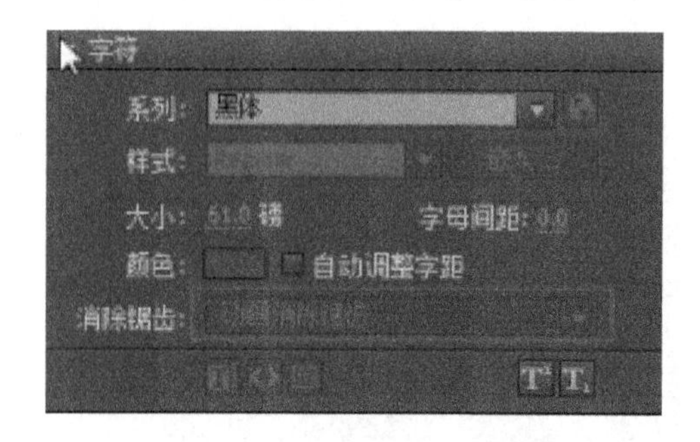

图 6-14　HTML5 CANVAS 文档

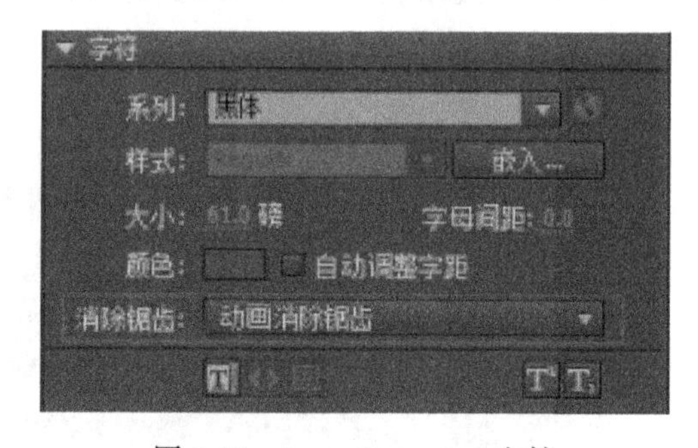

图 6-15　ActionScript 3.0 文档

消除锯齿的下拉列表中共有 5 个选项，如图 6-16 所示。

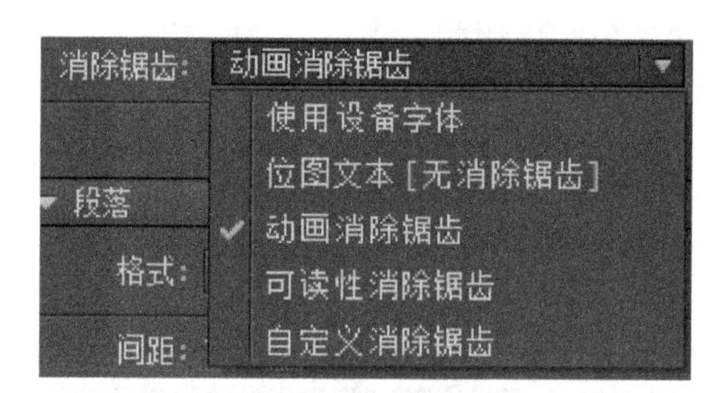

图 6-16　消 除 锯 齿

使用设备字体：指定 SWF 文件使用本地计算机上安装的字体来显示字体。通常，设备字体采用大多数字体大小时都很清晰。此选项不会增加 SWF 文件的大小。但是，它强制您依靠用户的计算机上安装的字体来进行字体显示。使用设备字体时，应选择最常安装的字体系列。

位图文本：关闭消除锯齿功能，不对文本提供平滑处理。用尖锐边缘显示文本，由于在 SWF 文件中嵌入了字体轮廓，因此增加了 SWF 文件的大小。位图文本的大小与导出大小相同时，文本比较清晰，但对位图文本缩放后，文本显示效果比较差。

动画消除锯齿：通过忽略对齐方式和字距微调信息来创建更平滑的动画。要对给定文本块使用此选项，请嵌入文本块使用的字体。有关说明，请参阅为一致文本嵌入字体。为提高清晰度，应在指定此选项时使用 10 点或更大的字号。

可读性消除锯齿：使字体更容易辨认，尤其是字体大小比较小的时候。要对给定文本块使用此选项，请嵌入文本对象使用的字体。有关说明，请参阅为一致文本嵌入字体(如果要对文本设置动画效果，请不要使用此选项；而应使用“动画”模式)。

自定义消除锯齿：使用户可以修改字体的属性，如图 6-17 所示。使用“清晰度”可以指定文本边缘与背景之间的过渡的平滑度。使用“粗细”可以指定字体消除锯齿转变显示的粗细。指定“自定义消除锯齿”会导致创建的 SWF 文件较大，因为嵌入了字体轮廓。若要使用此选项，必须发布到 Flash Player 8 或更高版本。

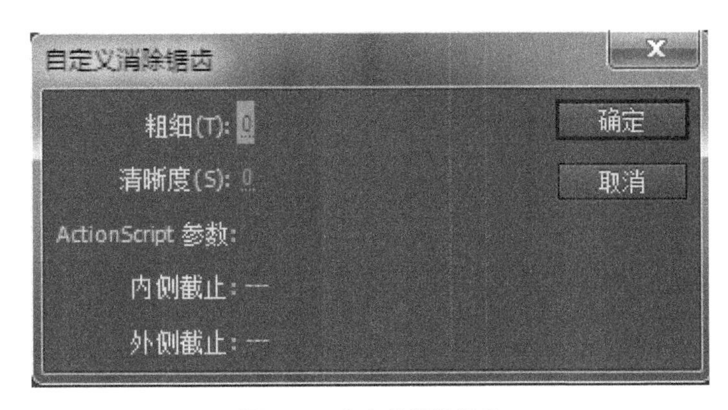

图 6-17　自定义消除锯齿

6.2.2　设置段落属性

“段落属性”用于设置段落文本的对格齐式，首行缩进、行距、左右边距以及行为等属性，如图 6-18 所示。

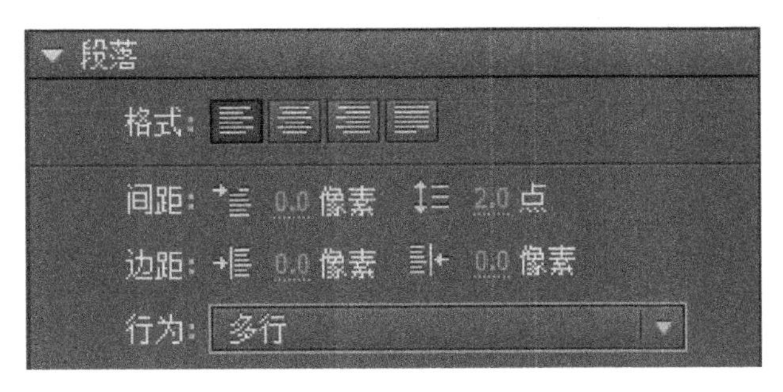

图 6-18　段 落 属 性

格式：用于设置段落文本的对齐方式，有左对齐、居中对齐、右对齐、两端对齐等对齐方式。首行缩进：包含两个属性，左侧的用于设置首行缩进值，单位是像素。例如，段落文字大小为 12p 时，可以设置首行缩进值为 24 像素，则段首空两字，如图 6-19、图 6-20 所示。

字符
系列：宋体
样式：
大小：12.0 磅
字母间距：0.0
颜色：
自动调整字距
消除锯齿：
段落
格式：
间距：24.0 像素
2.0 点
边距：0.0 像素
0.0 像素
行为：

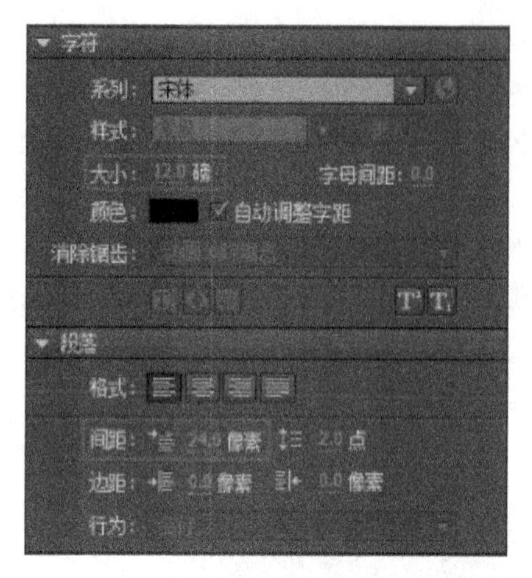

图 6-19　文字大小与段首缩进

建立什么样的政治制度，是近代中国
面临的一个历史性课题。习近平指出：“
在中国实行人民代表大会制度，是中国人
民在人类政治制度史上的伟大创造，是深
刻总结近代以后中国政治生活惨痛教训得
出的基本结论，是中国社会100多年激越
变革、激荡发展的历史结果，是中国人民
翻身作主、掌握自己命运的必然选择。”

图 6-20　段首缩进效果

行距：“间距”右侧选项用于设置段落的行间距，如图 6-21、图 6-22 为不同行间距的效果。

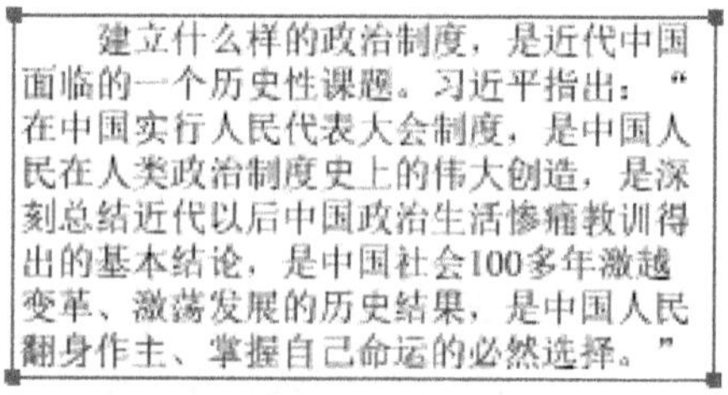

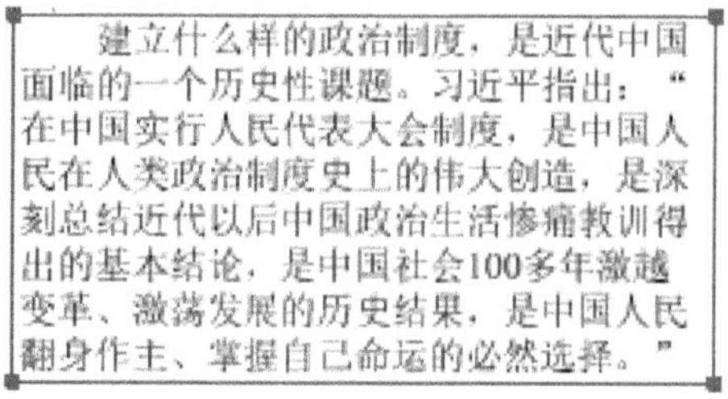

建立什么样的政治制度，是近代中国
面临的一个历史性课题。习近平指出：“
在中国实行人民代表大会制度，是中国人
民在人类政治制度史上的伟大创造，是深
刻总结近代以后中国政治生活惨痛教训得
出的基本结论，是中国社会100多年激越
变革、激荡发展的历史结果，是中国人民
翻身作主、掌握自己命运的必然选择。”

图 6-21　不同行间距

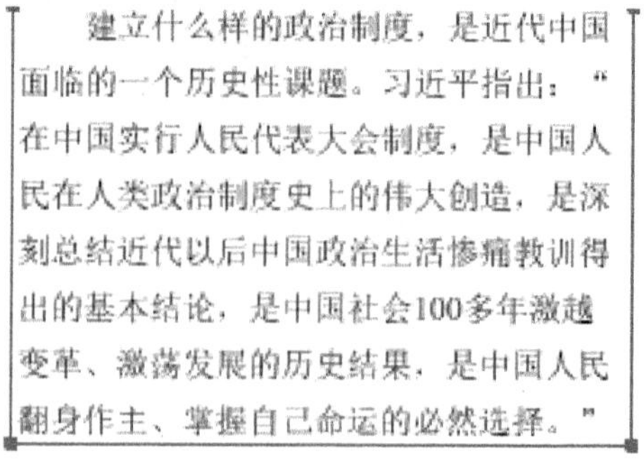

建立什么样的政治制度，是近代中国
面临的一个历史性课题。习近平指出：“
在中国实行人民代表大会制度，是中国人
民在人类政治制度史上的伟大创造，是深
刻总结近代以后中国政治生活惨痛教训得
出的基本结论，是中国社会100多年激越
变革、激荡发展的历史结果，是中国人民
翻身作主、掌握自己命运的必然选择。”

图 6-22　不同行间距

边距：包括左边距和右边距，用于设置段落左右缩进的值，单位是像素。如图 6-23 所示为段落文字大小为 12p 时，设置的段落左右缩进值为 12 像素时的效果。

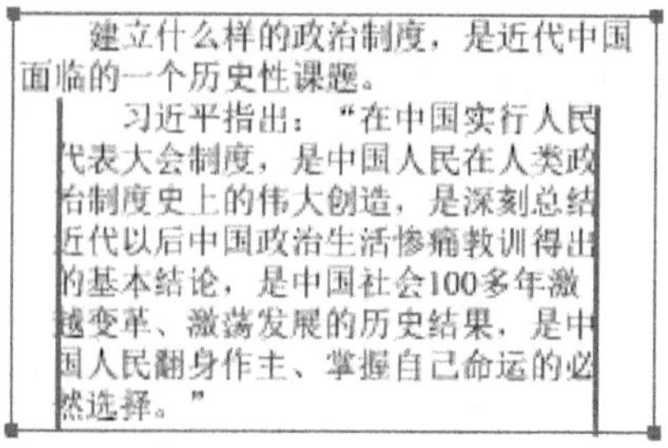

建立什么样的政治制度，是近代中国
面临的一个历史性课题。
习近平指出：“在中国实行人民
代表大会制度，是中国人民在人类政
治制度史上的伟大创造，是深刻总结
近代以后中国政治生活惨痛教训得出
的基本结论，是中国社会100多年激
越变革、激荡发展的历史结果，是中
国人民翻身作主、掌握自己命运的必
然选择。”

图 6-23　左 右 缩 进

行为：用于设置文本框中段落文本的类型，适用于动态文本和输入文本，不适用于静态文本。当文本类型为动态文本时，行为列表中包含 3 个选项，如图 6-24 所示，而当文本类型为输入文本时，行为列表中包含 4 个选项，如图 6-25 所示。

图 6-24　“动态文本”行为下拉列表

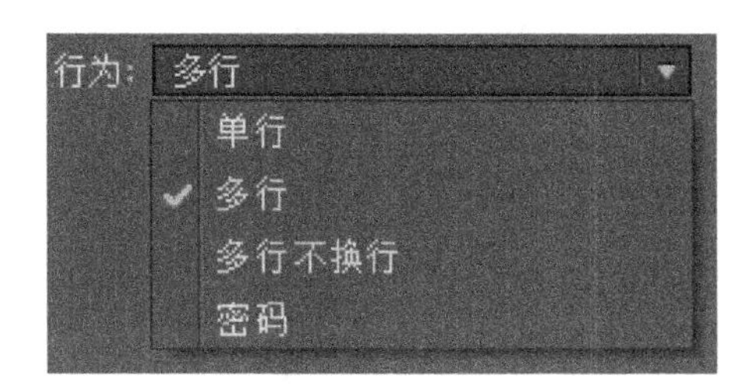

图 6-25　“输入文本”行为下拉列表

单行：是指文本框只能接受单行文本。

多行：是指文本框可以接受多行文本，并且可以自动换行。

多行不换行：是指文本框可以接受多行文本，但不可以自动换行，需要通过回车键才能换行。

密码：是指文本框输入的内容将以 * 的形式显示，常用于输入密码。

6.2.3　设置文本框的位置和大小

在文本编辑过程中，用户可以根据需要在文本工具的属性面板中调整文本框的 X/Y 位置以及宽和高，如图 6-26 所示。

图 6-26　文本框位置和大小

位置：指的是文本框在舞台中的水平方向和垂直方向的位置，通常以文本框的左上角作为定位点，该定位点在舞台中的 X、Y 坐标即是文本框的位置。用户可以拖动调整 X/Y 的数值，也可以在 X、Y 后的输入框内输入数值。X、Y 的数值可以是正值、负值或 0。其中(0，0)点位于舞台的左上角，也即当文本框的左上角与舞台的左上角重叠时，此时文本框的位置为(0，0)，如图 6-27 所示。当文本框的定位点位于舞台左边缘的左侧时，X 为负，当文本框的定位点位于舞台左边缘的右侧时为正；当文本框的定位点位于舞台上边缘的上面时，Y 为负，当文本框的定位点位于舞台上边缘的下面时为正。

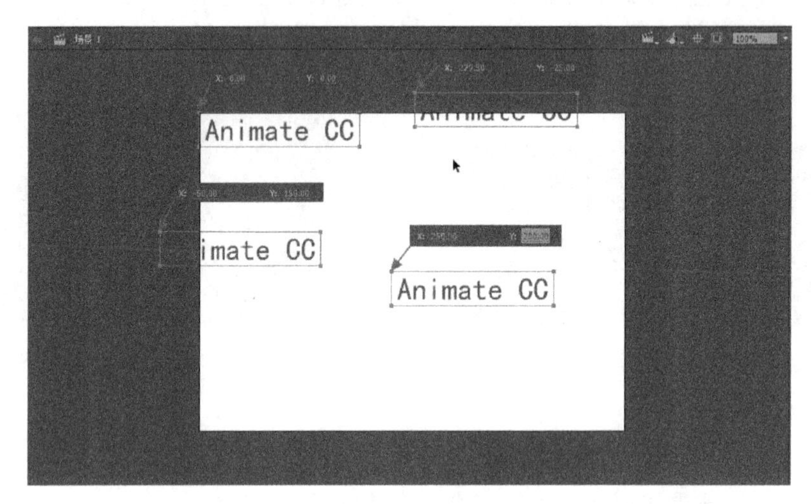

图 6-27　文 本 框 位 置

大小：文本框的大小因文本类型的不同而不同，对于静态文本只可以设置文本框的宽度，如图 6-28 所示。而对于动态文本、输入文本类型的文本框其宽和高均可设置，如图 6-29 所示。文本框的宽度和高度之前的链条用于同比或非同比例调节文本框的大小。

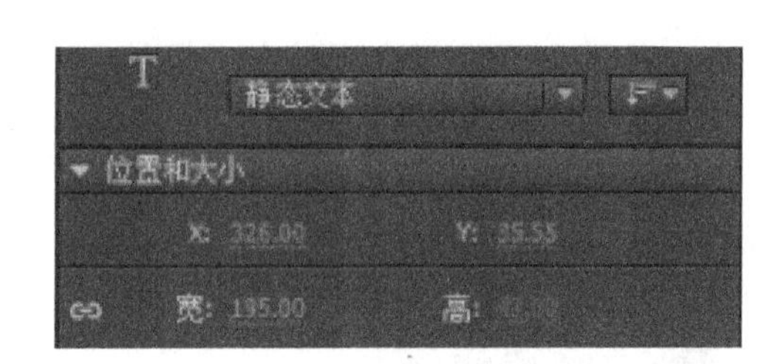

图 6-28　静态文本框大小

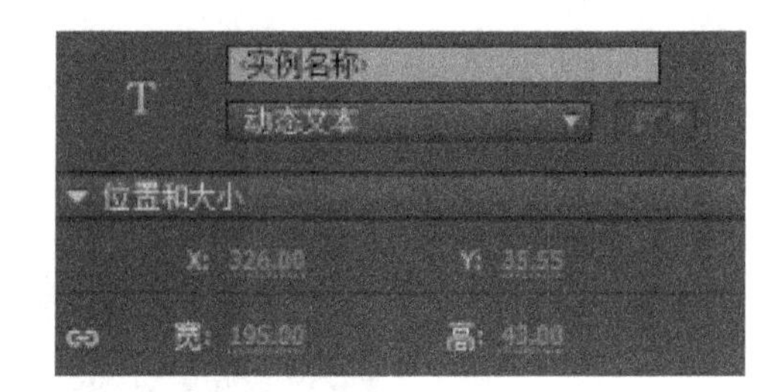

图 6-29　动态文本框大小

6.3　文本的编辑处理

文本输入以后可以根据需要对文本进行编辑处理，如调整文字的位置和大小、改变形状、分离文本等，本小节介绍文本的编辑处理。

6.3.1　选择和移动文本

选择和移动文本可以使用“移动工具”来处理。从工具面板中选择“移动工具”选项，在舞台上单击鼠标选中文本框，此时文本框周围会出现 8 个控制点，这 8 个控制点用于调整文本的大小。当鼠标放在文本框内部时，鼠标指针变成十字箭头，此时即可移动文本，如图 6-30 所示。

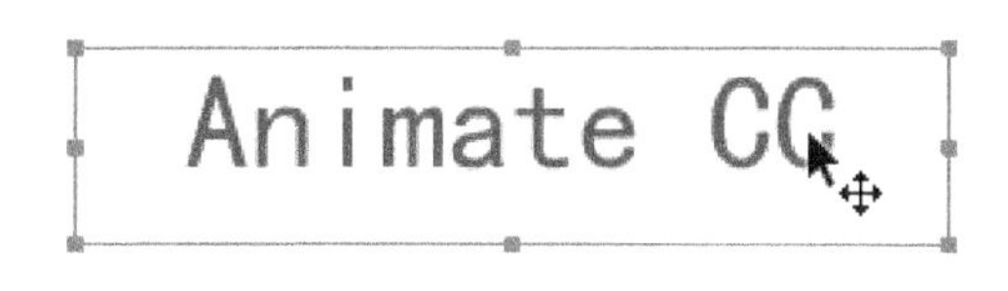

图 6-30　选择和移动文本

6.3.2　改变文本框的大小

从工具面板中选择“移动工具”选项，当鼠标指针移动到文本框的 8 个控制点上时，鼠标指针将变成双箭头图标，此时拖动即可调整文本框的宽度、高度，如图 6-31、图 6-32 所示。

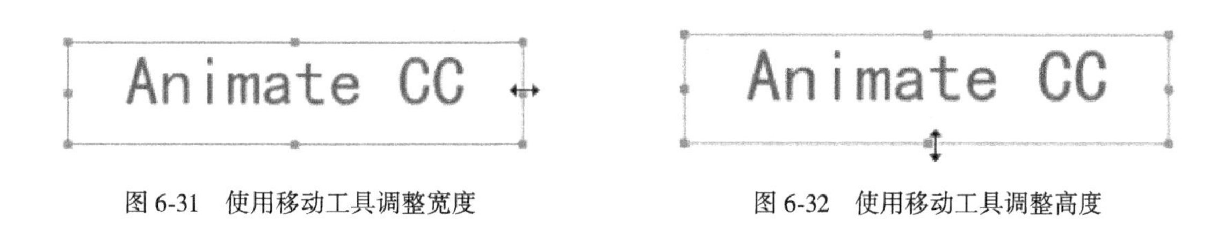

图 6-31　使用移动工具调整宽度　　图 6-32　使用移动工具调整高度

6.3.3　文本变形

在 Animate CC 动画设计与制作过程，经常需要对文本做一些变形处理，以满足设计要求。在文本输入后，可以使用“任意变形工具”或“变形”面板、以及将文本“分离”成形状后再对其进行变形。

1. 使用“任意变形工具”

从工具箱中选择“任意变形工具”选项单击文本框，此时可以文本框进行旋转、水平与垂直切变、水平与纵向拉伸变形等操作，如图 6-33 ~ 图 6-36 所示。此外，用户也可以使用“变形”面板对文本框作变形处理，如图 6-37 所示。使用“变形”面板可对文本框作旋转、倾斜、镜像等变形处理，如图 6-38 所示为垂直镜像处理。

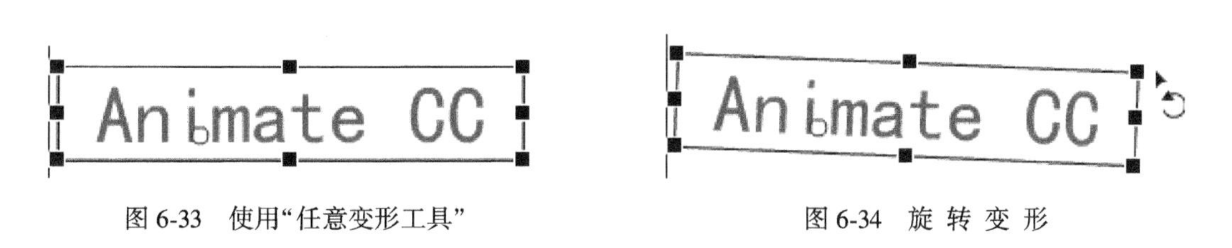

图 6-33　使用“任意变形工具”　　图 6-34　旋转变形

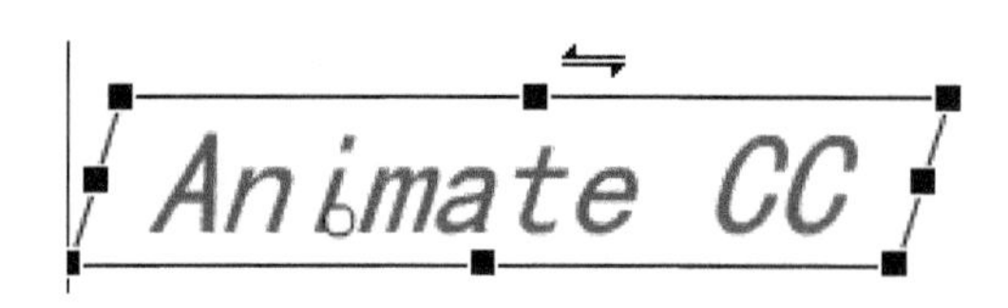

图 6-35　切 变 变 形

图 6-36　纵向拉伸变形

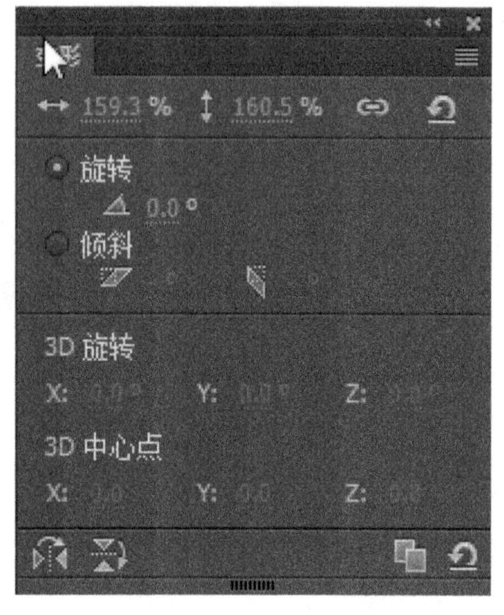

图 6-37　使用“变形”面板

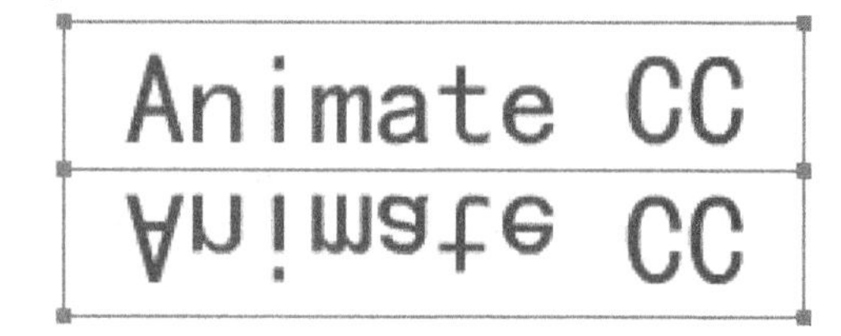

图 6-38　垂 直 镜 像

2. 将文本“分离”为形状

使用“分离”命令可以将文本框中多个字符分离成独立的文本，或将独立文本分离为形状。使用“选择”工具选择文本框，并执行“修改”→“分离”，可将文本块中的字符拆分为独立的字符，如图 6-39 所示。对于独立的文本执行“分离”后将转换为形状，形状由锚点和线段组成，如图 6-40 所示。将文本“分离”成形状后，可以使用“部分选择工具”根据设计需要调整锚点的位置、线段的方向和长度以改变文本的形状，如图 6-41 所示。

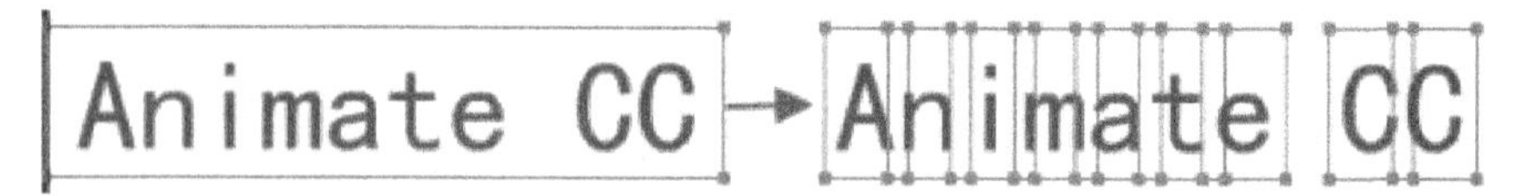

图 6-39　“分离”文本

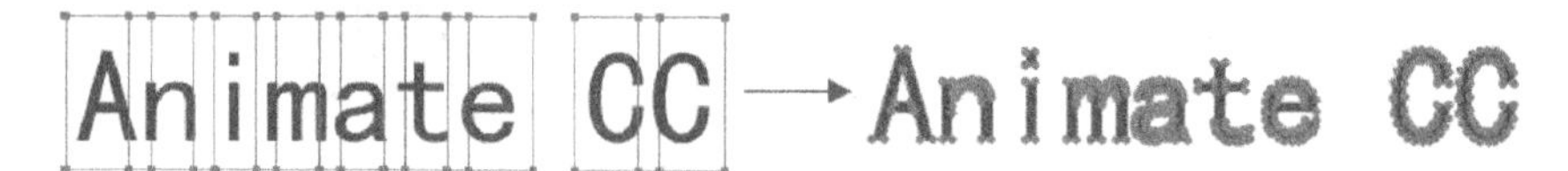

图 6-40　“分离”文本为形状

图 6-41　修改文本形状

6.4　嵌入文本

当计算机通过 Internet 播放 SWF 文件时，不能保证使用的字体在这些计算机上可用。要确保文本保持所需外观，可以嵌入全部字体或某种字体的特定字符子集。通过在发布的 SWF 文件中嵌入字符，可以使该字体在 SWF 文件中可用，而无需考虑播放该文件的计算机。嵌入字体后，即可在发布的 SWF 文件中的任何位置使用。

执行“文本”→“字体嵌入”命令，或是在“属性”面板中使用“嵌入”按钮，弹出“字体嵌入”对话框，如图 6-42 所示。

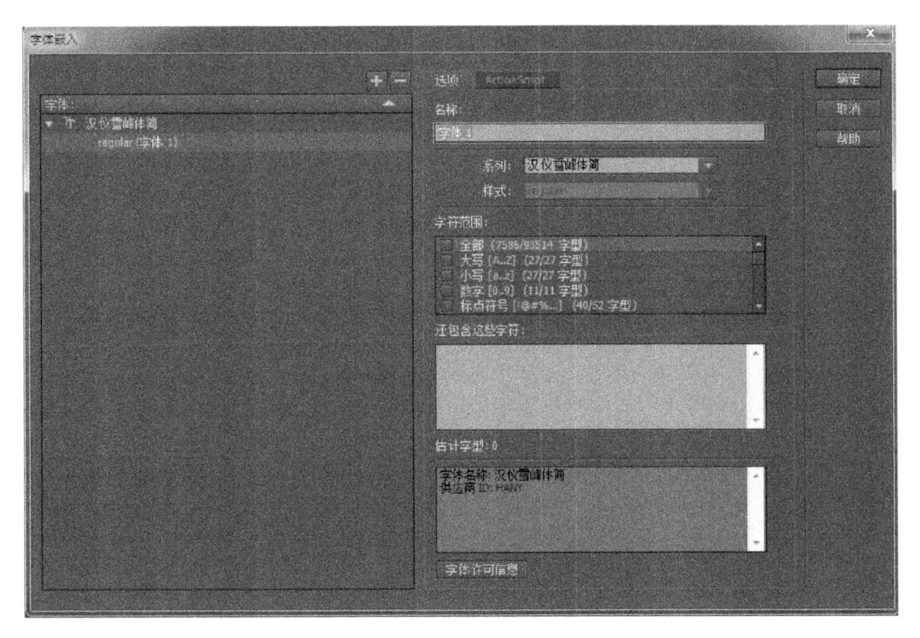

图 6-42　“字体嵌入”面板

在对话框中可以进行以下操作：

(1) 在一个位置管理所有嵌入的字体。

(2)为每个嵌入的字体创建字体元件。

(3)为字体选择自定义范围嵌入字符以及预定义范围嵌入字符。

(4)在同一文件中使用 Text Layout Framework (TLF)文本和传统文本，并在每个文本中使用嵌入字体。注需注意的是 TLF 文本在 Animate CC 中不可用。

对于包含文本的任何文本对象，Animate 均会自动嵌入该对象使用的所有字符。如果需要自己创建嵌入字体元件，就可以使文本对象使用其他字符，例如，在运行时接受用户输入时或使用 ActionScript 编辑文本时。对于“消除锯齿”属性设置为“使用设备字体”的文本对象，没有必要嵌入字体。指定要在 FLA 文件中嵌入的字体后，Animate 会在发布 SWF 文件时嵌入指定的字体。

6.5 本章小结

本章主要为读者介绍了使用文本工具创建与编辑文本的方法，通过本章的学习读者应该能够掌握文本的类型选择、字符与段落格式设置、文本滤镜效果制作等方面的内容，为在 Animate CC 中制作动画时文本的处理打下基础。

第 7 章　图层与时间轴

Animate 中的动画实际上是由多幅静态图片、文字或其他元素所组成的帧序列，帧是动画的基本单元，时间轴就是用于管理帧的工具。图层可以拓展帧序列的空间维度，便于用于更好的管理和组织帧中的文字、图像和元件等对象。

7.1　什么是图层

在时间轴上每一行就是一个图层，在制作动画过程中，往往需要建立多个图层，便于更好地管理和组织文字、图像和动画等对象，每个图层的内容互不影响，本节将详细介绍图层方面的知识。

7.1.1　图层的概念与类型

图层可以看成是叠放在一起的透明胶片，可以根据需要，在不同图层上编辑不同的动画，且不影响行在放映时得到合成的效果。使用图层并不会增加动画文件的大小，相反可以更好地帮助安排和组织图形、文字和动画。

在 Animate CC 中，按照图层用途的不同，用户可以将图层分为一般图层、引导图层、遮罩图层及被遮罩层 4 种，如图 7-1 所示。下面分别介绍这 4 种类型的图层及文件夹。

1. 一般图层

它是 Animate CC 默认的图层，也是常用的图层，其中放置着制作动画时需要的最基本的元素，如图形、文字、元件等，图 7-2 即为一般层。

3. 被遮罩层

被遮罩层与遮罩层相对应，在被遮罩层中的动画对象与元件会被遮盖住。被遮罩层通常悬挂于遮罩层下，其显示图层标为，如图 7-4 所示。

2. 遮罩层

遮罩层可以将与遮罩层相链接的图层中的图像遮盖起来，用户可以将多个图层组合放在一个遮罩层下，但在遮罩层中不能使用按钮元件(见图 7-3)，遮罩层的图标为。

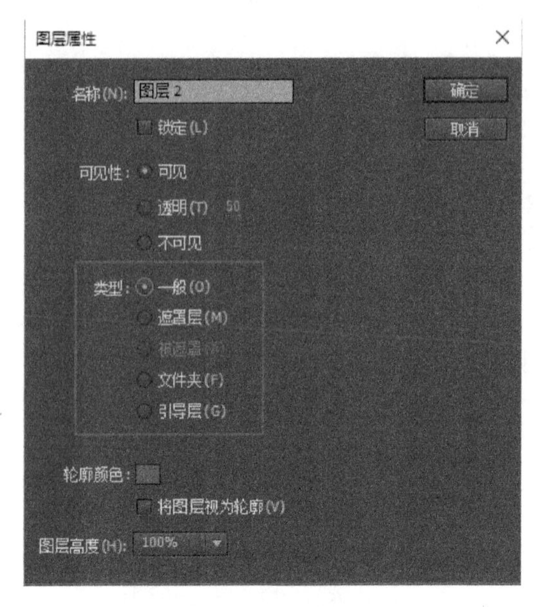

图 7-1 图 层 类 型

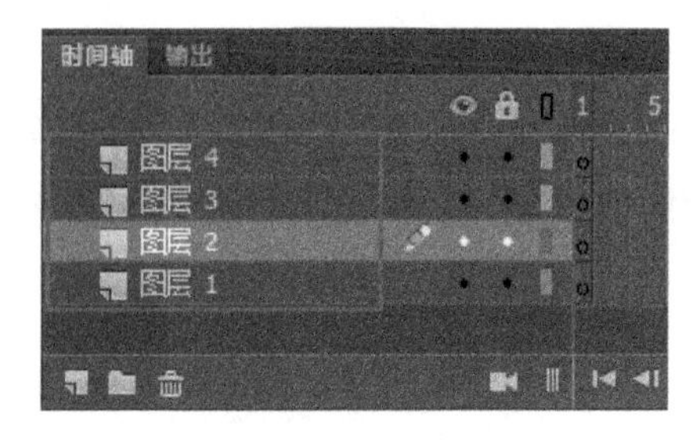

图 7-2 一 般 层

图 7-3 遮 罩 层

图 7-4 被 遮 罩 层

4. 引导层与被引导层

在 Animate CC 中，不仅可以创建沿直线运动的动画，还可以创建沿曲线运动的动画。而引导层的主要作用就是用来设置运动对象的运动轨迹，而被引导层中通常用于放置被引导的动画对象，如图 7-5 所示。

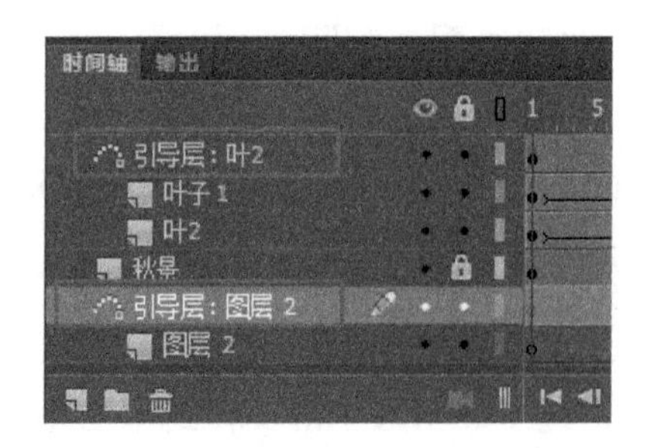

图 7-5 引 导 层

7.1.2　图层的显示状态

图层状态指的是图层的显示与隐藏、锁定与解锁、显示轮廓等图层的呈现模式。在时间轴面板中可以通过图层状态控制的图标来设置图层的状态，如图 7-6 所示。

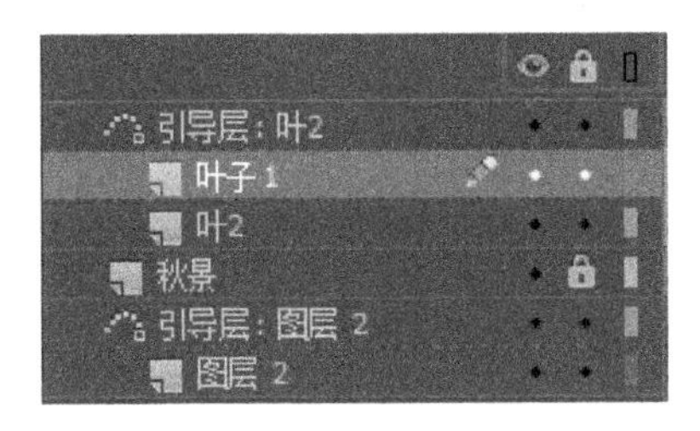

图 7-6　图层状态设置

1. 图层的显示与隐藏

在动画制作过程中，为了便于查看、编辑各个图层中的内容，有时需要将图层作隐藏处理。在图 7-7 中，“眼睛”图标用于显示或隐藏图层，直接单击“眼睛”图标将隐藏所有图层，此时对应图层“眼睛”图标所在列将出现“×”号。如果要显示所有图层，只需再次单击“眼睛”图标即可。

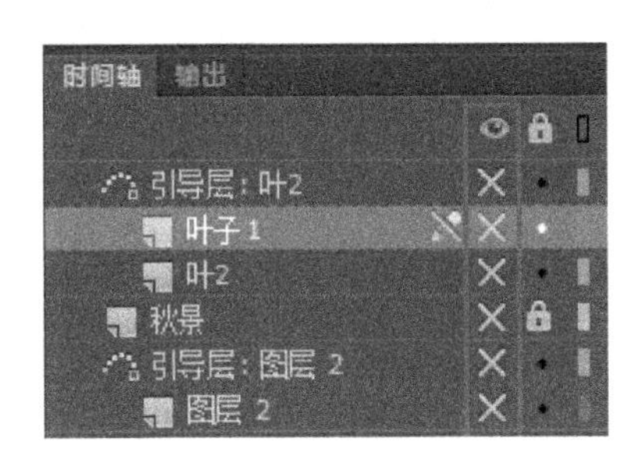

图 7-7　隐藏所有图层

如果要独立控制单个图层的显示与隐藏，则可以单击“眼睛”图标下对应图层的黑色小实心圆，出现“×”号即可隐藏图层(见图 7-8)，再次单击该图标即可显示图层。

如果要隐藏多个连续的图层，则可以在显示列垂直拖动鼠标。被隐藏的图层将不能进行绘图、对象编辑等操作。

2. 图层的锁定与解锁

在动画制作过程中，为了避免误操作而影响图层中内容的位置、大小、形状等属性，可以将图层锁定。图 7-9 中的“锁”图标即是图层的锁定与解锁控制按钮。直接单击“锁”图标将锁定所有图层，此时对应图层“锁”图标所在列将出现“”号。如果要解锁所有图层，只需再次单击“锁”图标即可。

图 7-8　隐藏单个图层

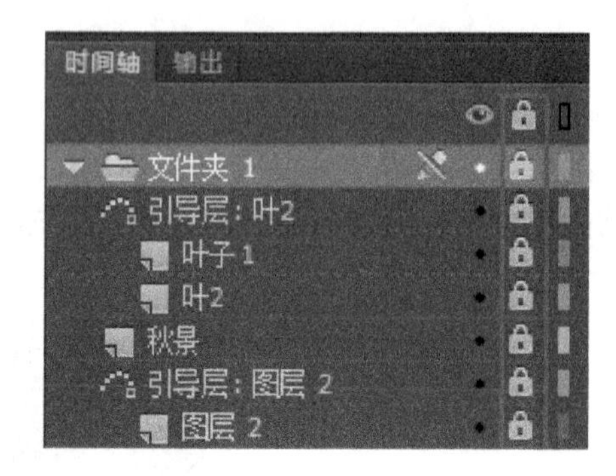

图 7-9　锁定所有图层

如果要独立控制单个图层的锁定与解锁，则可以单击“锁”图标下对应图层的黑色小实心圆，出现“”号即可隐藏图层(见图 7-10)，再次单击该图标即可解锁图层。

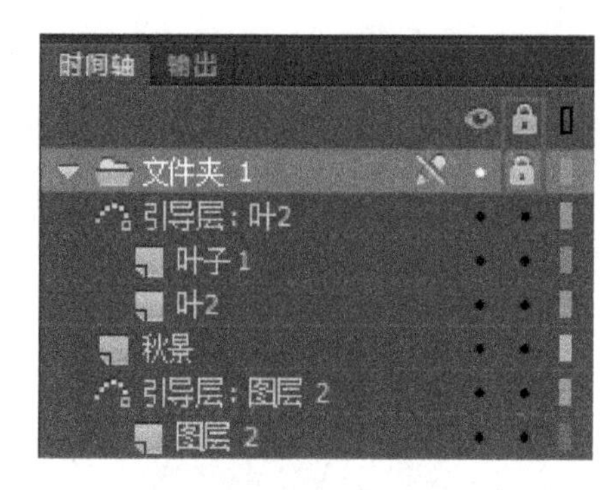

图 7-10　锁定单个图层

如果要锁定多个连续的图层，则可以在锁定列垂直拖动鼠标。被锁定的图层将不能进行绘图、对象编辑等操作。

提示： 若要隐藏除当前图层或文件夹以外的所有图层和文件夹，请在按住 Alt(Windows)键或 Option(Macintosh)键的同时单击图层或文件夹名称右侧的“眼睛”列。要显示所有图层和文件夹，请再次按住 Alt 键单击或按住 Option 键单击。

3. 显示图层轮廓

当场景中的动画对象较多时，可以将图层中的对象以轮廓线的形式显示，查看该对象时，图层中的元素将以颜色的轮廓方式显示。使用轮廓线的方式显示图层有助于用户更好地区分不同的图层，便于更改图层中的对象，如果在编辑或测试动画时使用这种方法显示，还可以加速动画的显示。

单击“时间轴”面板上的“将所有图层显示为轮廓”图标栏下的颜色框，此时颜色框将以空心形式显示，表示该图层中的对象当前以轮廓形式显示，如果要恢复正常，再次单击该颜色框，当其变为实心图标时，即可恢复正常状态，图 7-11、图 7-12 分别为轮廓显示和正常显示的效果。

图 7-11　以轮廓显示图层

图 7-12　以正常模式显示图层

如果要独立控制单个图层显示为轮廓，则可以单击图标下对应图层的颜色框，如果要控制多个连续的图层，则可以在轮廓列垂直拖动鼠标，如图 7-13、图 7-14 所示。

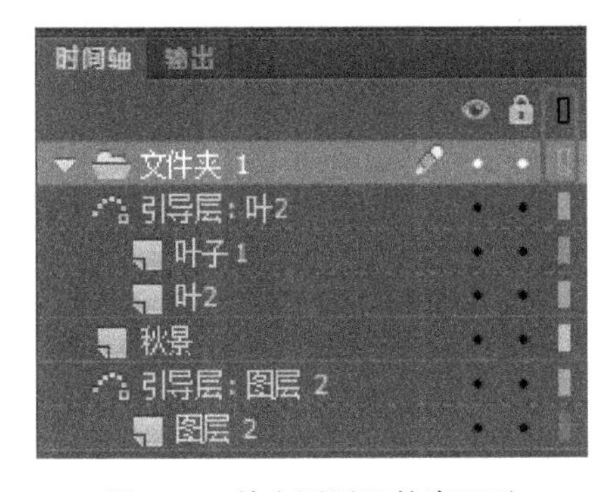

图 7-13　单个图层以轮廓显示

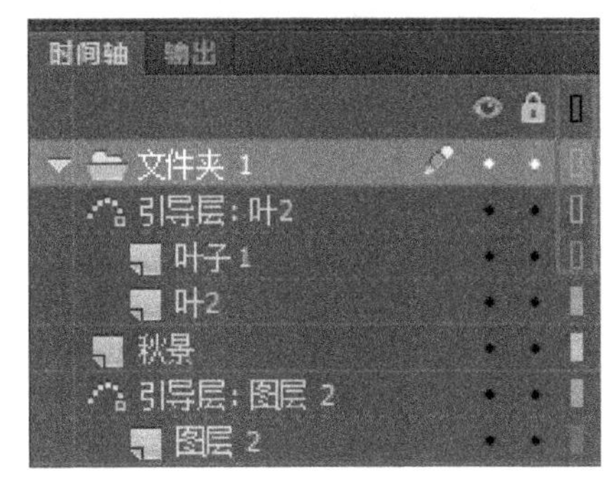

图 7-14　连续多个图层以轮廓显示

7.2　图层的基本操作

在动画制作过程中用户可以根据需要对图层进行操作，以便更好地管理动画对象。图层的基本操作包括新建与选择图层、新建图层文件夹、调整图层顺序及重命名图层等。

7.2.1　新建图层

在新建了 Animate CC 文档后，默认只有一个名为“图层 1”的图层，用户可以根据需要创建新的图层，以便更好地管理和组织文字、图像和动画等对象。在制作一些复杂动画的时候，大量的对象堆在同一图层容易致使混乱，不方便操作，有必要将动画对象分散在不同的图层。

在 Animate CC 中创建图层非常方便，只需在时间轴面板左下角单击“新建图层”按钮，如图 7-15 所示。新建的第一个图层默认命名为“图层二”，并按此方法依次编号，如图 7-16 所示。

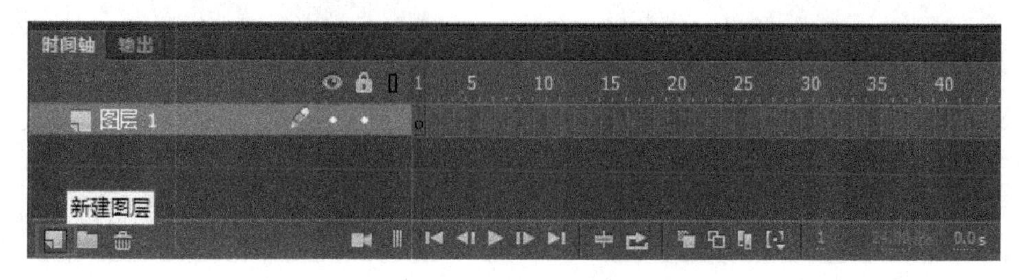

图 7-15　新 建 图 层

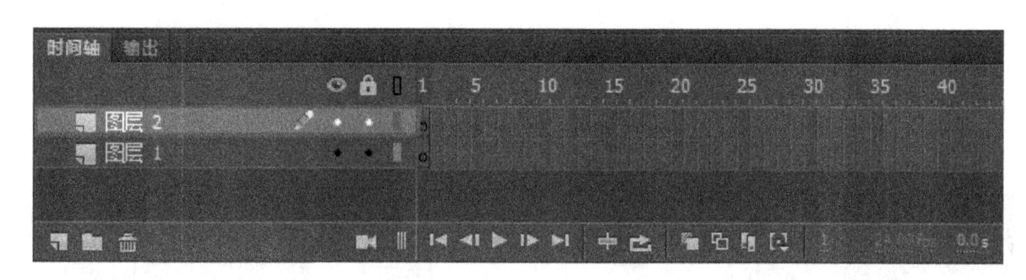

图 7-16　新 建 图 层

还可以通过执行“插入”>“时间轴”>“图层”菜单命令新建图层，如图 7-17 所示。此外，也可以在时间轴面板中使用鼠标右键单击某个图层，在弹出菜单中执行“插入图层”命令新建图层，如图 7-18 所示。

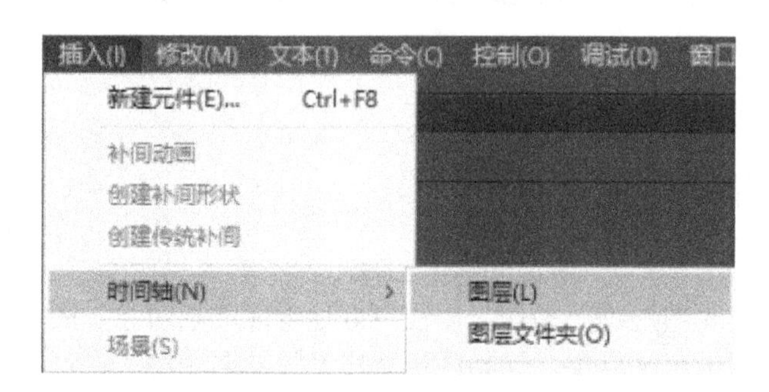

图 7-17　从“插入”菜单新建图层

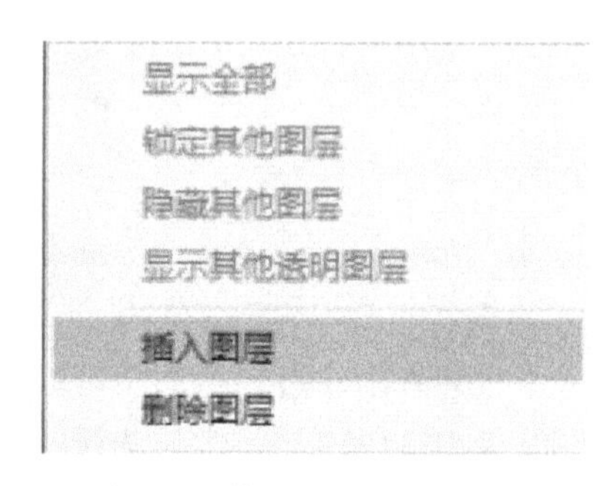

图 7-18　执行“插入图层”命令

7.2.2　新建图层文件夹

图层文件夹用于分组管理图层，用户可以将多个图层放在同一图层组，便于更有序合理地查看与操作图层。

在新建了 Animate CC 文档后，时间轴面板中并没有“图层文件夹”，需要自行创建。图层文件夹的创建方法与图层类似，可以在时间轴面板的左下角单击“新建文件夹”按钮来创建新的图层文件夹，如图 7-19 所示。新建的第一个图层文件夹自动命名为“文件夹 1”，并在“文件夹 1”左侧有一个打开的文件夹图标，如图 7-20 所示。

图 7-19　新建图层文件夹

图 7-20　图层文件夹

还可以通过执行“插入”>“时间轴”>“图层文件夹”命令新建图层文件夹，如图 7-21 所示。此外，也可以在时间轴面板中使用鼠标右键单击某个图层，在弹出菜单中执行“插入文件夹”命令新建图层，如图 7-22 所示。

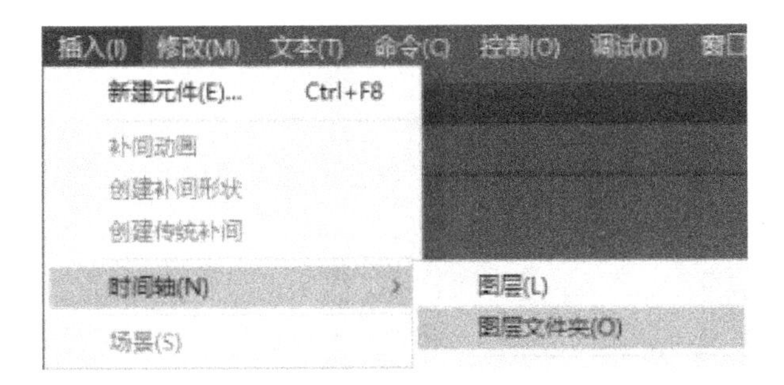

图 7-21　从“插入”菜单新建图层文件夹

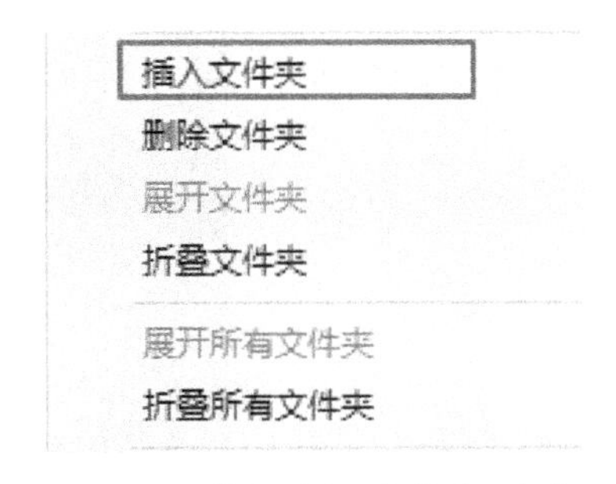

图 7-22　执行“插入文件夹”命令

7.2.3　选择图层

选择图层是对图层或文件夹以及各元素进行编辑的前提，选择图层可以通过鼠标左键单击“时间轴”面板中的图层名称来实现。当某个图层被选中时，被选中的图层将被突出显示出来，以黄色背景显示，并且在该图层名称的右侧将会出现一个铅笔图标，表示该图层当前正被使用状态中，此时在场景中进行的任何操作都是针对该图层的。

用户可以根据需要选择单个图层、多个连续图层或多个不连续的图层。

1. 选择单个图层

在时间轴面板中某个图层名称上单击鼠标左键，即可选择该图层，如图 7-23 所示。被选中的图层将以黄色背景突出显示，并在该图层名称的右侧出现一个铅笔图标。

图 7-23　选择单个图层

2. 选择连续的多个图层

如果需要选择多个连续的图层，可以在时间轴面板中首先选择一个图层，然后按住"Shift"键，同时单击连续图层的最后一个图层名称，即可选择多个连续图层(见图 7-24)，从图层"明"到图层"是"为选择中的多个连续图层。

图 7-24　选择连续多个图层

3. 选择非连续的多个图层

如果需要选择非连续的多个图层，可以在时间轴面板中首先选择一个图层，然后按住"Ctrl"键，同时单击其他需选择的图层，即可选择非连续的多个图层，如图 7-25 所示。

7.2.4　调整图层排列顺序

在制作 Animate CC 动画时，图层的顺序决定了位于该图层上的对象或元件在屏幕深度方向的位置。位于上层的图层中的对象或元件将覆盖下层的图层上的内容，因此改变图

图 7-25　选择非连续的多个图层

层的排列顺序，也就改变了图层上的对象或元件与其他图层中的对象或元件在视觉上的表现形式。

调整图层排列顺序的操作方法很简单，单击选中需要调整顺序的图层，此时该图层底部呈黄色，按住鼠标左键后向上或向下拖动该图层，此时在图层的底部会产生"针形"黑色线段(见图 7-26)，当拖动至要调整的位置时，同样会产生"针形"黑色线段(见图 7-27)，此时释放鼠标，该图层就移动到了目标位置，如图 7-28 所示。

图 7-26　选择并拖动图层

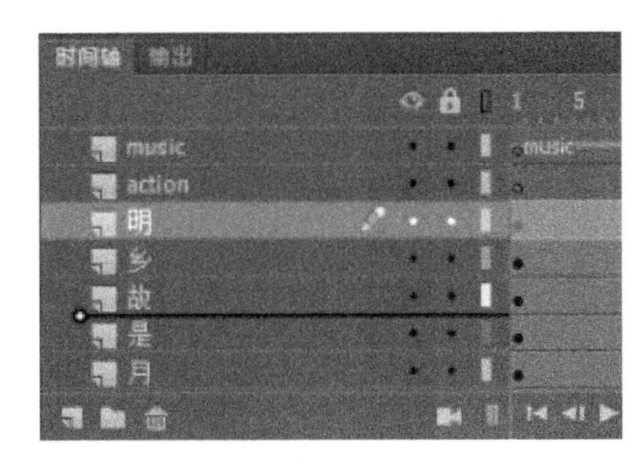

图 7-27　拖动图层到目标位置

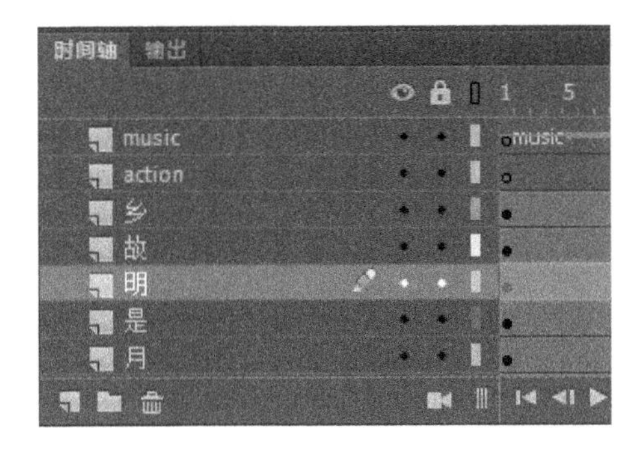

图 7-28　完成调整顺序

7.2.5 重命名图层

用户在制作动画时可以根据图层中的内容来合理命名图层，这样更便于图层的识别与管理，以免引起混乱。对图层进行合理的命名也是 Animate CC 动画设计与制作中的一个良好习惯。

选中需要重命名的图层，此时图层名称的右侧会出铅笔图标，双击该图层，图层名称会出现蓝色背景，表示该图层名称处于可编辑状态，用户可以在名称输入框内输入名称，如图 7-29 所示。

此外，也可以通过图层属性来重命名图层。在需要重命名的图层名称上右键单击鼠标，并从下拉菜单中执行“属性”命令，在属性面板中的“名称”选项中修改图层的名称，如图 7-30、图 7-31 所示。

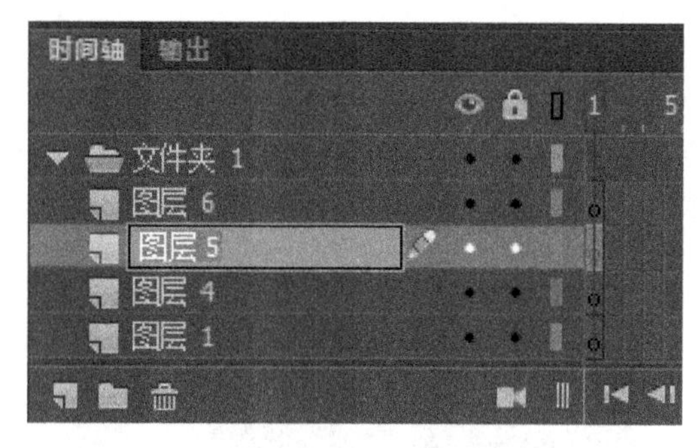

图 7-29 重命名图层

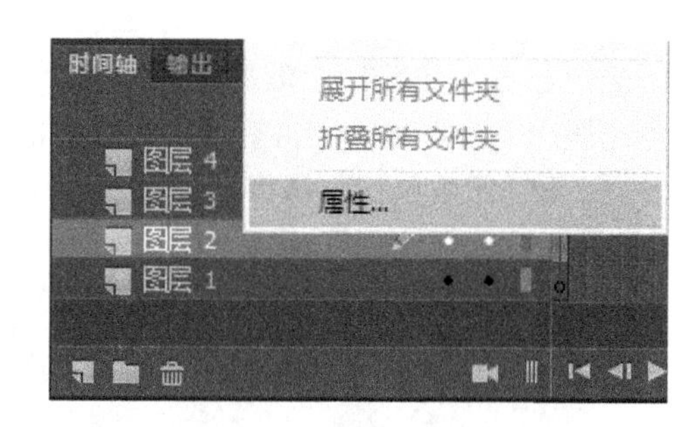

图 7-30 图层“属性”命令

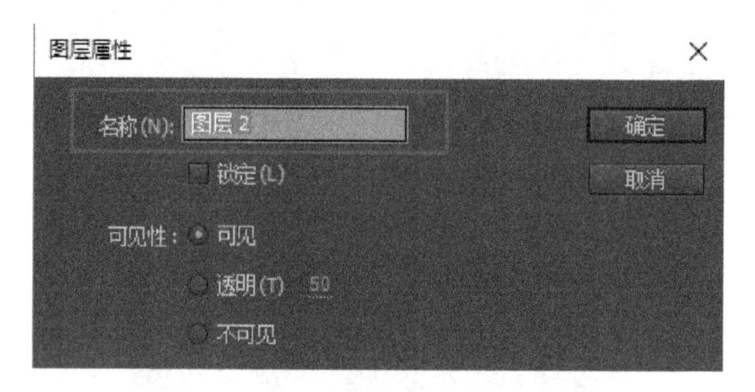

图 7-31 通过“属性”面板重命名图层

7.2.6 复制图层

如果需要复制图层，可以在时间轴面板上右击图层，并从下拉菜单列表中执行“复制图层”命令即可复制图层，如图 7-32 所示。复制得到的图层的名称命名为原图层名称+“复制”，如图 7-33 所示。

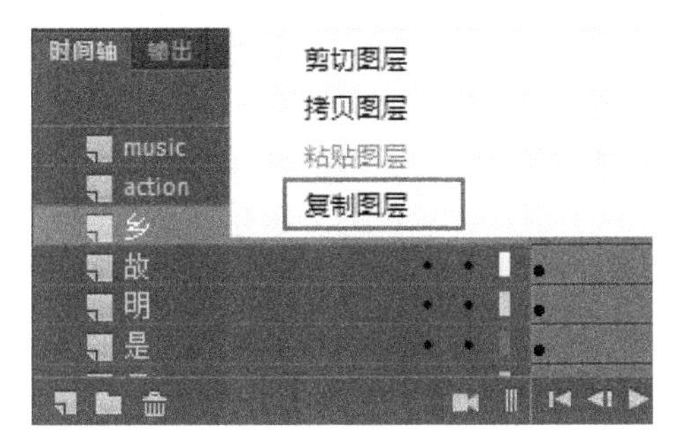

图 7-32　“复制图层”命令

图 7-33　“复制图层”结果

7.2.7　删除图层和图层文件夹

如果需要删除图层或图层文件夹，可以先选中图层或图层文件夹，然后在时间轴面板的左下角单击“删除”按钮，即可删除图层或图层文件夹，如图 7-34 所示。

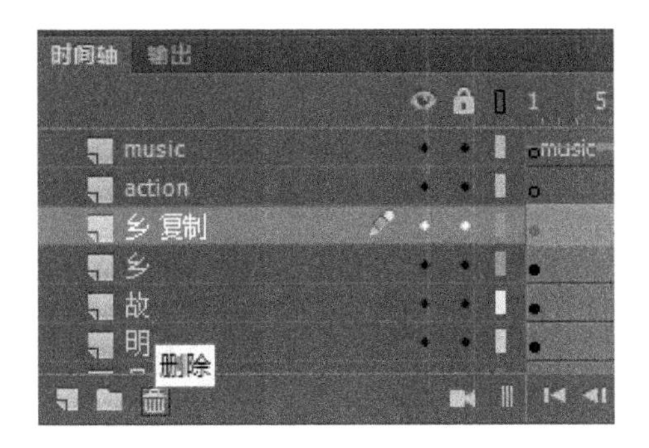

图 7-34　删除图层命令

此外，也可以右击图层名称，并从下拉菜单列表中选择“删除图层”选项来删除图层，如图 7-35 所示。如果要删除图层文件夹，则可从下拉菜单中选择“删除文件夹”选项来删除图层文件夹(见图 7-36)。

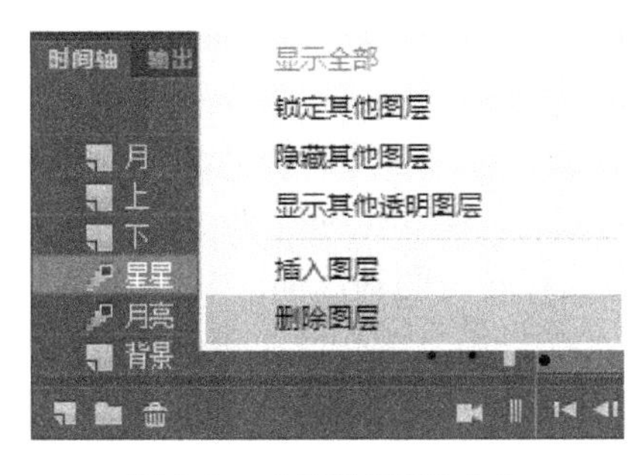

图 7-35　“删除图层”命令

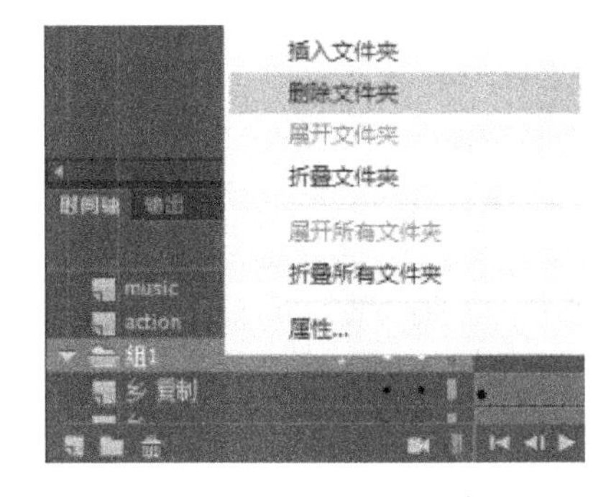

图 7-36　“删除文件夹”命令

7.3 时间轴与帧

动画的制作原理是将原本静态不具生命的物体通过艺术加工以连续帧的方式呈现，形成活动影像的过程。在动画中不同的帧代表不同的时间，包含不同的对象及元素，动画中的画面随着时间的变换逐个出现。在 Animate CC 中，时间轴用于管理和控制一定时间内图层的关系以及帧内的动画对象，当包含连续静态图像的帧在时间轴上以一定速度快速播放时，就看到了动画。

7.3.1 “时间轴”面板的构成

在 Animate CC 中，“时间轴”面板是动画制作的核心工作区，它由图层、帧、播放头、播放控制、绘图纸外观、帧视图控制等组件构成，如图 7-37 所示。

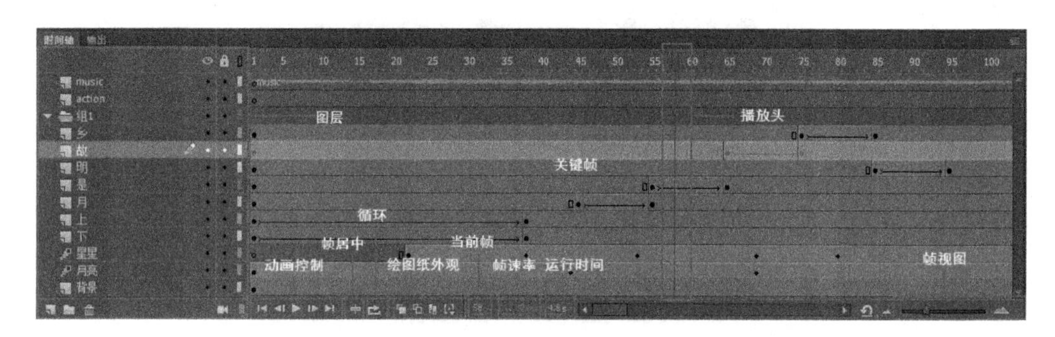

图 7-37　时间轴面板构成

1. 图层

用于管理舞台中的元素，特别对于大型复杂动画更利于动画对象的组织与分类存放，使得元素在屏幕深度方向相互叠加但以互不影响。

2. 播放头

在用户制作动画或控制播放动画的时候，播放头通常指向当前帧。此时在舞台中显示播放头所指帧中的图像。

3. 动画控制

用于动画发布前的播放测试，动画控制区提供了一系列动画控制的按钮，包括播放、停止、前进一帧、转到最后一帧、后退一帧、转到最后一帧等控制按钮。

帧居中：如果要使时间轴以当前帧为中心，可以单击时间轴底部的“帧居中”按钮。

循环：在时间轴上开启“循环”选项后，便可以在一系列帧中连同其他动画一起循环音频流。

4. 绘图纸外观

通常情况下，在某个时间舞台上仅显示动画序列的一个帧。为便于定位和编辑逐帧动画，可以通过“绘图纸外观”按钮在舞台上一次查看两个或更多的帧，下面举例说明绘图纸外观的作用。

在 Animate CC 中新建 HTML5 类型的空白文档，在舞台中使用“椭圆工具”绘制圆形图形，在属性面板中设置“填充”色为“径向红黑渐变色”，选中圆形图形后单击鼠标右键，并在下拉菜单中执行“转换元件”命令，将圆形转换为图形元件，如图 7-38 所示。

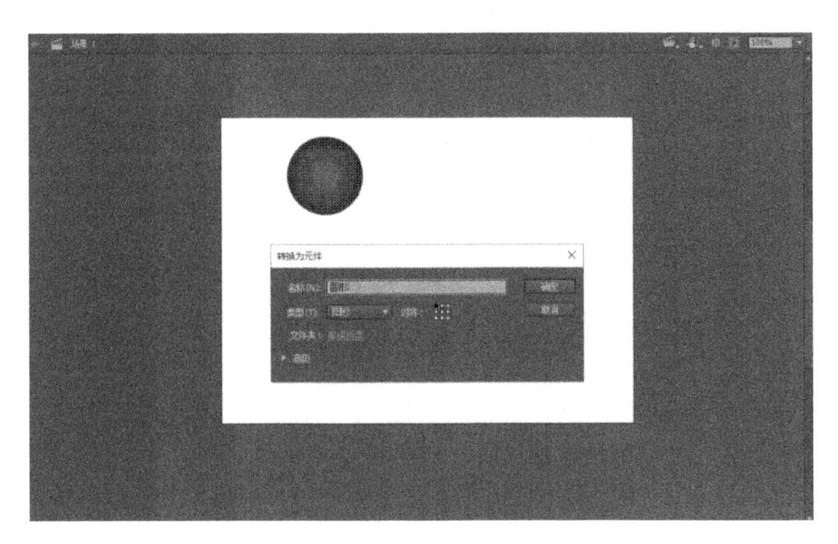

图 7-38　转换为图形元件

在舞台中选中该图图形元件后，在“窗口”菜单中执行“动画预设”命令，打开动画预设面板，并从中选择“大幅度跳跃”动画预设选项并单击“应用 ”按钮，如图 7-39 所示。

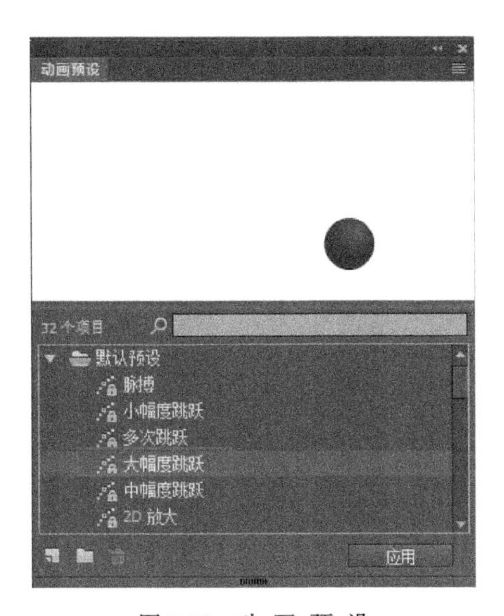

图 7-39　动 画 预 设

执行上述操作后的动画效果如图 7-40 所示。在图 7-40 的舞台中出现图形元件运行的轨迹，在时间轴上显示该动画的所有帧。

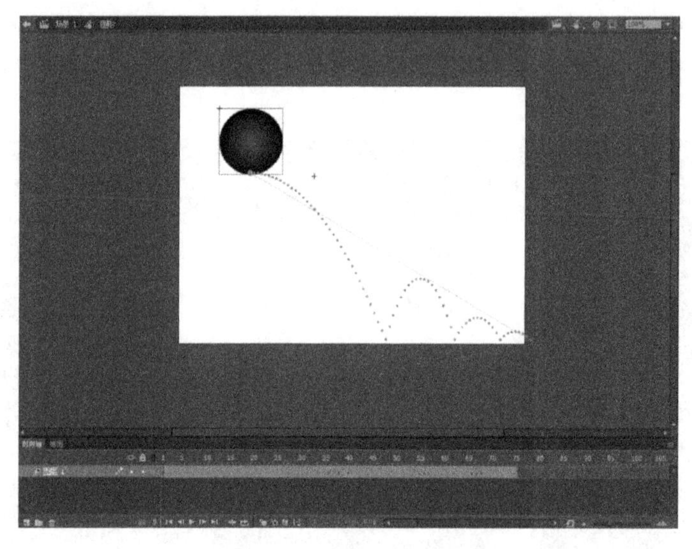

图 7-40　大幅度跳跃动画

在时间轴面板底部单击“绘图纸外观”按钮，此时时间轴面板标题栏中出现半透明的多帧区域标示，在舞台中会呈现动画的多帧彩色图像，效果如图 7-41 所示。

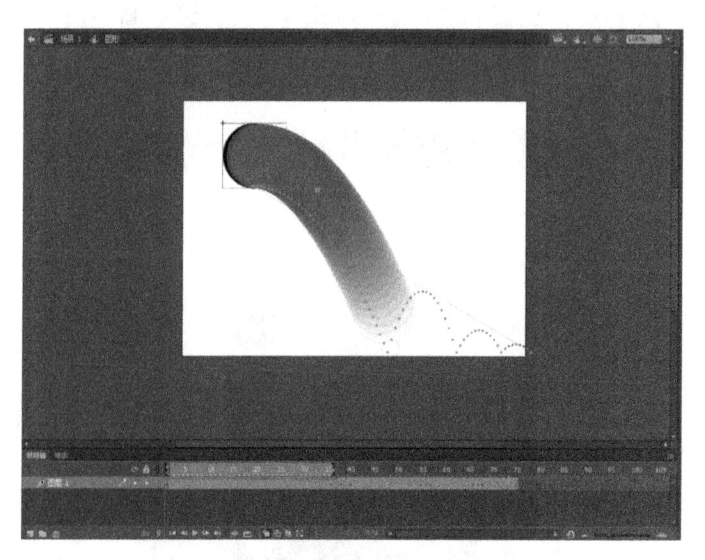

图 7-41　“绘图纸外观”效果

此外，用户也可以单击“绘图纸外观轮廓”按钮，使得动画图像以轮廓模式显示，如图 7-42 所示。

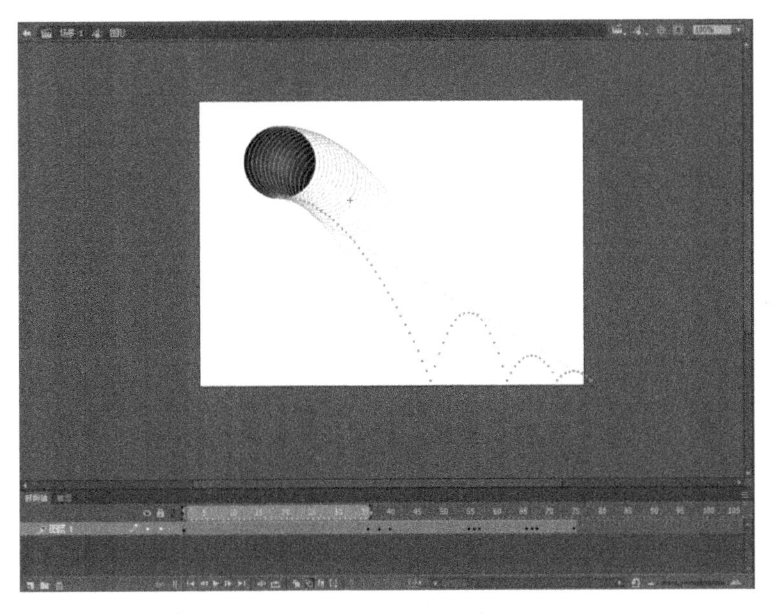

图 7-42　“绘图纸外观轮廓”效果

(1)当前帧。这是指播放头所指的帧，在舞台中呈现的是当前帧中的内容。

(2)帧速率。当前动画的播放速度，单位是帧每秒。

(3)帧运行时间。这是指动画已播放的时间，也即播放头所在位置动画已播放的时间长度。

(4)帧视图控制。用于调整时间轴视图大小，最左侧按钮为“在视图中放入更多的帧”，此时在帧视图中帧最密集，效果如图 7-43 所示。最右侧按钮为“在视图中放入更少的帧”，此时在帧视图中帧最分散，效果如图 7-44 所示。

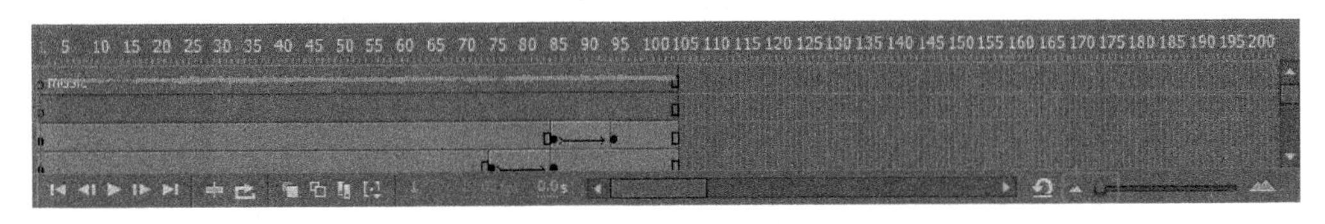

图 7-43　“在视图中放入更多的帧”效果

图 7-44　“在视图中放入更少的帧”效果

7.3.2 帧

帧是构成动画的时间序列，在 Animate CC 中有多种类型的帧，不同的帧有不同的表现形式，代表不同的作用及动画。例如无内容的帧是以空的单元格显示，有内容的关键帧是黑色实心圆。此外，在补间动画中不同的帧以不同的背景色表示，如传统补间动画的帧显示为深蓝色背景，补间动画的帧显示为浅蓝色背景，形状补间动画的帧显示为深绿色背景。

1. 普通帧与过渡帧

帧又分为“普通帧”和“过渡帧”，在动画制作的过程中，经常在一个含有背景图像的关键帧后面添加一些普通帧，使背景延续一段时间，在起始关键帧和结束关键帧之间的所有帧被称为“过渡帧”，如图 7-45 所示。

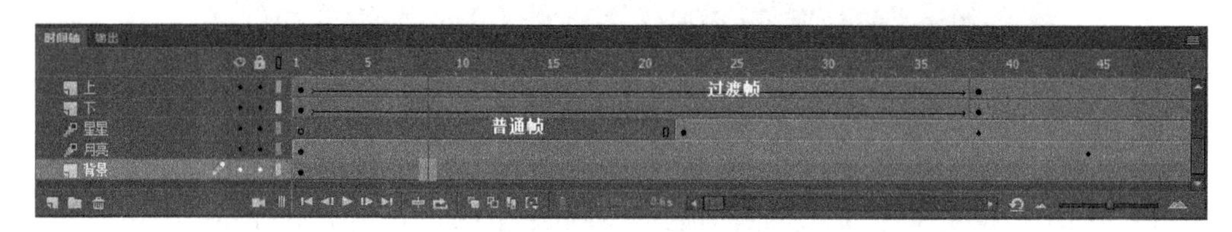

图 7-45　普通帧与过渡帧

过渡帧是动画实现的详细过程，它能具体体现动画的变化过程，当鼠标单击过渡帧时，在舞台中可以预览这一帧的动画情况，过渡帧的画面由计算机自动生成，无法进行编辑操作。

2. 关键帧

关键帧是 Animate CC 动画对象属性变化的启承转合之处，是定义动画的关键元素，它包含任意数量的元件和图形等对象。在其中可以定义对动画的对象属性所做的更改，该帧的对象与前、后的对象属性均不相同。关键帧的效果如图 7-46 所示。

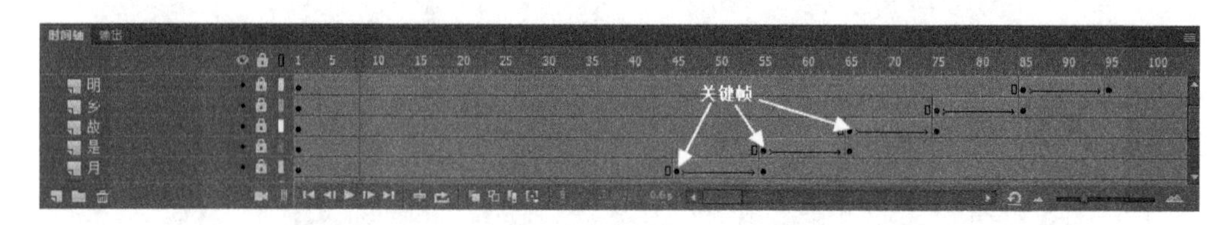

图 7-46　关　键　帧

关键帧中可以包含形状剪辑、组等多种类型的元素或诸多元素，但过渡帧中的对象只能是剪辑(影片剪辑、图层剪辑、按钮)或独立形状。两个关键帧的中间可以没有过渡帧，但过渡帧前后肯定有关键帧，因为过渡帧附属于关键帧，关键帧可以修改该帧的内容，但过渡帧无法修改该帧的内容。

3. 空白关键帧

当新建一个图层时，图层的第 1 帧默认为一个空白关键帧，即一个黑色轮廓的圆圈，如图 7-47 所示。当向该图层添加内容后，这个空心圆圈将变为一个黑色小实心圆圈，该帧即为关键帧。

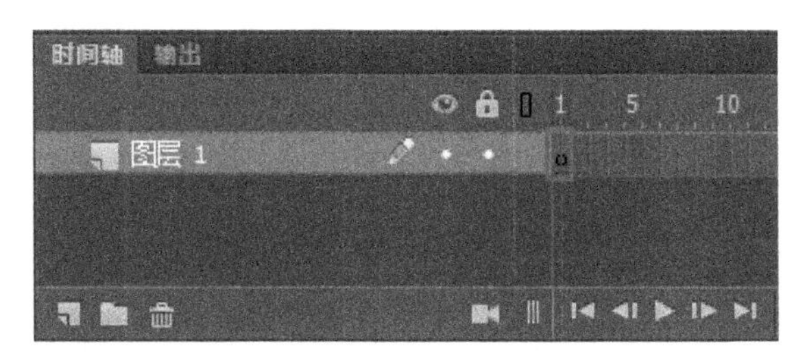

图 7-47　空白关键帧

7.3.3　修改帧的频率

帧的频率是指帧播放的速度，其速度是 FPS(帧每秒)，也即每秒钟播放帧的数量。一般情况下电视、电影的播放速度为 24FPS 或 25FPS，但在 Animate CC 动画制作时帧频率则更为灵活，用户可以根据需要设置帧频率。

用户可以在舞台的属性面板中修改帧的频率，如图 7-48 所示。在 FPS 右侧的数字上左右拖动改变数值，也可以在数字上双击后在输入框输入所需数值，如图 7-49 所示。

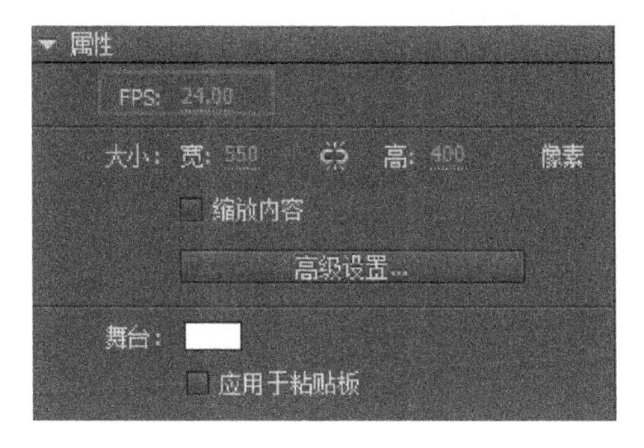

图 7-48　帧速率

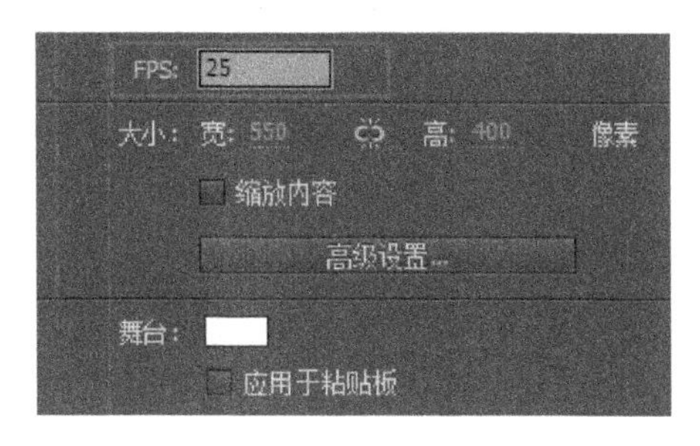

图 7-49　在输入框中输入数值

7.4　帧的编辑操作

在动画制作过程中帧的编辑是最常见的操作之一，用户经常需要执行选择帧、插入帧、选择帧、复制和粘贴帧、转换帧等编辑操作。

7.4.1 选择帧和帧列

用户如果需要选择单个帧，只需在时间轴面板中的帧上单击鼠标左键即可。如果需要选择同一图层的连续多帧可以用鼠标左键单击第一帧，然后按住“Shift”键并用鼠标左键单击最后一帧，或者按住鼠标左键后拖动选择多帧，如图 7-50 所示。

图 7-50　选择连续多帧

此外，也可选择不同图层中的帧列。按住鼠标左键从上向下拖动即可选择帧列，或用鼠标左键单击第一帧，然后按住“Shift”键并单击最后一帧，如图 7-51 所示。

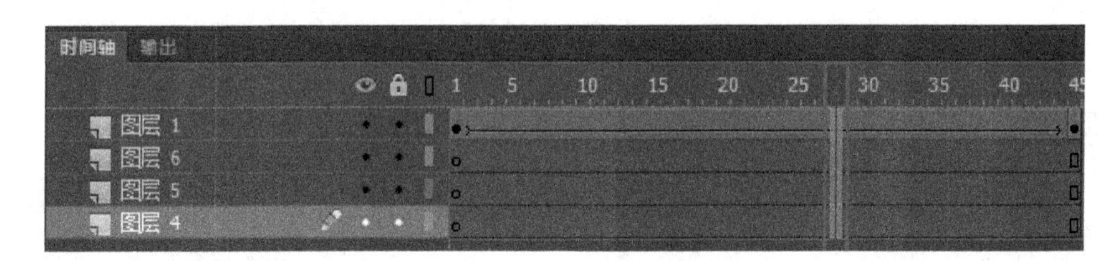

图 7-51　选 择 帧 列

7.4.2 插入帧

用户可以根据需要插入普通帧、空白关键帧、关键帧等不同类型的帧。选中需要插入帧的位置，执行“插入”>“时间轴”>“帧”命令，或者直接按 F5 键，即可在当前帧的位置插入一个帧，如图 7-52 所示。也可以在需要插入帧的位置单击鼠标右键，在弹出的菜单中执行“插入帧”命令，如图 7-53 所示。

此外，可以使用相同方法插入空白关键帧和关键帧，如图 7-54 所示。插入的关键帧中的内容会根据当前帧的情况而不同。如果当前帧是关键帧，则插入的新关键帧会复制当前关键帧中的内容，如果当前帧是空白关键帧或普通帧，则插入的关键帧是空白关键帧，如图 7-55 中第 1 帧是关键，则在第 10 帧插入关键帧，其内容和第 1 帧相同，如图 7-56 所示。

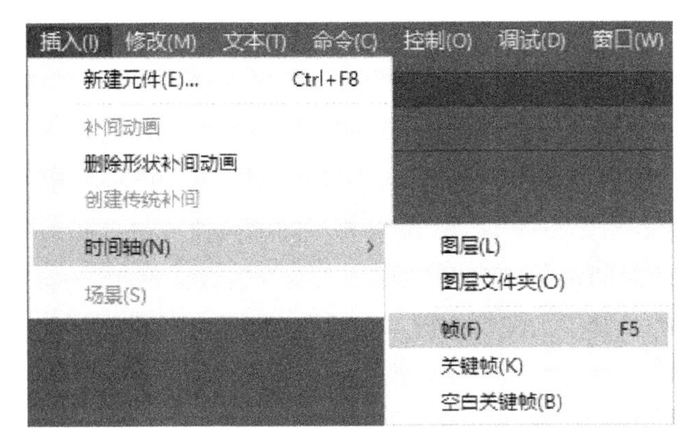

图 7-52　“插入”普通帧菜单命令

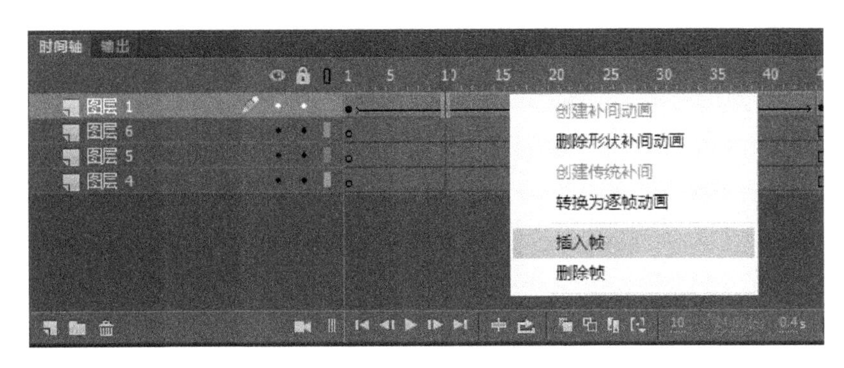

图 7-53　右键“插入帧”命令

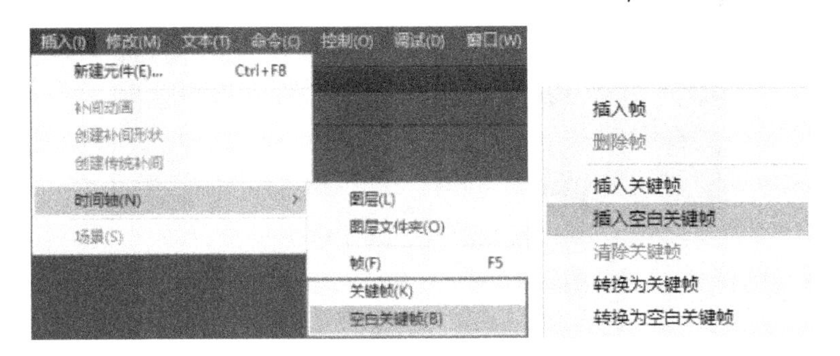

图 7-54　“插入”关键帧和空白关键帧命令

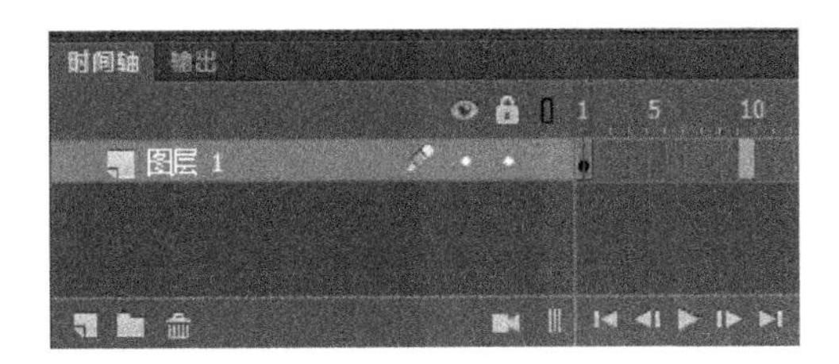

图 7-55　在第 10 帧插入关键帧

图 7-56　第 10 帧复制第 1 帧内容

7.4.3 删除和清除帧

删除帧是将帧及其中内容彻底删除，而清除帧则是保留帧但将帧中的内容清除。删除帧的方法很简单，但是对于不同的帧，需要有不同的操作方法。如果要删除帧，首先选中该帧，执行“编辑”>“时间轴”>“删除帧”命令，或者按快捷键 Shift+F5，即可删除帧(见图 7-57)，也可以在该帧位置单击鼠标右键，在弹出的菜单中执行“删除帧”命令，如图 7-58 所示。

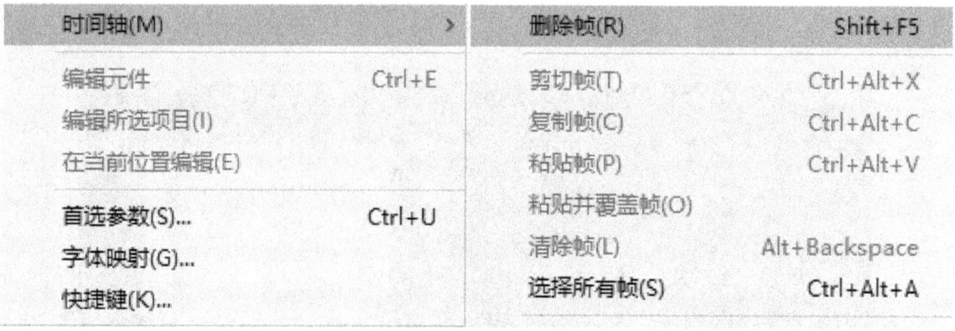

图 7-57 “编辑”菜单“删除帧”命令

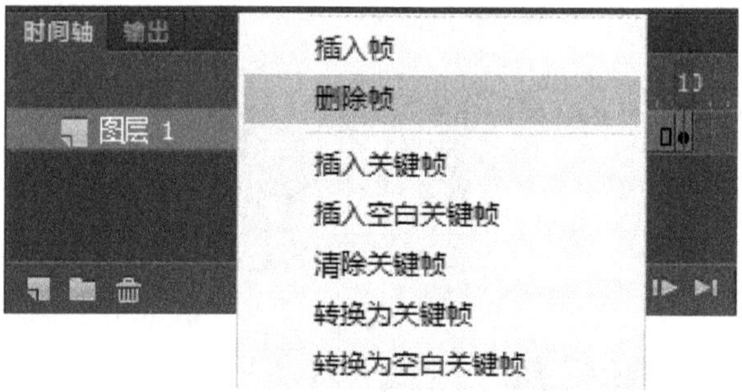

图 7-58 右键菜单“删除帧”命令

执行“清除帧”命令可以清除帧里面的内容，但帧的数量并不会发生变化。如果要清除帧，首先选中该帧，执行“编辑”>“时间轴”>“清除帧”命令，或者按快捷键 Alt+Backspace，即可清除帧(见图 7-59)，也可以在该帧位置右击，在弹出的菜单中选择执行“清除帧”命令，如图 7-60 所示。

7.4.4 复制、粘贴与移动帧

如果要复制帧或序列，选择帧或序列并选择“编辑”>“时间轴”>“复制帧”选项，或者

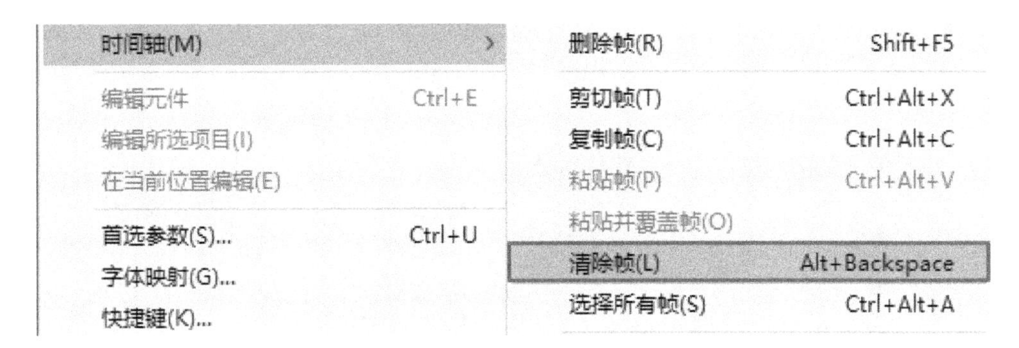

时间轴(M)
编辑元件 Ctrl+E
编辑所选项目(I)
在当前位置编辑(E)
首选参数(S)... Ctrl+U
字体映射(G)...
快捷键(K)...
删除帧(R) Shift+F5
剪切帧(T) Ctrl+Alt+X
复制帧(C) Ctrl+Alt+C
粘贴帧(P) Ctrl+Alt+V
粘贴并覆盖帧(O)
清除帧(L) Alt+Backspace
选择所有帧(S) Ctrl+Alt+A

图 7-59　清　除　帧

时间轴
输出
music
action
明
乡
故
是
月
上
下
星星
月亮
背景
清除帧
选择所有帧
复制动画
粘贴动画
选择性粘贴动画...
翻转帧
同步元件
拆分音频
动作

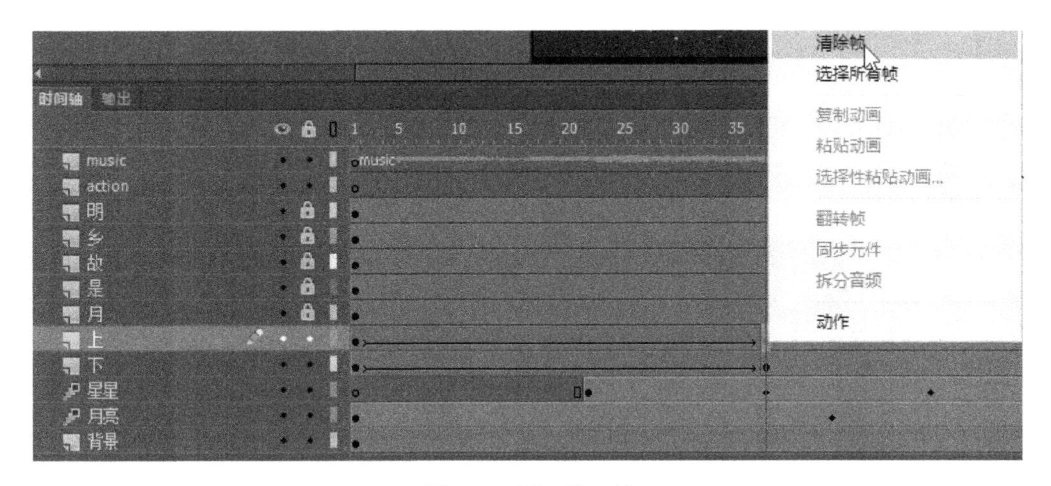

图 7-60　清　除　帧

按住 Alt 键的同时拖动鼠标左键，停留到需要复制帧的位置，释放鼠标，即可复制该帧，如图 7-61 所示。

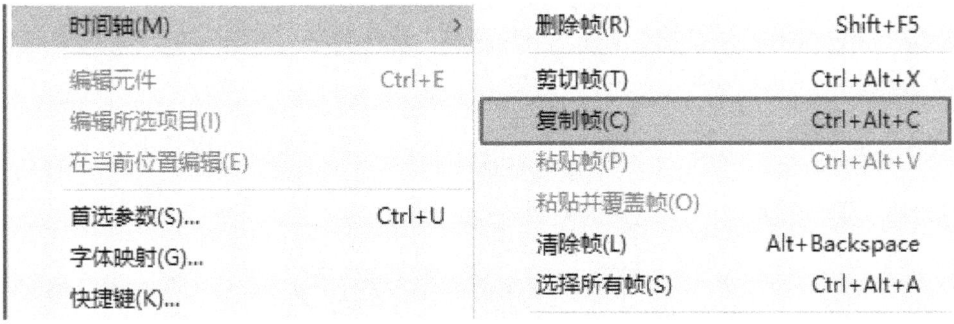

时间轴(M)
编辑元件 Ctrl+E
编辑所选项目(I)
在当前位置编辑(E)
首选参数(S)... Ctrl+U
字体映射(G)...
快捷键(K)...
删除帧(R) Shift+F5
剪切帧(T) Ctrl+Alt+X
复制帧(C) Ctrl+Alt+C
粘贴帧(P) Ctrl+Alt+V
粘贴并覆盖帧(O)
清除帧(L) Alt+Backspace
选择所有帧(S) Ctrl+Alt+A

图 7-61　复　制　帧

"复制帧"命令是将帧复制到剪贴板上，复制后可将帧粘贴到指定位置。在需粘贴帧的位置单击，执行"编辑>粘贴帧"或"编辑>粘贴帧并覆盖"命令，即可粘贴帧，如图 7-62 所示。

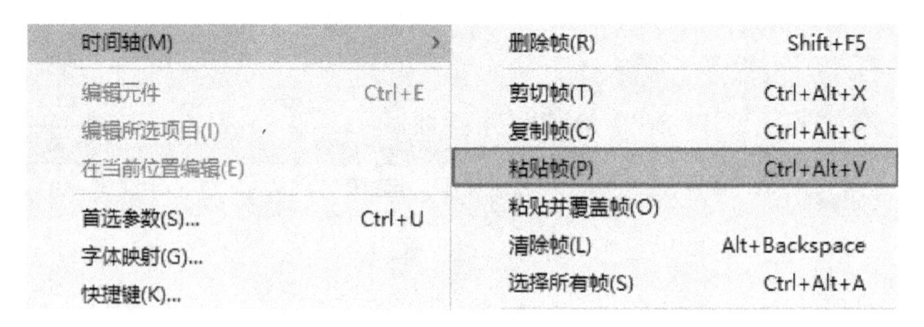

图 7-62 粘 贴

要移动单帧或多帧可以先选中需移动的帧，按住鼠标左键移动该帧到指定位置后松开鼠标，即可移动单帧，如图 7-63 所示。

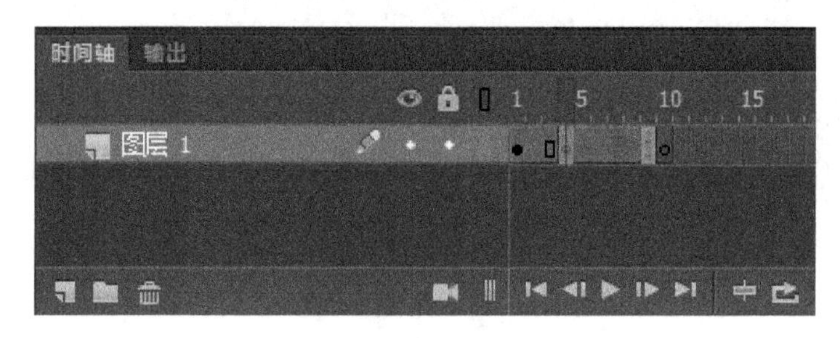

图 7-63 移 动 帧

7.4.5 将帧转换为关键帧

普通帧可以转换为空白关键帧或关键帧，如果要转换普通帧为空白关键帧或关键帧，可以先选中需转换的帧，然后右击并从下拉菜单中选择"转换为空白关键帧"选项或"转换为关键帧"选项，如图 7-64 所示。

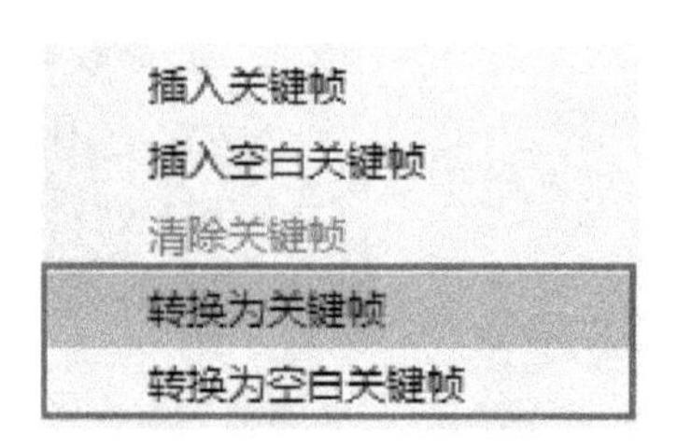

图 7-64 转换为关键帧

7.5　本章小结

本章主要为读者介绍了 Animate CC 中图层和时间轴的基本操作方法。通过本章的学习读者应该能够了解图层的创建、命名、排序、删除等操作，掌握创建普通帧及关键帧、转换帧的基本方法与技巧，为后面学习时间轴动画的创作打下基础。

第 8 章　应用元件、实例和库

在 Animate CC 动画设计与制作过程中，经常需要用到元件，以提高制作效率。元件通常保存在库中，将元件从库中拖入舞台中即成为实例，讲多动画效果需要使用实例来完成。

8.1　什么是元件与实例

8.1.1　什么是元件

元件是指在 Animate CC 创作环境中或使用（AS 3.0）和 MovieClip 类一次性创建可多次重复使用的图形、按钮或影片剪辑。在文档中使用元件可以显著减小文件的大小；保存一个元件的几个实例比保存该元件内容的多个副本占用的存储空间小。使用元件还可以加快 SWF 文件的播放速度，因为元件只需下载到 Flash © Player 中一次。

8.1.2　元件的类型

每个元件都有一个唯一的时间轴和舞台，以及几个图层。可以将帧、关键帧和图层添加至元件时间轴，就像将它们添加至主时间轴一样。在 Animate CC 中有三种类型的元件，分别是图形元件、按钮元件和影片剪辑元件，如图 8-1 所示。

(1)图形元件。图形元件可用于静态图像，并可用来创建连接到主时间轴的可重用动画片段。图形元件与主时间轴同步运行。交互式控件和声音在图形元件的动画序列中不起作用。由于没有时间轴，图形元件在 FLA 文件中的尺寸小于按钮或影片剪辑。

(2)按钮元件。使用按钮元件可以创建用于响应鼠标单击、滑过或其他动作的交互式按钮。可以定义与各种按钮状态关联的图形，然后将动作指定给按钮实例。

(3)影片剪辑元件。使用影片剪辑元件可以创建可重用的动画片段。影片剪辑元件拥有各自独立于主时间轴的多帧时间轴。用户可以将多帧时间轴看作是嵌套在主时间轴内，它们可以包含交互式控件、声音甚至其他影片剪辑实例。也可以将影片剪辑实例放在按钮元件的时间轴内，以创建动画按钮。

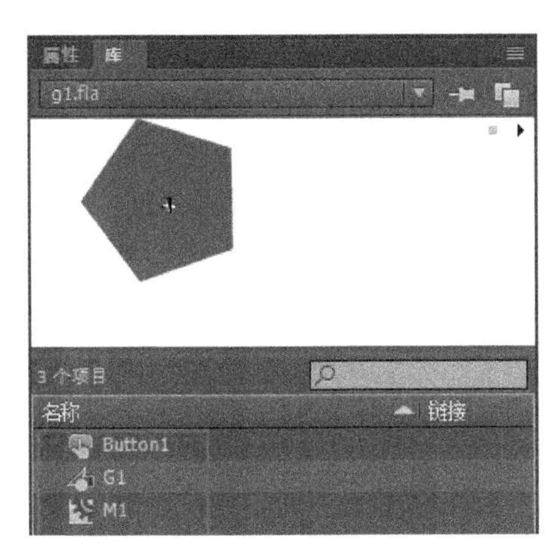

图 8-1　元件的类型

8.1.3　元件与实例的区别

实例是指位于舞台上或嵌套在另一个元件内的元件副本。实例可以与其父元件在颜色、大小和功能方面有差别。编辑元件会更新它的所有实例，但对元件的一个实例应用效果则只更新该实例。

8.2　创建元件

用户可以通过“插入”菜单创建元件，也可能将舞台中的元素转换为元件，接下来将介绍几种元件创建的方法。

8.2.1　创建图形元件

执行“插入”>“新建元件”命令，或执行“Ctrl+ F8”快捷键可以创建新元件，如图 8-2 所示。在弹出的对话框中选择“图形元件”选项类型，可以在窗口中设置图形元件的名称，如图 8-3 所示。单击“确定”按钮后进入到图形元件的编辑窗口，如图 8-4 所示。

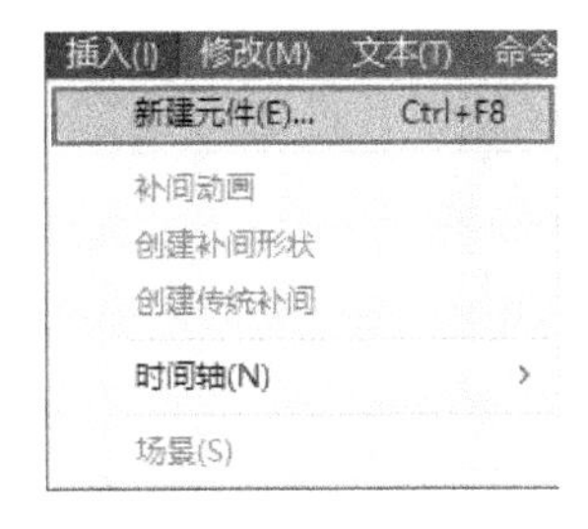

图 8-2　执行“新建元件”

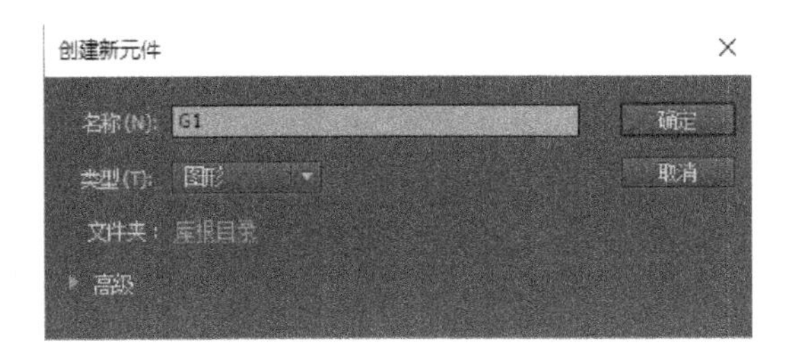

图 8-3　创建“图形元件”

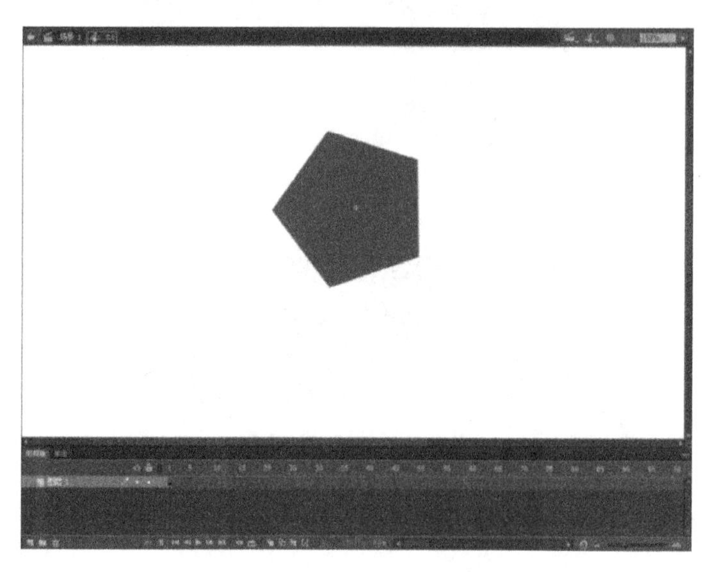

图 8-4 “图形元件”编辑窗口

用户可以在图形元件的窗口内添加元件的内容，如图 8-5 所示。图形元件可用于创建静态图像，它拥有与主时间轴同步运行的“时间轴”面板，如果要在图形元件中包含时间轴动画，则必须在主场景时间轴中为其提供相同帧数，否则图形元件将不能生成一个动画。例如在图形元件中创建一个逐帧动画或补间动画后把它应用在主场景中，在测试影片时会发现它并不能生成一个动画，而只是一个静态的图像，但在主时间轴上提供相同的帧数后，发布的图形元件动画将生效。

创建完成的图形元件将保存在库里，其图标为。

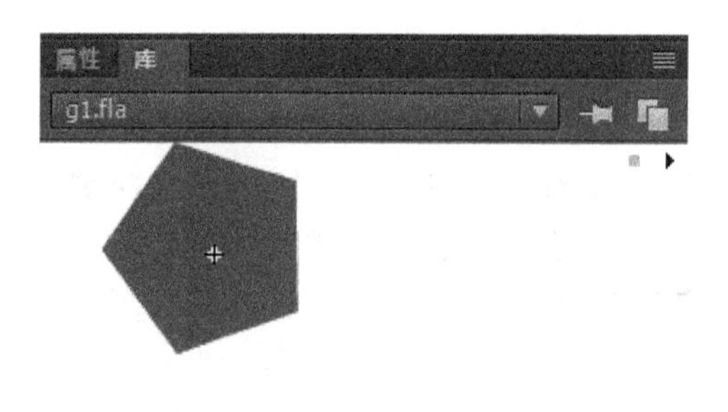

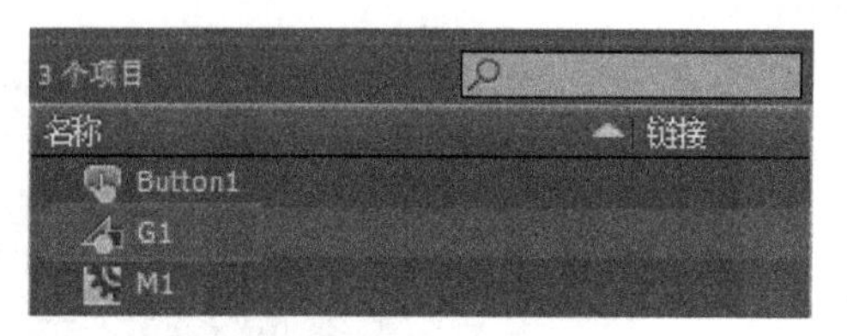

图 8-5 图 形 元 件

8. 2. 2　创建影片剪辑元件

使用影片剪辑元件可以与动画更有效的结合，影片剪辑可以包含非常丰富的内容，是 Animate CC 中非常重要的元素。从本质来说，影片剪辑就是独立的影片，其时间轴独立于主时间轴，可以嵌套在主影片中，影片剪辑还支持 ActionScript 脚本语言控制动画，如图 8-6 所示。

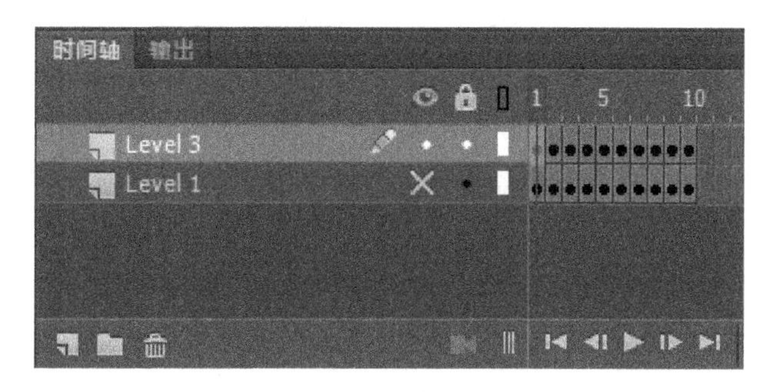

图 8-6　影片剪辑元件

执行“插入”>“新建元件”命令，或执行“Ctrl+ F8”快捷键，在弹出的对话框中选择“影片剪辑元件”选项类型，可以在窗口中设置影片剪辑元件的名称，如图 8-7 所示。

图 8-7　创建“影片剪辑元件”

影片剪辑可以嵌入到其他元件中，也可以单独地放在场景中使用。例如，可以将影片剪辑元件作为按钮元件的一个状态，创造出有动画效果的按钮。影片剪辑元件与图形元件最大的不同在于：图形元件的动画必须在主时间轴上使用与图形元件中相同的帧数，而影片剪辑只需要在主时间轴上拥有一个关键帧就能够运行。

8. 2. 3　创建按钮元件

按钮元件在 Animate 动画中属于交互式控件，通过按钮可以响应单击、滑动、双击等鼠标事件，从而提高动画的交互性。

执行“插入”>“新建元件”命令，或执行“Ctrl+ F8”快捷键，在弹出的对话框中选择“按钮元件”选项类型，可以在窗口中设置按钮元件的名称，如图 8-8 所示，单击“确定”按钮后进入按钮元件编辑窗口，如图 8-9 所示。

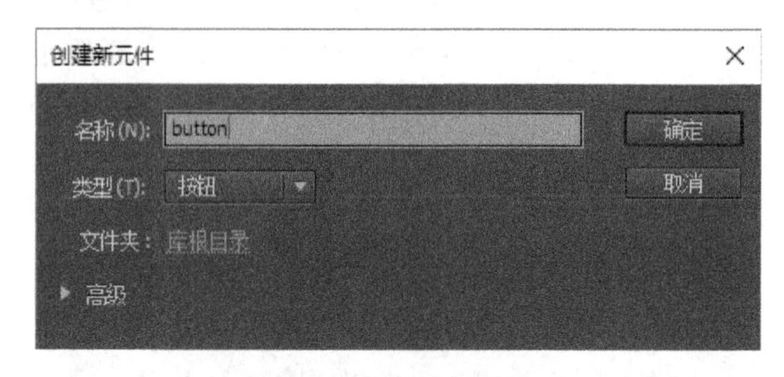

图 8-8　创建“按钮元件”

图 8-9　按 钮 元 件

按钮元件拥有自己的时间轴，在其中有四个按钮状态，分别是“弹起”“指针经过”“按下”“单击”。其作用如下：

“弹起”：鼠标指针没有经过按钮时按钮呈现的状态。

“指针经过”：鼠标指针经过按钮时按钮呈现的状态。

“按下”：鼠标左键按下时按钮呈现的状态。

“单击”：控制鼠标指针单击按钮的有效范围。如图 8-10 至图 8-13 所示为某播放按钮的四种状态。

图 8-10　“弹起”状态

图 8-11　“指针经过”状态

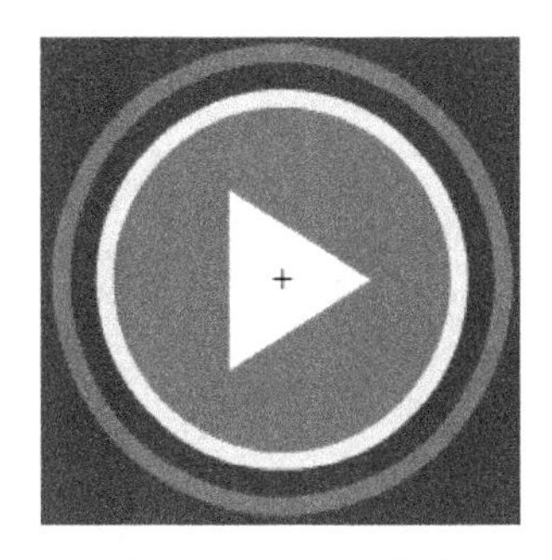

图 8-12　“按下”状态

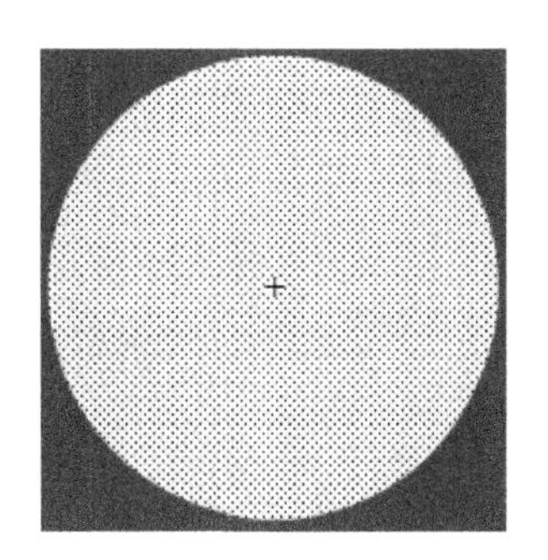

图 8-13　“单击”状态

8.2.4　将舞台中的元素转换为元件

除了从“插入”菜单中创建新元件之外，也可以将舞台中的元素转换为元件。在 Animate CC 中，形状、位图、文本等静态元素均可以转换为图形、按钮、影片剪辑类元件。除了图形元件之外，从形状、位图、文本等静态元素转换得到的按钮元件和影片剪辑元件需要添加其他的状态或动画。

1. 转换为图形元件

选择“多角星工具”选项并设置笔触、填充色、边数等属性参数，在舞台中创建多边形形状。然后使用工具箱中的“选择”工具选中该图形并单击右键从下拉菜单中执行“转换为元件”命令，如图 8-14 所示。从弹出的对话框中元件类型中选择“图形元件”选项，如图 8-15 所示。

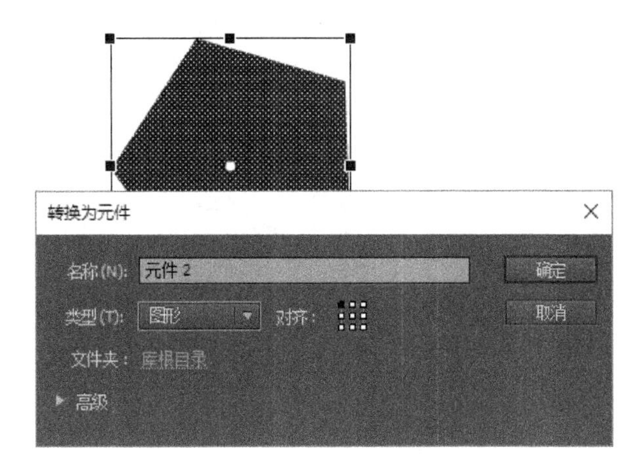

图 8-14　“转换为元件”命令

转换后图形即生成图形元件，在舞台上的图形自动成为当前元件的一个实例，具有图形元件实例的属性，如图 8-16 所示。

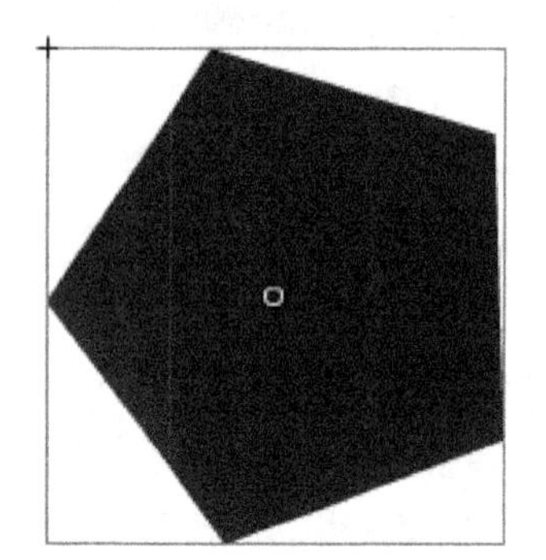

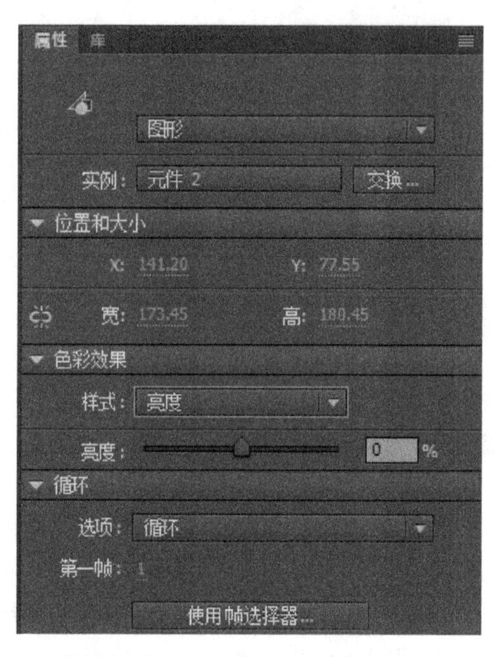

图 8-15　转换为图形元件

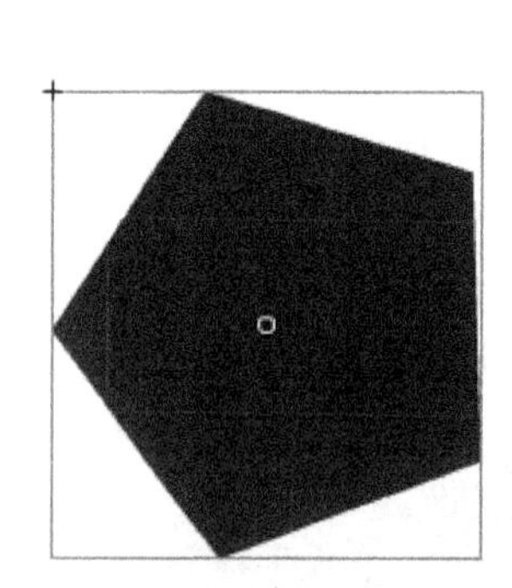

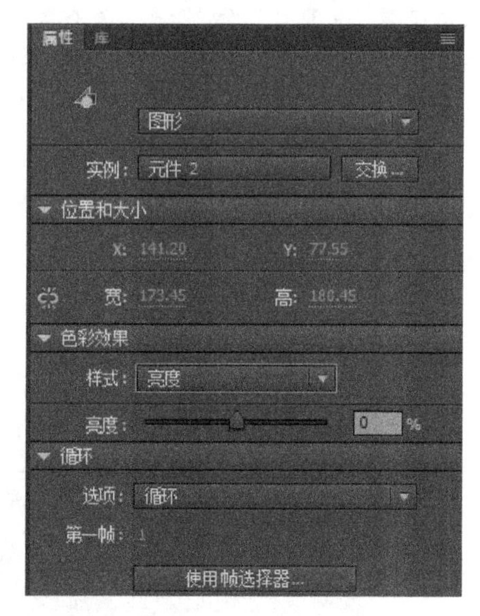

图 8-16　图形元件及属性

2. 转换为按钮元件

按钮元件有“弹起”“指针经过”“按下”和“单击”四个状态，但是将形状、位图、文本等静态元素转换为按钮元件后，静态元素只出现在按钮元件的“弹起”状态中。

从 Animate CC 中选择绘图工具，设置属性后在舞台中绘制图形，如图 8-17 所示。从工具箱中使用“选择”工具选中图形并单击右键，从下拉菜单中选择“转换为元件”选项命令，将静态图形转换为元件，如图 8-18 所示。

图 8-17　静 态 图 形

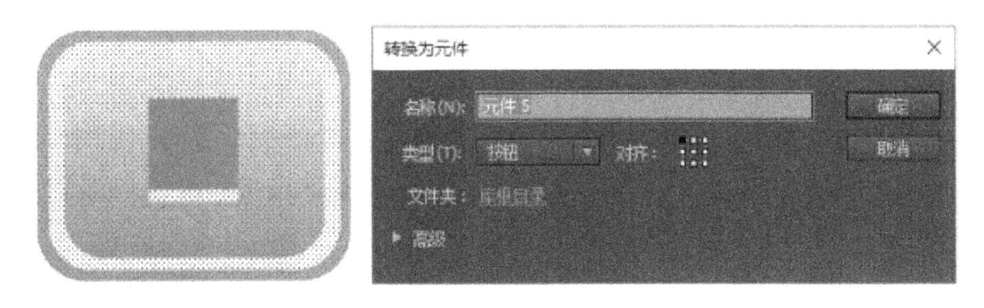

图 8-18　转换为按钮元件

静态图形转换为按钮元件后只出现在“弹起”状态中，如图 8-19 所示，用户可以根据需要对“指针经过”“按下”和“单击”进行编辑，添加内容，完成按钮元件的制作。

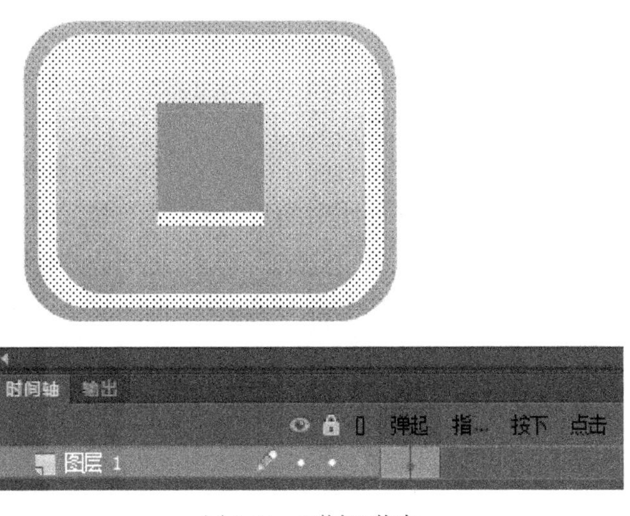

图 8-19　“弹起”状态

使用同样的方法可以将静态元素转换为影片剪辑元件。形状、位图、文本等静态元素转换为影片剪辑元件后只出现在元件的第一帧。

8.3 编辑元件

元件创建完成后，可以根据需要编辑元件。在 Animate CC 中，用户可以采用三种方法编辑元件，分别是在当前位置编辑元件、在新窗口中编辑元件和在元件模式下编辑元件，下面分别介绍这三种方法。

8.3.1 在当前位置编辑元件

使用“在当前位置编辑”命令在舞台上与其他对象一起进行编辑。其他对象以灰显方式出现，从而将它们和正在编辑的元件区别开来。正在编辑的元件的名称显示在舞台顶部的编辑栏内，位于当前场景名称的右侧。

在场景中选择一个实例，执行“编辑”>“在当前位置编辑元件”命令，即可在当前位置编辑指定元件，如图 8-20 所示。图中舞台底部的图片导航为选中的实例，执行“在当前位置编辑元件”后，舞台中大图以灰色显示。

图 8-20 在当前位置编辑元件

8.3.2 在新窗口中编辑元件

使用“在新窗口中编辑”时，Animate 会为元件新建一个编辑窗口，元件名称会显示在

“编辑栏”中，如图 8-21 所示。

图 8-21　在新窗口中编辑

选择需要编辑的元件实例，单击鼠标右键，在弹出的菜单中选择“在新窗口中编辑”选项，如图 8-22 所示，即可在新窗口中编辑元件，完成元件的编辑后，单击该窗口选项卡的关闭按钮，即可退出“在新窗口中编辑元件”状态。

图 8-22　右键弹出菜单

8.3.3　在元件模式下编辑元件

在元件模式下编辑和新建元件时的编辑模式是一样的，用户可以在场景中选中需要编辑的元件实例，执行“编辑>编辑元件”命令，如图 8-23 所示。也可以双击“库”面板中需要编辑的元件，即可在元件的编辑窗口下进行编辑，如图 8-24 所示，元件编辑完成后可以单击场景名称退回到到场景中。

图 8-23　编辑元件命令

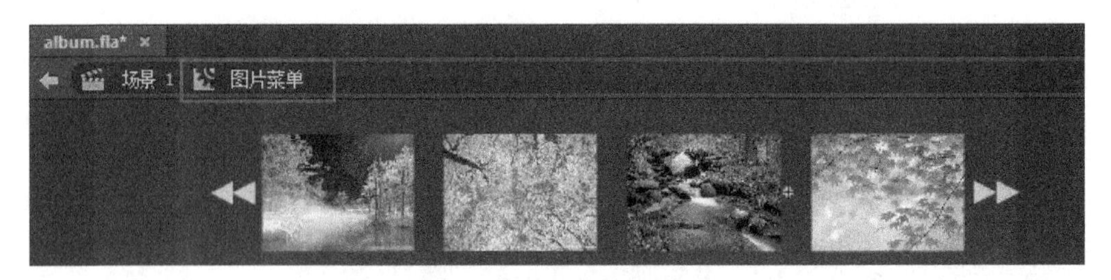

图 8-24　编辑元件窗口

8.4　创建与编辑实例

实例是元件在舞台中的副本，创建元件之后，用户可以在文档中任何地方(包括在其他元件内)创建该元件的实例。元件是实例中父级对象，当修改元件时，Animate CC 会更新元件的所有实例，但是修改实例不会更新元件。本小节讲解元件实例的创建与编辑。

8.4.1　创建元件实例

创建元件实例首先要在时间轴上选择一个图层。Animate 只能将实例放在关键帧中，并且总在当前图层上。如果没有选择关键帧，Animate 会将实例添加到当前帧左侧的第一个关键帧上。选择“窗口”选项>“库”打开“库”面板，从“库”中选择需要创建实例的元件，如图 8-25 所示。从“库”将元件拖入到舞台中，即创建了该元件的实例，如图 8-26 所示。

图 8-25　从“库”中选择元件

图 8-26　元 件 的 实 例

8.4.2　改变实例属性

在 Animate CC 中一个元件可以同时创建多个实例，也即元件可以通过实例反复使用，从而提高动画制作的效率。用户可以根据需要调整实例的属性，从而使实例具有不同的效果。不同类型的元件实例属性具有一个的差别，如图 8-27、图 8-28、图 8-29 所示分别为图形元件实例、按钮元件实例和影片剪辑元件实例的属性面板。用户可以通过属性面板修改元件实例的名称、位置与大小、色彩效果、显示模式、字距、循环、3D 定位与视图、滤镜以及交换元件等属性参数。

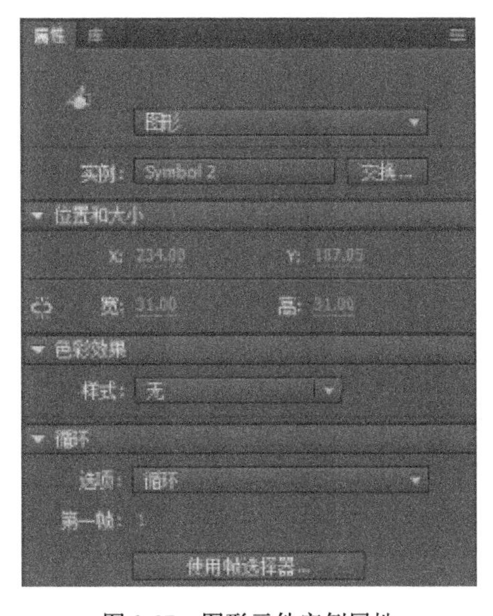

图 8-27　图形元件实例属性

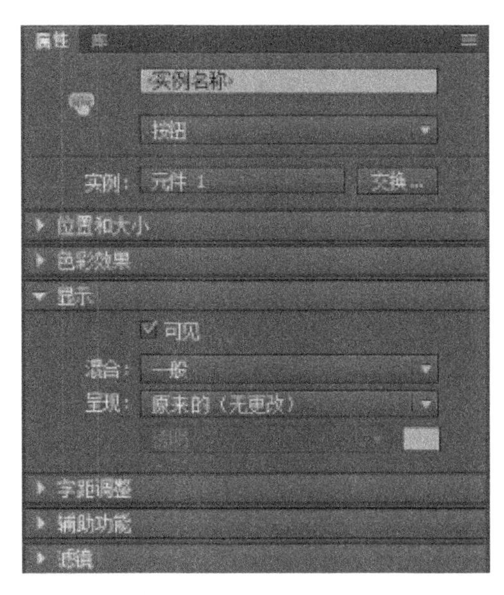

图 8-28　按钮元件实例属性

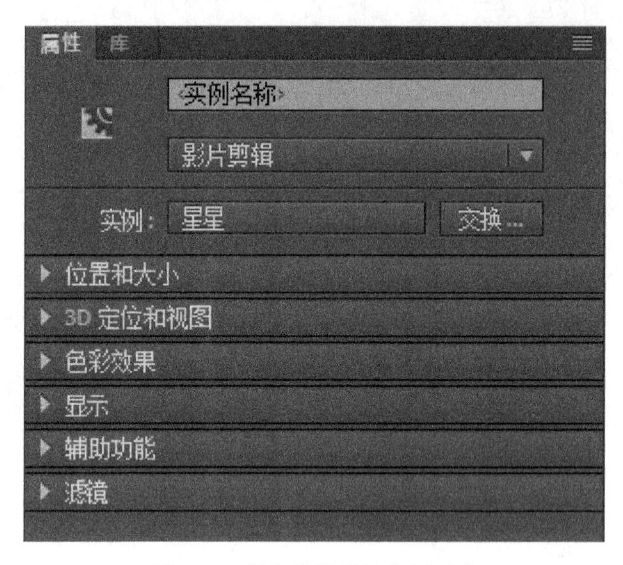

图 8-29　影片剪辑元件实例属性

1. 图形元件实例属性

在图形元件实例属性面板中显示元件的类型、实例所属的元件名称，用户可以通过交换元件功能将舞台中当前选中的元件实例替换为其他元件的实例。此外，还可以修改实例的位置与大小、色彩效果、循环方式等。

(1)交换元件。将舞台中当前选中的元件实例替换为其他元件的实例。单击“交换元件”按钮，如图 8-30 所示，在弹出的对话框中选择需要交换的目标元件，如图 8-31 所示，单击“确定”按钮后，舞台上的元件实例即被替换。

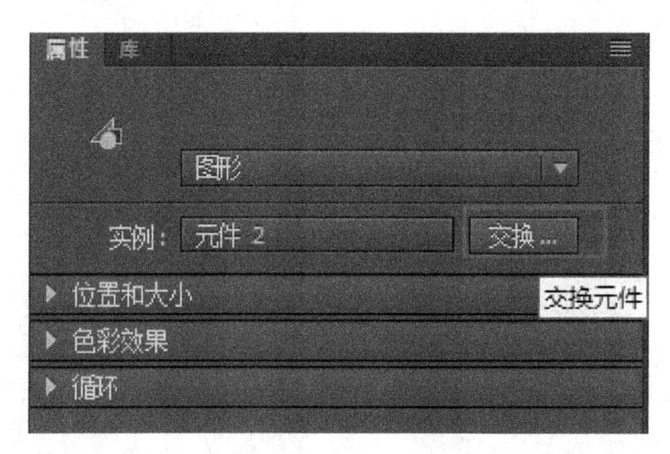

图 8-30　“交换元件”按钮

(2)位置与大小。当前元件实例在舞台中的 X、Y 坐标位置及实例的宽与高，如图 8-32 所示。用户可以拖动改变或直接在相应的数字框入输入数值实例位置及大小。

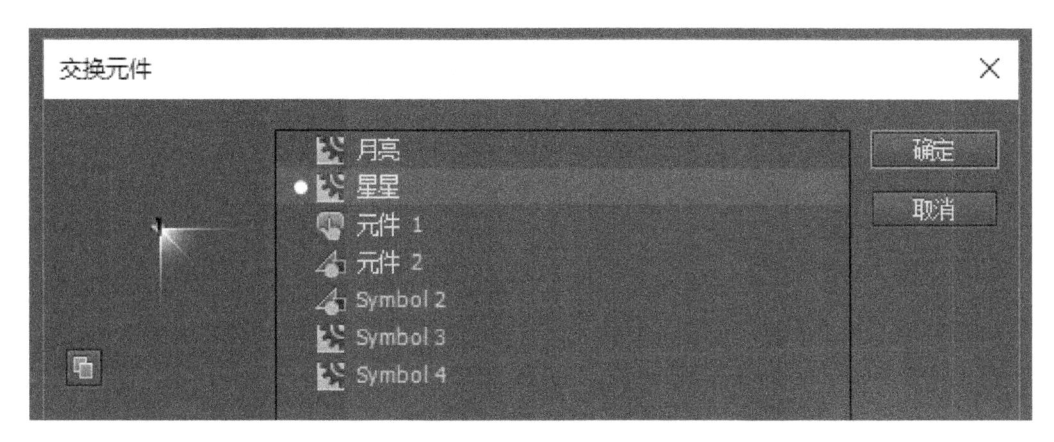

图 8-31　“交换元件”面板

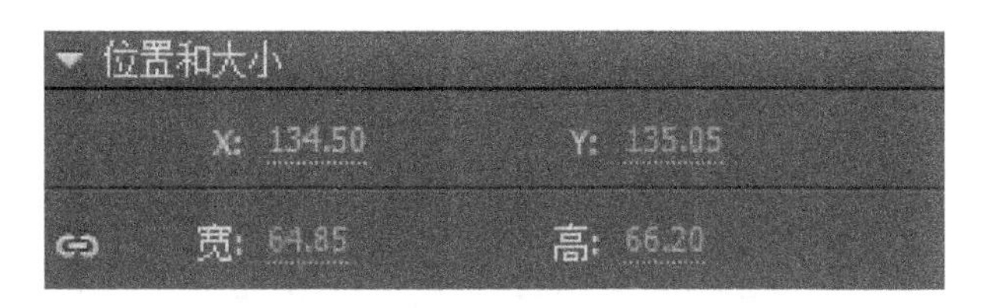

图 8-32　元件的位置与大小

(3)色彩效果。色彩效果也称为颜色样式，可以调整实例的色调、亮度、Alpha 透明度等属性，如图 8-33 所示。

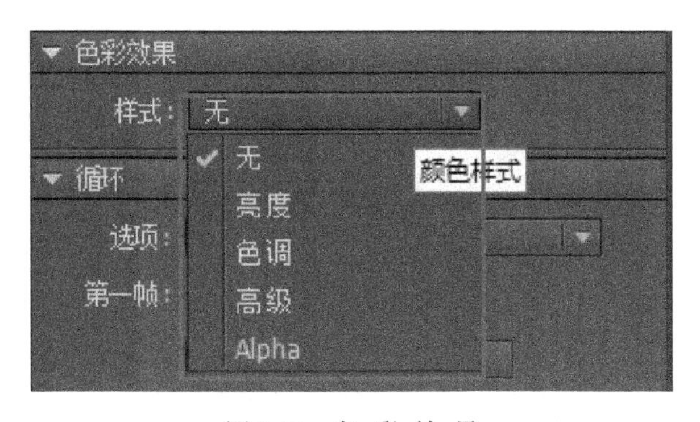

图 8-33　色 彩 效 果

①无。即不调整实例的色彩效果。

②亮度。可以调整实例的亮度，亮度值范围从-100 至 100，如图 8-34 所示。亮度值为 0 时保持原亮度不变，亮度值为-100 时实例亮度最低(黑色)，亮度值为 100 时实例亮度最高(白色)。

图 8-34　亮　　度

③色调。色调选项可以调整实例的色相及饱和度，如图 8-35 所示。如果想调整色相，可以单击色调右侧的色块，从弹出的色板对话框中选择所需颜色，如图 8-36 所示，或者从面板中调整红、绿、蓝的滑块数值，红、绿、蓝的取值范围从 0～255。如果要调整色块的饱和度可以拖动色调滑块，其取值范围从 0%～100%，0%表示饱和度最低，100%表示饱和度最高。

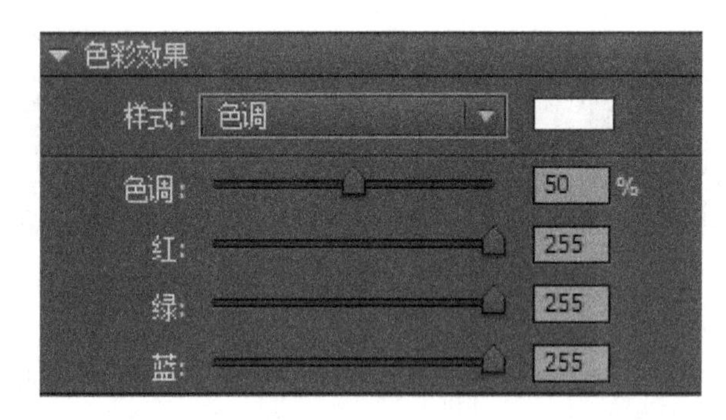

图 8-35　色　　调

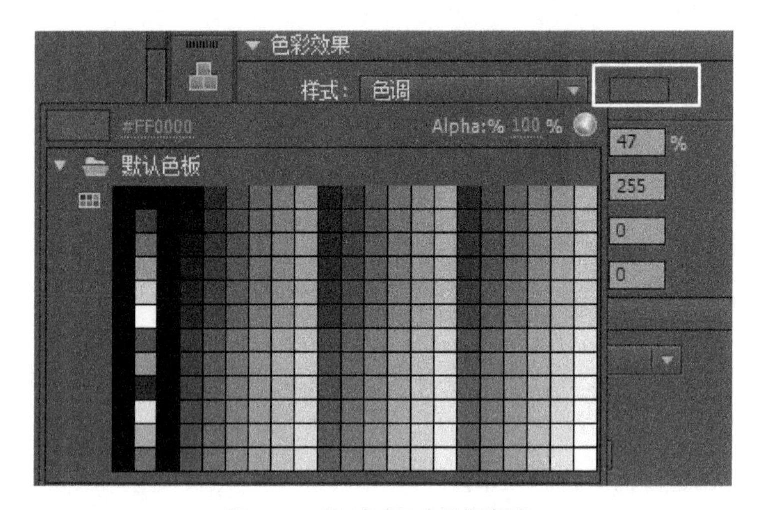

图 8-36　从“色板”中选择颜色

④高级。在高级选项中可以调整实例红色、绿色、蓝色和 Alpha 值，如图 8-37 所示。对于在位图这样的对象上创建和制作具有微妙色彩效果的动画，此选项非常有用。面板中左

侧的控件可以按指定的百分比降低颜色或透明度的值。右侧的控件可以按常数值降低或增大颜色或透明度的值。当前的红、绿、蓝和 Alpha 的值都乘以百分比值，然后加上右列中的常数值，产生新的颜色值。例如，如果当前的红色值是 100，若将左侧的滑块设置为 50% 并将右侧滑块设置为 100%，则会产生一个新的红色值 150（[100 x .5] + 100 = 150）。

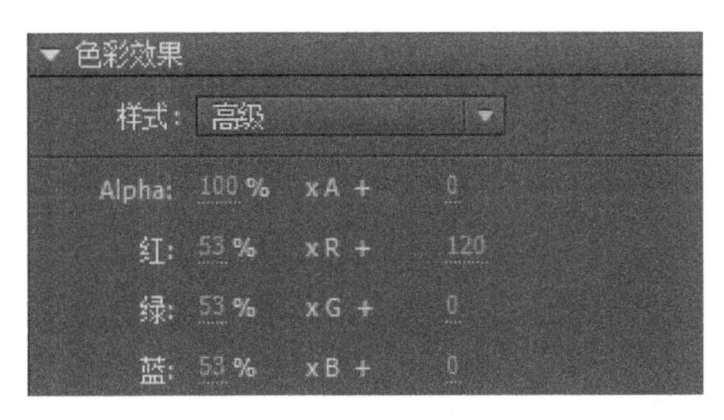

图 8-37　高 级 选 项

Alpha：调节实例的透明度，如图 8-38 所示。调节范围是从透明（0%）到完全饱和（100%）。若要调整 Alpha 值，请单击此三角形并拖动滑块，或者在框中输入一个值。

图 8-38　调整 Alpha 值

循环：用于确定图形实例内的动画序列在 Animate 应用程序中的播放方式，包括循环播放、播放一次、单帧播放等模式，如图 8-39 所示。“循环模式”按照当前实例占用的帧数来循环包含在该实例内的所有动画序列。“播放一次”从指定帧开始播放动画序列直到动画结束，然后停止。“单帧播放”显示动画序列的一帧。

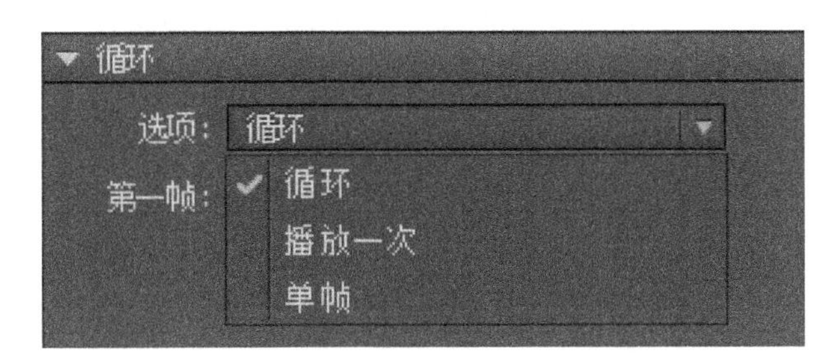

图 8-39　循　　环

此外，用户可以从帧选择器中指定要显示的帧，如图 8-40 所示。

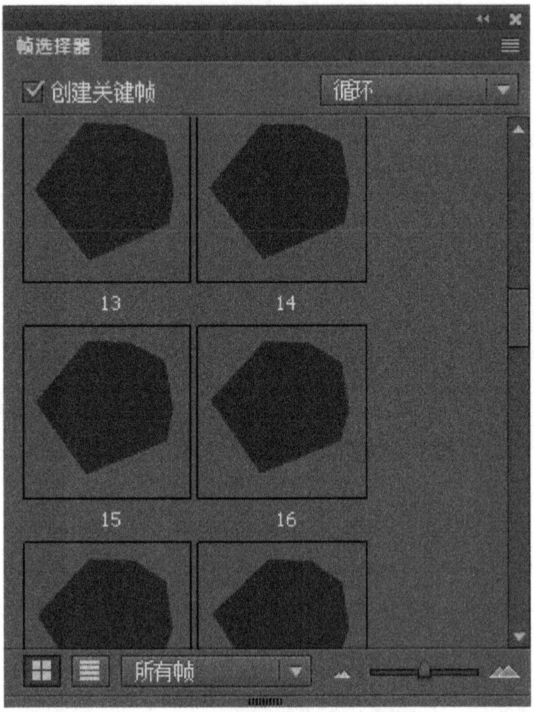

图 8-40　帧 选 择 器

2. 按钮元件实例属性

在按钮元件实例属性面板中会显示元件的类型，用户可以修改元件实例名称、位置与大小、色彩效果、显示方式、字距、滤镜效果，此外也可以交换元件实例，如图 8-41 所示。

图 8-41　按钮元件实例属性

按钮元件实例属性中的部分选项与图形元件实例相同，接下来将对两者不相同的部分作介绍。

(1)实例名称。用户可以在实例名称对话框中设置元件的实例名称，实例名称通常可用于 ActionScript 交互脚本的调用。

(2)显示。显示选项用于设置元件实例的可见性及混合模式，如图 8-42 所示。可见性用于控制实例在舞台中的显示或隐藏，可见选项打表示在舞台中显示实例，可见选项为表示在舞台中不显示实例。

图 8-42　显 示 模 式

显示面板中的“混合”选项用于设置元件实例与下一层对象的混合模式，包括一般、图层、变暗、变亮等模式，如图 8-43 所示。混合是改变两个或两个以上重叠对象的透明度或者颜色相互关系的过程。使用混合，可以混合重叠影片剪辑中的颜色，从而创造独特的效果。

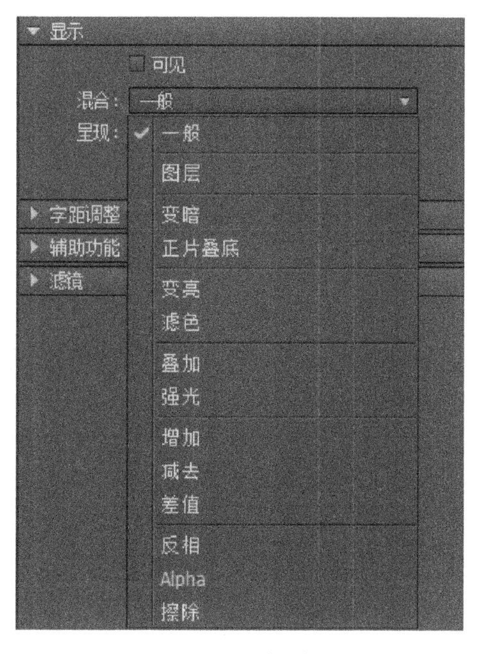

图 8-43　混 合 模 式

①一般：正常应用颜色，不与基准颜色发生交互。

②图层：可以层叠各个影片剪辑，而不影响其颜色。

③变暗：只替换比混合颜色亮的区域。比混合颜色暗的区域将保持不变。

④正片叠底：将基准颜色与混合颜色复合，从而产生较暗的颜色。

⑤变亮：只替换比混合颜色暗的像素。比混合颜色亮的区域将保持不变。

⑥滤色：将混合颜色的反色与基准颜色复合，从而产生漂白效果。

⑦叠加：复合或过滤颜色，具体操作需取决于基准颜色。

⑧强光：复合或过滤颜色，具体操作需取决于混合模式颜色。该效果类似于用点光源照射对象。

⑨增加：通常用于在两个图像之间创建动画的变亮分解效果。

⑩减去：通常用于在两个图像之间创建动画的变暗分解效果。

⑪差值：从基色减去混合色或从混合色减去基色，具体取决于哪一种的亮度值较大。该效果类似于彩色底片。

⑫反相：反转基准颜色。

⑬Alpha：应用 Alpha 遮罩层。

⑭擦除：删除所有基准颜色像素，包括背景图像中的基准颜色像素。“擦除”和“Alpha”混合模式要求将“图层”混合模式应用于父级影片剪辑。不能将背景剪辑更改为“擦除”并应用它，因为该对象将是不可见的。

混合模式的效果如图 8-44 所示。图中为位图与底色块的混合，其中 a 采用“一般”混合式也即是原始位图效果，其余各图像混合方式为：b-正片叠底；c-叠加；d-强光；e-增加；f-减去；g-差值；h-反相；i-Alpha。

图 8-44　混合模式效果

(3)字距调整。字距调整中有两处选项功能，分别是音轨作为按钮和音轨作为菜单项(见图 8-45)。

图 8-45　字 距 调 整

(4)辅助功能。设计人员和开发人员可以在按钮的辅助功能面板中输入指定描述信息，如图 8-46 所示。主要包括名称、描述信息、快捷键、Tab 键索引，这样屏幕阅读器可以对这些按钮实例进行解释。

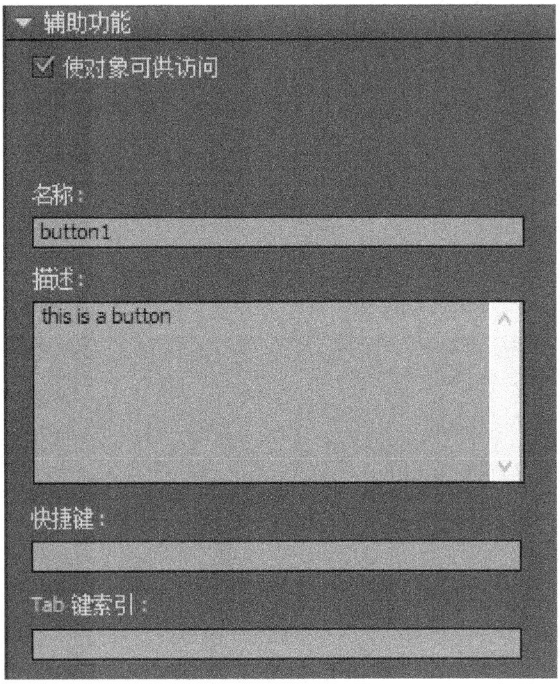

图 8-46　辅 助 功 能

(5)滤镜。通过滤镜选项可以为按钮元件实例添加、启用、删除、禁用滤镜效果，如图 8-47 所示。滤镜效果包括投影、模糊、发光、斜角、渐变发光、渐变斜角、调整颜色等选项。

3. 影片剪辑元件实例属性

在影片剪辑元件实例属性面板中用户可以定义元件实例名称，修改元件的类型、位置与大小、3D 定位和视图、色彩效果、显示、辅助功能、滤镜效果，此外也可以交换元件实例，如图 8-48 所示。

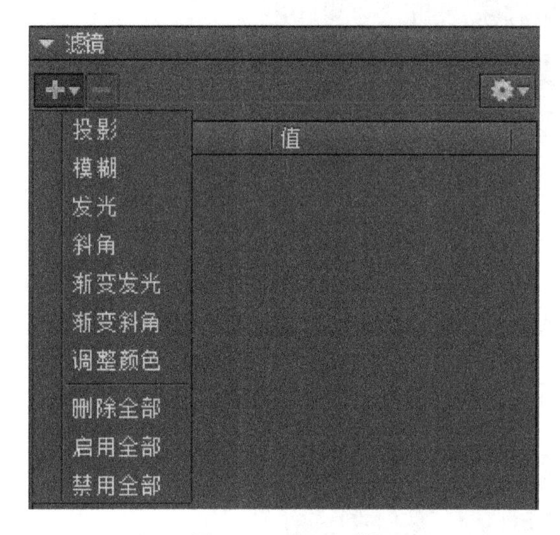

图 8-47 滤 镜

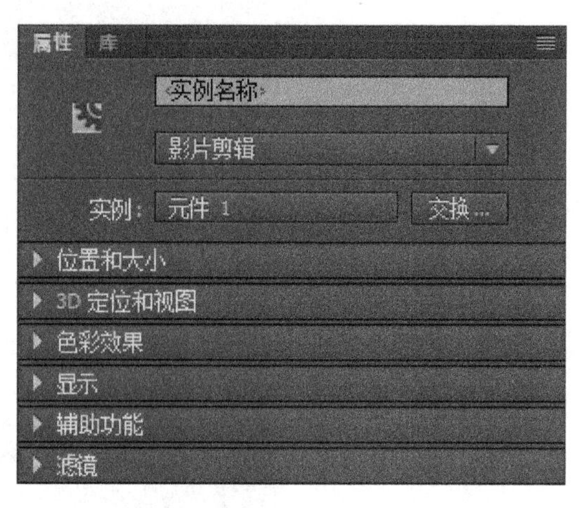

图 8-48 影片剪辑元件实例属性

3D 定位与视图。在该选项面板中可以调整 3D 图形类元件实例的 X/Y/Z 坐标、透视角度和消失点，如图 8-49 所示。

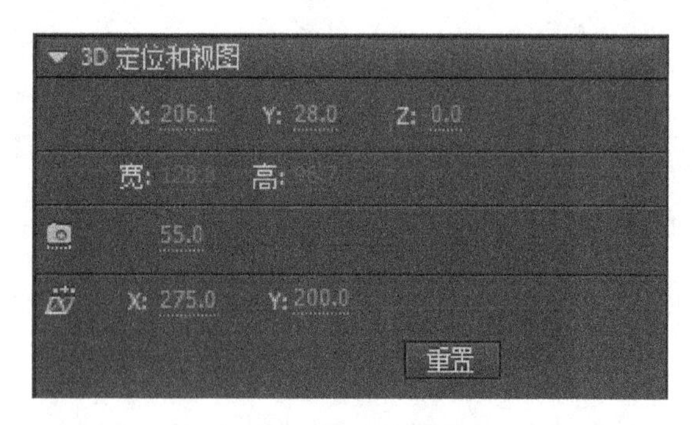

图 8-49 3D 定位与视图

8.4.3 分离元件实例

元件实例是由元件派生出来的，当元件的属性发生变化，实例的属性也会相应产生变化。如果想让元件实例的属性不随元件变化，可以将实例中元件分离出来，分离后的实例将成为形状、位图等元素。

可以从“修改”菜单中选择“分离”选项，将实例从元件中分离，如图 8-50 所示。也可以右键单击元件实例，并从下拉菜单中选择“分离”选项，如图 8-51 所示。

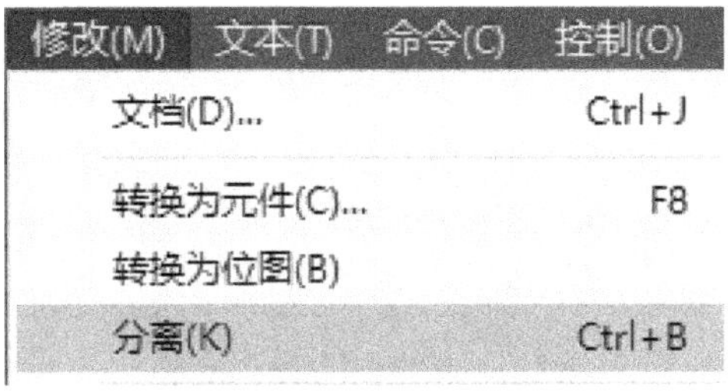

图 8-50　“分离”选项(1)

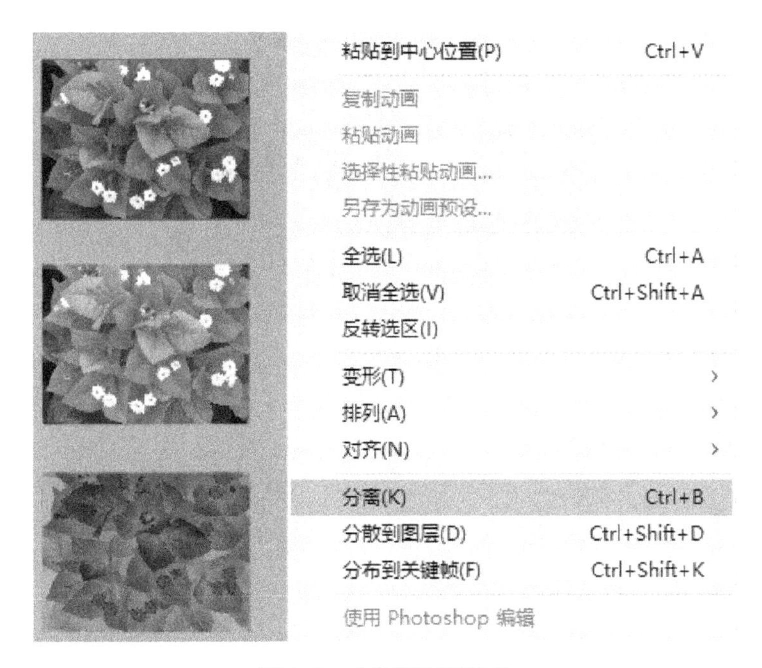

图 8-51　“分离”选项(2)

8.5　库的管理

Animate 文档中的库用于保存 Animate 创作环境中创建或在文档中导入的媒体资源。在 Animate 中可以直接创建矢量插图或文本，导入矢量插图、位图、视频和声音或创建元件保存在库面板中。

8.5.1 库面板的组成

可以从“窗口”菜单中选择“库”选项命令打开库面板，也可以通过“Ctrl+L”快捷键打开“库”面板。打开后的“库”面板如图 8-52 所示。库面板由文档列表、库菜单、项目预览区、固定当前库、新建当前库、统计与搜索和项目列表构成，下面分别介绍。

图 8-52 “库”面板

1. 文档列表

在文档列表中显示要当前 Animate 中已打开的 Animate 文档名称，如图 8-53 所示，在文档名称前打 的是当前正在编辑的文档，用户可以在库面板中选择不同的文档查看其元件及其他元素。

图 8-53 文档列表

2. 项目预览区

在项目预览区可以预览库中当前已选择的元素的视觉效果，如图 8-54 所示。如果是影片剪辑元件或视频对象，可以在预览区播放动画及视频。

图 8-54　项 目 预 览 区

3. 固定当前库

固定当前库按钮用于实现切换文档时“库”面板不会随文档改变而改变，而是固定显示指定文档。例如，当舞台中的文档由混合模式 . fla 切换到 cow. fla 时，“库”面板中的显示不变，如图 8-55 所示。

图 8-55　固 定 当 前 库

4. 新建当前库

单击“新建库面板”按钮，可同时打开多个“库”面板，每个面板可显示不同文档的库，如图 8-56 所示。一般在资源列表很长或元件在多文档中调用时使用。

图 8-56　新建库面板

5. 统计与搜索

统计与搜索区域左侧是一个项目计数器，用于显示当前库中所包含的所有项目数，用户可在右侧文本框中输入项目关键字进行快速锁定目标项目，此时左侧会显示当前搜索结果的数目，如图 8-57 所示。

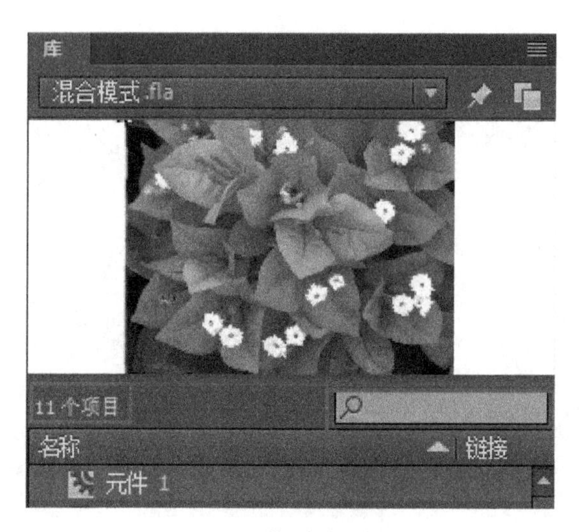

图 8-57　统计与搜索

6. 项目列表

项目列表中列举的是当前文档库中所有的项目，如图 8-58 所示。在项目列表的上面可以单击按项目名称进行降序和升序排列。

图 8-58　项 目 列 表

7. 库菜单

单击库面板右上角按钮可以打开库菜单，如图 8-59 所示。在库菜单中有“新建元件”“新建文件夹”“新建字型”“新建视频”等命令。

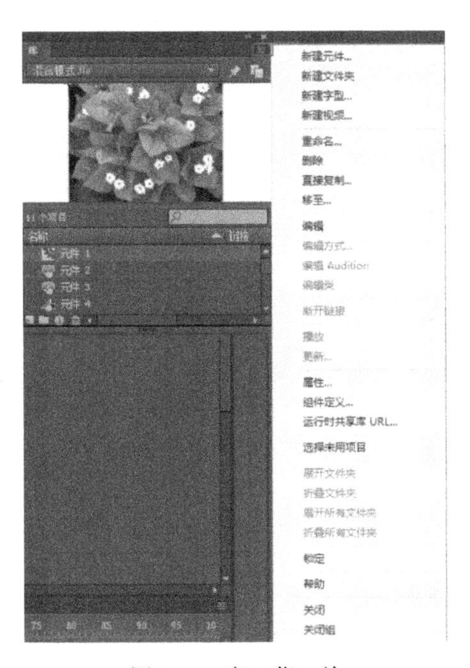

图 8-59　库　菜　单

8.5.2 库文件夹

“库”面板中提供了库文件夹，用户可以在“库”面板中使用文件夹来组织项目，当创建一个新元件时，它会存储在选定的文件夹中。如果没有选定文件夹，该元件就会存储在库的根目录下。Animate 还会以一种有组织的方式导入动画 GIF 文件，即将其放在库的根文件夹下一个单独的文件夹中，并根据其顺序命名所有相关联的位图。

1. 新建文件夹

单击库面板中的“新建文件夹”按钮可以创建新的库文件夹，如图 8-60 所示，也可以单击库面板右上角的库菜单，从菜单中选择“新建文件夹”选项，如图 8-61 所示。

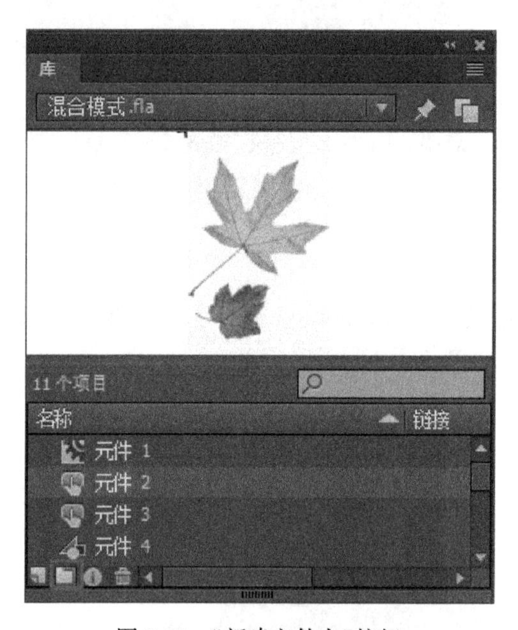

图 8-60 “新建文件夹”按钮

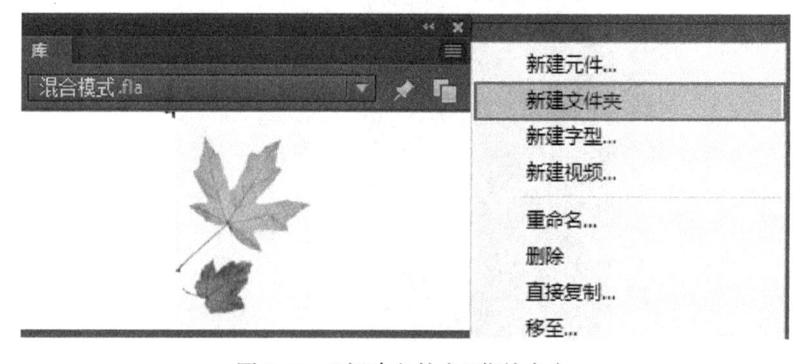

图 8-61 “新建文件夹”菜单命令

新建的文件夹出现在库面板的项目列表中，初始名称为“未命名文件夹”，用户可以根据需要修改文件夹的名称，如图 8-62 所示。

图 8-62　新建的文件夹

2. 删除文件夹

选中需要删除的文件夹，在库面板底部单击“删除”按钮，或者按 Delete 键，即可删除文件夹。也可从右键菜单中选择“删除”选项，如图 8-63 所示，或者从库面板右上角的库菜单里选择“删除”选项删除文件夹。

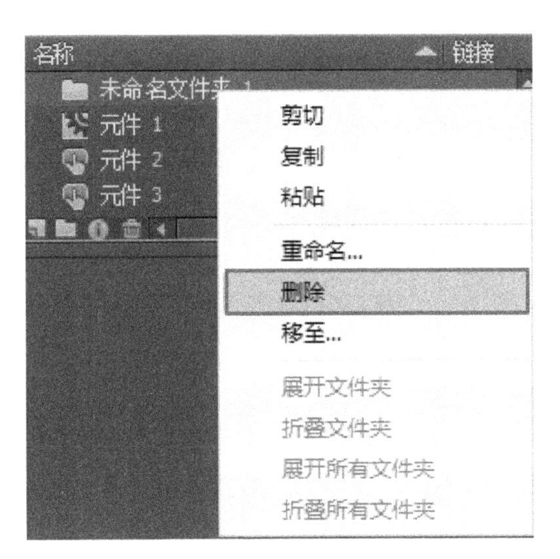

图 8-63　删 除 文 件 夹

3. 重命名文件夹

可以在库面板中双击文件夹的名称，激活名称编辑框，即可以重命名文件夹。也可以从右键菜单中选择“重命名”选项，如图 8-64 所示，或者从库面板右上角的库菜单里选择“重命名”选项重命名文件夹。

4. 嵌套文件夹

当有多个文件夹时，如果需要嵌套文件夹时，可以将子文件夹拖拽到父文件夹中，形成父子级关系，如图 8-65 所示。在 Animate 中支持多层文件夹的嵌套。

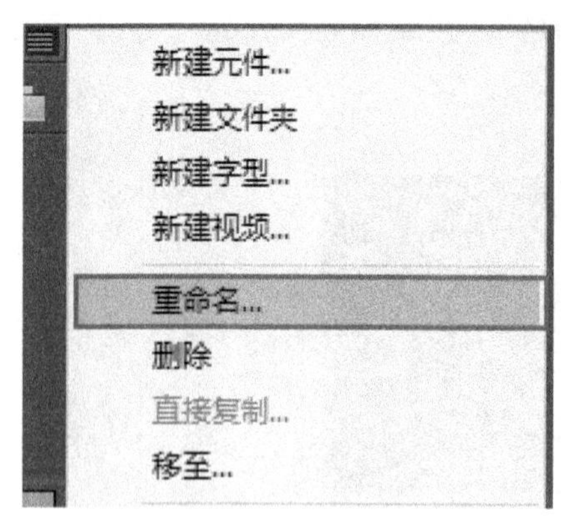

图 8-64 重命名文件夹

图 8-65 嵌套文件夹

8.5.3 导入对象到库

用户可以将外部位图、声音、视频等资源导入到库中。执行“文件”>“导入”>“导入到库”菜单命令，如图 8-66 所示，并从弹出的对话框中选择要导入的资源文件，单击“确定”按钮后可以导入素材。在只是将音频放入库中，而不会将其放到时间轴中。

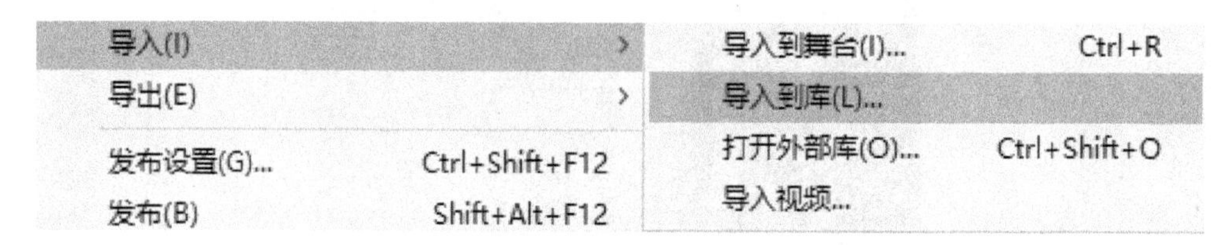

图 8-66 导入到库

Animate CC 可以支持包括图形、位图、声音、视频、动画等多种格式文件，如图8-67 所示。Animate CC 对 Adobe Photoshop 的 PSD 文件、Adobe Illustratro 的 ai 文件可直接导入，无需转换为位图或图形格式。可支持的位图文件格式有 JPEG、GIF、PNG、BMP；可支持的图形格式有 SVG；可支持的音频文件格式有 AIFF 声音、MP3、Adobe 声音文档、au、snd、sd2、flac 等文件；支持的视频文件有 ogg、oga；动画格式有 swf。

8.5.4 使用外部库文件和共享资源

在 Animate 中可以创建自定义的素材库文件，将多个 Animate 动画所需要使用的资源放置在该素材库文件中，在 Animate 动画的制作过程中，可以随时调用外部素材库，从而实现素材资源的重复使用。在 Animate 中还可以共享资源，Animate 的共享资源有两种模式，分别为运行时共享元件库与创作时共享元件库。本节将为读者介绍如何使用外部库和共享资源。

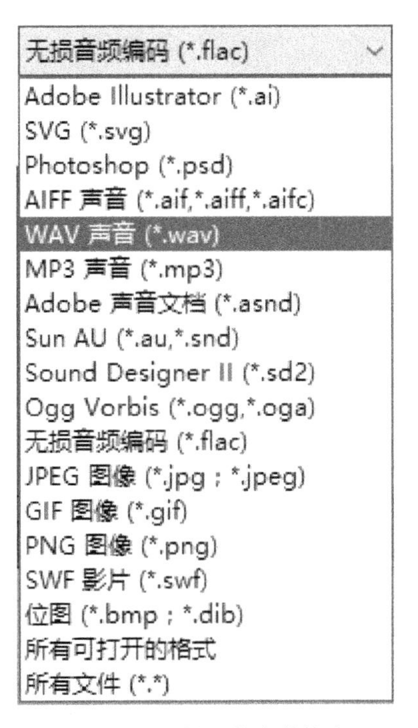

图 8-67　可导入的文件格式

1. 使用外部库

在 Animate 中制作动画时，除了可以使用文档本身的库资源，还可以使用外部 FLA 文件中的库资源。执行“文件>导入>打开外部库”命令，如图 8-68 所示，在弹出的“打开”对话框中，选择要使用的库文档，如图 8-69 所示，单击“打开”按钮，即可打开一个浮动的以该文件名称命名的“库”面板，如图 8-70 所示。

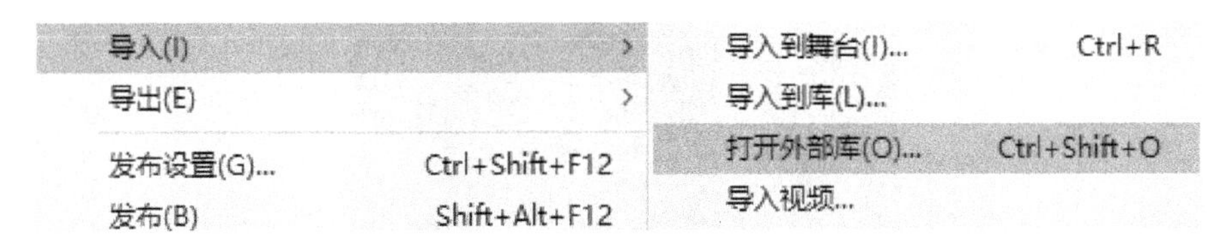

图 8-68　打开外部库

2. 使用共享资源

在 Animate CC 中使用共享资源的方式有两种，运行时共享资源和创作期间共享资源，它们都是基于网络传输而实现的，但所适用的网络环境却有所不同。共享库资源允许在某个 Animate 文件中使用来自其他 Animate 文件的资源。当多个 Animate 文件需要使用同一图稿或其他资源时，或者当设计人员和开发人员希望能够在单独的 Animate 文件中为一个

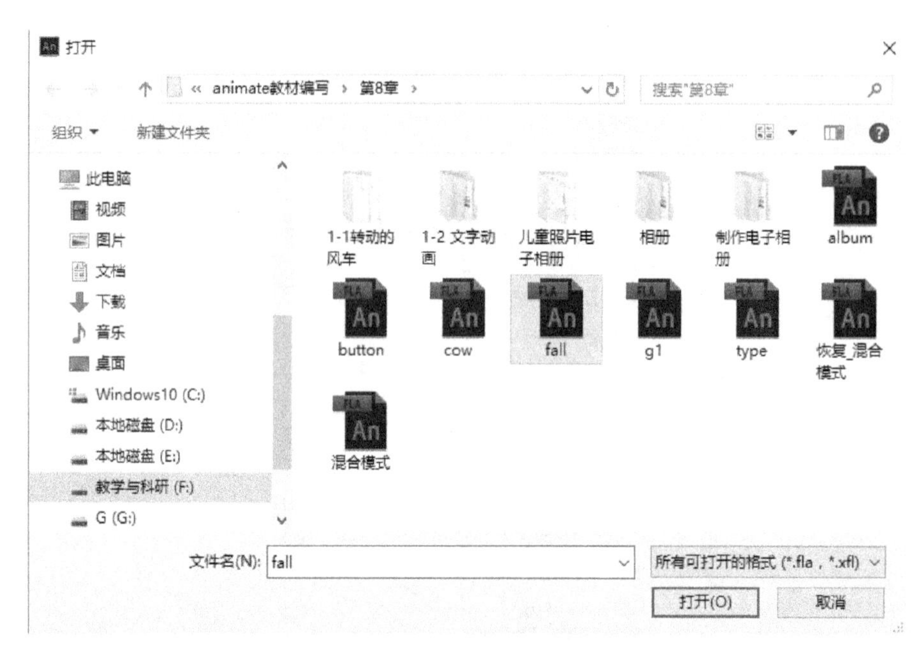

图 8-69　选择外部文件

图 8-70　“外部库”面板

联合项目编辑图稿和 ActionScript 代码时，共享资源可以优化工作流程和文档资源管理。如果想要使用共享资源，那么首先要在源文档中定义共享资源库，然后才可以在目标文档中使用该资源。

(1)运行时共享资源。

对于运行时共享资源，源文档的资源是以外部文件的形式链接到目标文档中的。运行时资源在文档播放期间(即在运行时)加载到目标文档中。为了让共享资源在运行时可供目标文档使用，源文档必须发布到 URL 上。

对使用运行时共享库资源需要两个步骤：首先，源文档的作者在源文档中定义共享资源并输入该资源的标识符字符串和源文档将要发布到的 URL(仅 HTTP 或 HTTPS)。然后，目标文档的作者在目标文档中定义一个共享资源，并输入一个与源文档的那些共享资源相同的标识符字符串和 URL。或者，目标文档作者可以把共享资源从发布的源文档拖到目标文档库中。在“发布”设置中设置的 ActionScript 版本必须与源文档中的版本匹配。

在源文档打开时，选择“窗口”选项>“库”，在“库”面板中选择一个影片剪辑、按钮或图形元件，然后从“库面板”菜单中选择“属性”选项，单击“高级”选项，如图 8-71 所示。在 ActionScript 链接标签和运行时共享库中进行相应设置，如图 8-72 所示。设置完成后，单击“确定”按钮，完成对该资源的共享。

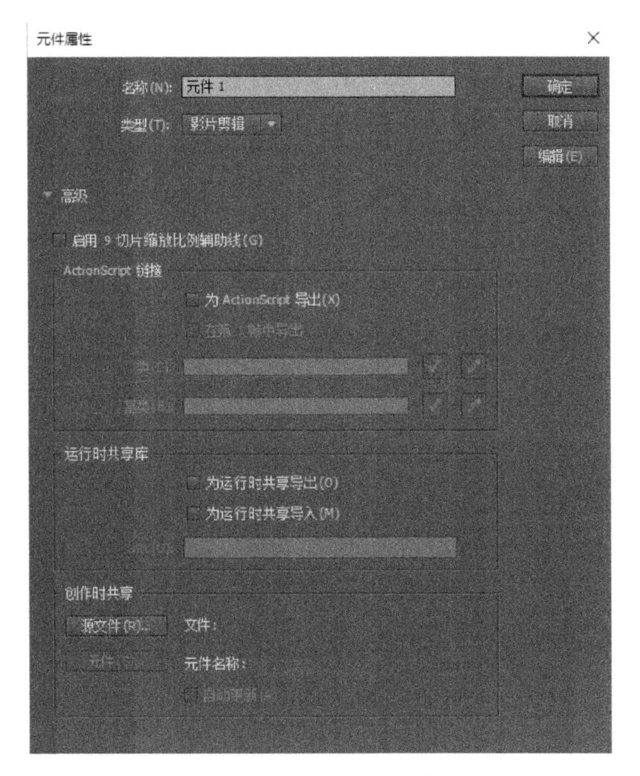

图 8-71　元件“高级”属性

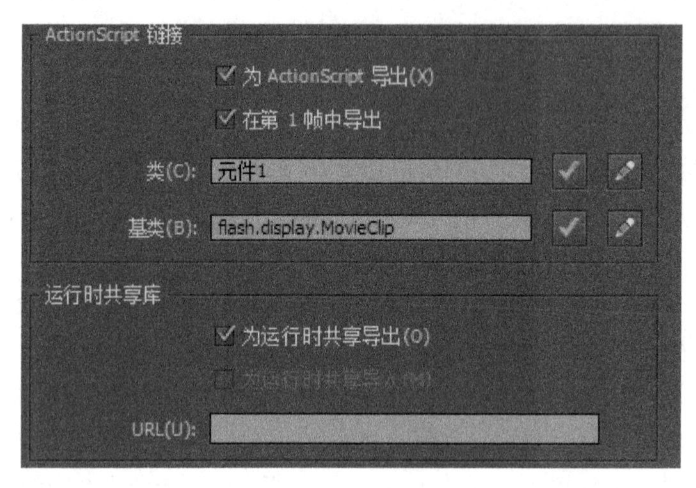

图 8-72　定义共享资源

(2)创作时使用共享资源。

在创建时共享资源可以避免在多个 Animate 文件中使用资源的多余副本。例如，如果为 Web 浏览器、iOS 和 Android 分别开发一个 Animate 文件，则可以在这 3 个文件之间共享资源。此外，当在一个 Animate 文件中编辑共享资源时，如果打开使用该资源的其他 Animate 文件并取得焦点，更改将反映到这些文件中。

在创作过程中可以通过两种方式共享库资源，其一是通过从另一 Animate 文件中的元件链接到外部 Animate 文件中的元件，使用外部 Animate 文件中的元件，如图 8-73 所示。通过链接到单独 Animate 文件中的元件进行共享的工作方式如下：

①可以用本地任何其他 Animate 文件中的任何可用元件来更新或替换正在创作的 Animate 文件中的任何元件。

②在创作文档时更新目标文档中的元件。

③目标文档中的元件保留了原始名称和属性，但其内容会被更新或替换为所选元件的内容。

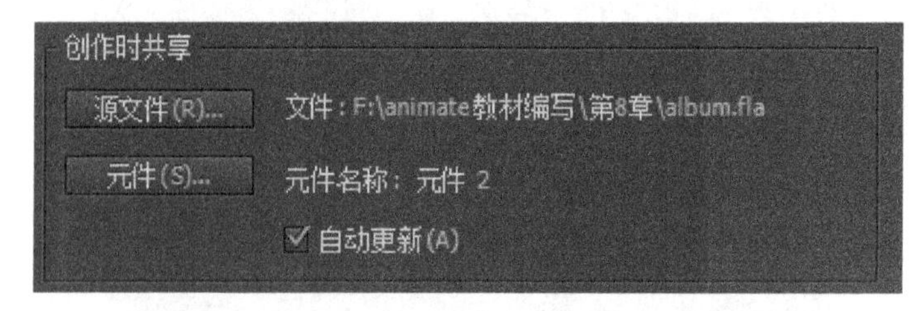

图 8-73　链接到外部文件元件

其二是在属于“项目”面板中同一 Animate 项目的 Animate 文件之间共享元件。使用“项目”面板共享资源的工作方式如下：

①在“项目”面板中创建一个项目，并在该项目中创建一个 Animate 文件。

②在该 Animate 文件中，通过在“库”面板中选中每个项目的共享复选框，可指定希望将哪些元件与其他文件共享。

③在项目中创建第二个 Animate 文件。

④在舞台上从第一个 Animate 文件复制图层、帧或项目，并将其粘贴到第二个文件。

⑤Animate 将粘贴元素中的共享库项目移动到项目文件夹中一个名为 AuthortimeSharedAssets. FLA 的单独文件中。

8.6　本章总结

元件是制作 Animate 动画时最重要也是最基本的元素，在制作复杂动画需要通过元件来提高效率，元件作为一种动画资源保存在“库”中，在需要使用时，从“库”中将元件拖入到舞台上即创建了元件的副本，也就是实例。本章介绍了元件的类型、创建元件的方法、元件的编辑、元件属性设置以及库面板的使用等内容，通过本章的学习为以后学习动画的制作打下基础。

第9章 Animate CC 基本动画制作

Animate CC 是一款优秀的动画制作软件，使用 Animate CC 可以制作出与传统动画相同的帧动画，但是在制作方法和流程上却比传统动画的制作方法更加简便、快捷，从而更能够节省动画的制作时间，提高工作效率。本章将介绍 Animate CC 中基本的动画制作方法，包括从模板中创建动画、制作逐帧动画、补间动画等。

9.1 从模板中创建动画

动画模板实际上就是 Animate CC 软件提供或用户保存已经编辑完成的具有完整动画框架的文件，且拥有强大的互动扩充功能。在 Animate CC 中，使用动画模板可以快速创建新的动画文件，并根据原有的模板框架对其中可以编辑的元件进行相应的修改、更换或调整，从而能够方便地制作出优秀的动画作品。

执行“文件”>“新建”命令，或者按快捷键 Ctrl+N，在弹出的“新建文档”对话框中单击“模板”标签，可以查看系统预设的模板，如图 9-1 所示。选中某个模板，在右侧的“预览”窗口中可以看到该影片模板的效果。

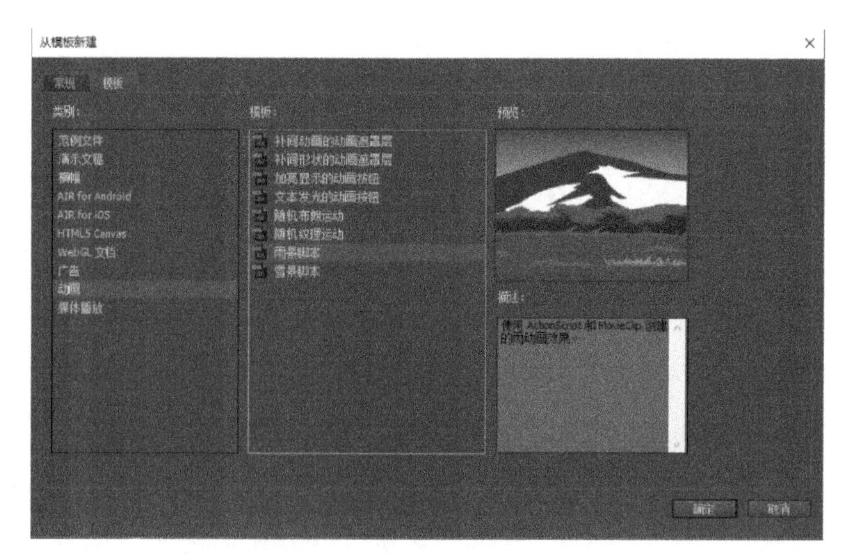

图 9-1 从模板新建

9.1.1 范例文件

范例文件中提供的是 Animate CC 中常见的动画示例，其中包括 14 个范例文件，分别是“切换按钮范”“透视缩放”“外部文件的预加载器”“平移”“嘴型同步”“AIR 窗口示例”“Alpha 遮罩层范例”“手写”“RPG 游戏—命中判定”“SWF 的预加载器”“拖放范例”“日期倒计时范例”“自定义鼠标光标范例”和“菜单范例”。通过这些模板，用户可以快速地制作出动画作品。

实践案例——制作自定义写字动画“AMATE”

(1)执行“文件”>“新建”命令，在弹出的“新建文档”对话框中单击“模板”标签，选择“范例文件”选项，并从示例列表中选择“手写”模板，如图 9-2 所示，单击“确定”按钮后新建文档。“手写”模板是一个写字动画，默认的写字动画效果如图 9-3 所示，该动画模拟手写“FALSH”单词效果。

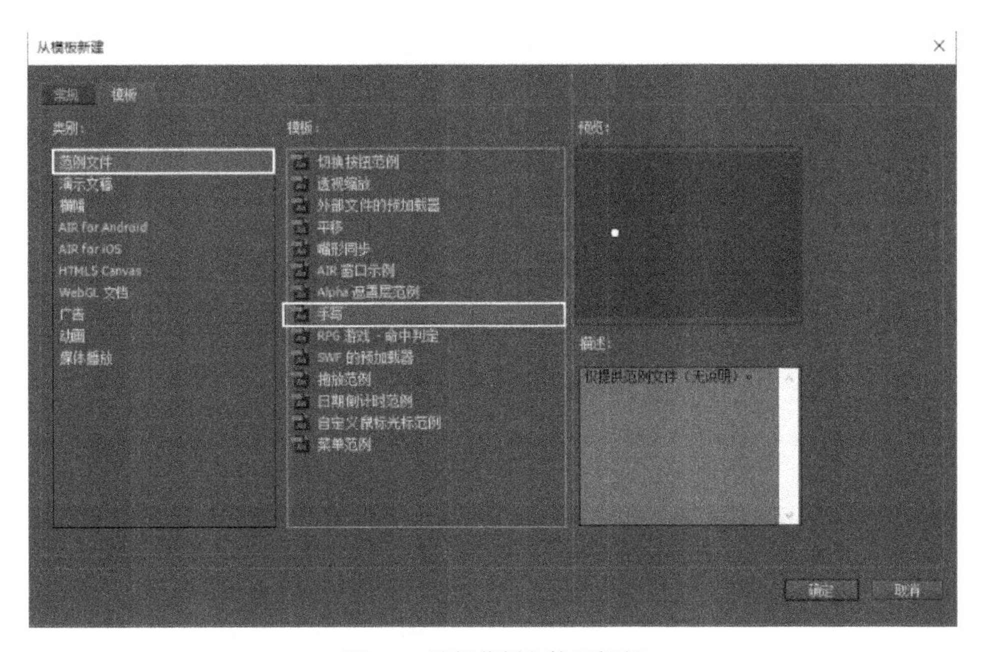

图 9-2 选择范例文件“手写”

(2)单击时间轴面板，可以看到其中有 5 个分别命名为“F”“L”“A”“S”“H”的图层，每个图层中各有一个关键帧，分别存放了“F”“L”“A”“S”“H”5 个写母的动画元件，如图 9-4 所示。

(3)执行“窗口>库”命令，打开“库”面板，如图 9-5 所示，在该文档的“库”面板中提供了从 A~Z 共 26 个字母的图形元件，双击“F”元件进入该元件的编辑状态，如图 9-6 所示。该元件共由 2 个图层组成，分别是“mask”和“F”，“F”层中保存的是字母“F”，“mask”层中保存的是笔画依次出现的“F”字母，共有 21 个关键帧，起到蒙版的作用。

图 9-3　写字动画

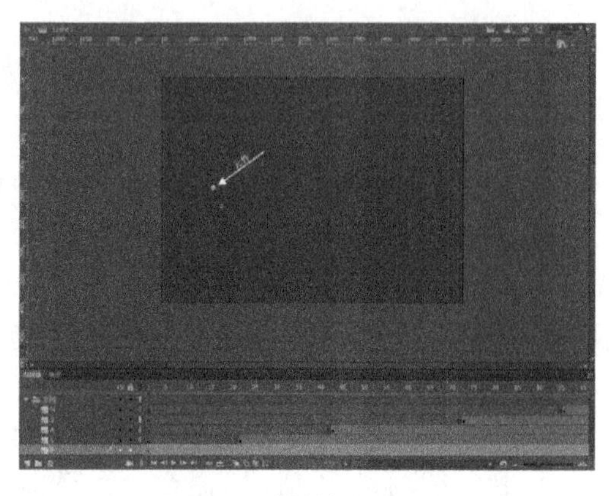

图 9-4　关键帧中的元件

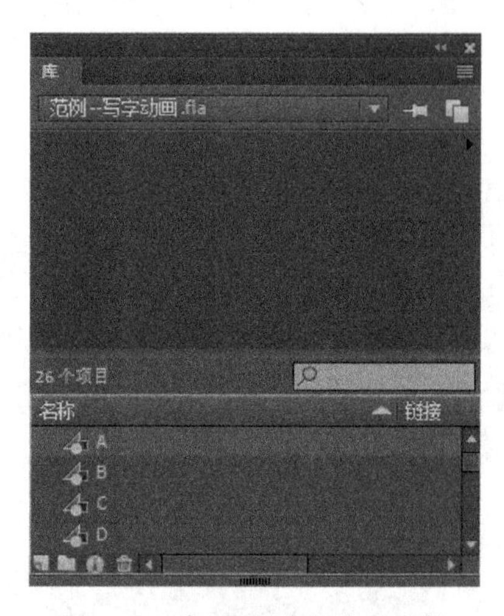

图 9-5　“库”面板中的字母元件

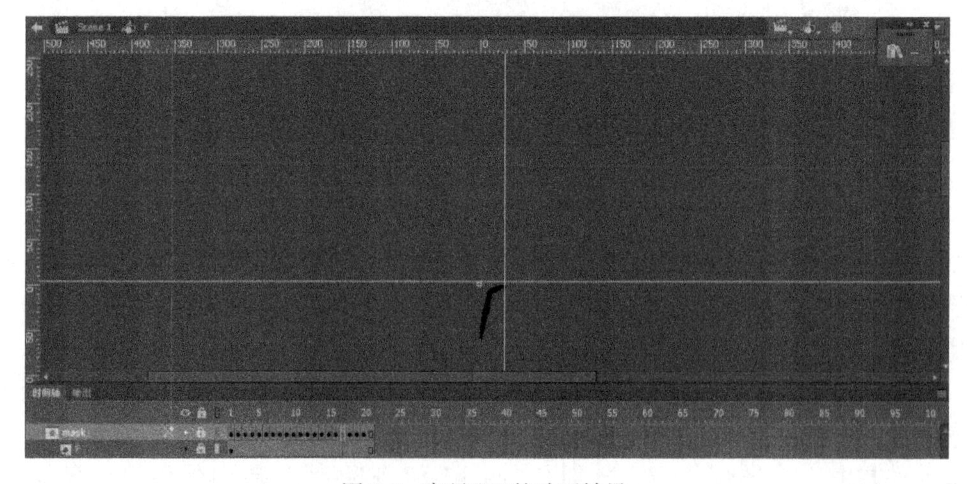

图 9-6　字母“F”的动画效果

(4)单击 Scene1 图标回到场景中，从时间轴面板中选择“F”选项图层，单击第 1 帧，在场景中选择“F”选项元件实例，单击鼠标右键并从下拉菜单中选择“交换元件”选项，如图 9-7 所示。从弹出的对话框中选择“A”选项元件，单击“确定”按钮，如图 9-8 所示。

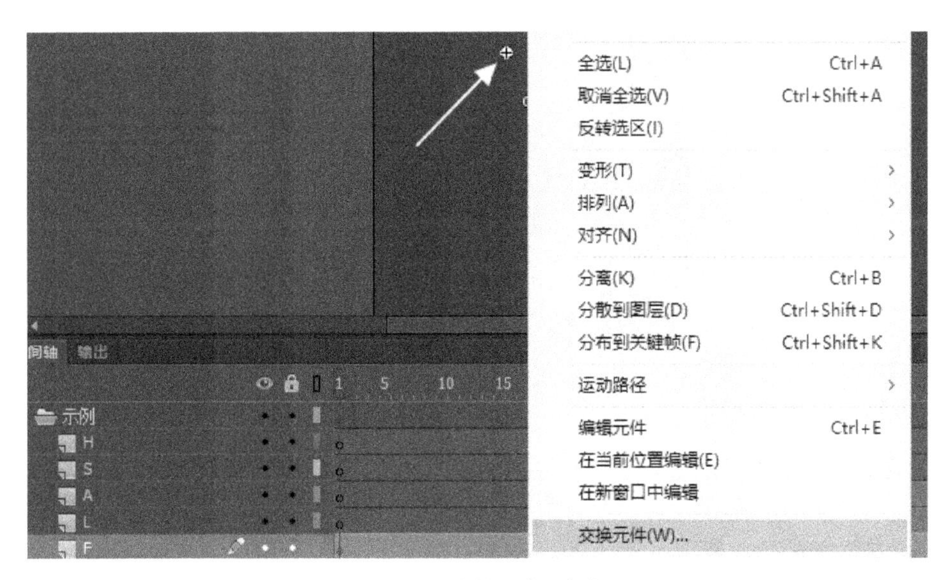

图 9-7　“交换元件”命令

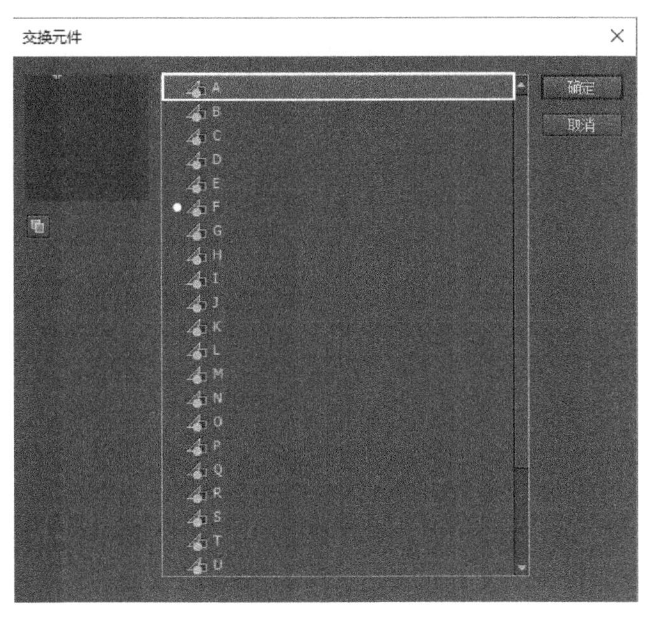

图 9-8　“交换元件”窗口

(5)单击“属性”面板，可以看到场景中的“F”元件实例已经被替换为“A”元件实例，如图 9-9 所示。在循环选项中显示“A”元件实例在动画中只播放一次。

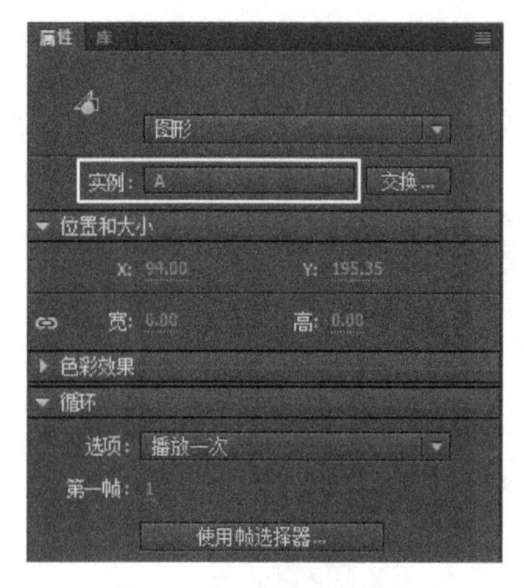

图 9-9 “A”元件实例属性

(6)在“F”图层的名称上双击鼠标左键，进入到图层名称编辑状态，修改“F”图层名称为“A”，如图 9-10 所示。

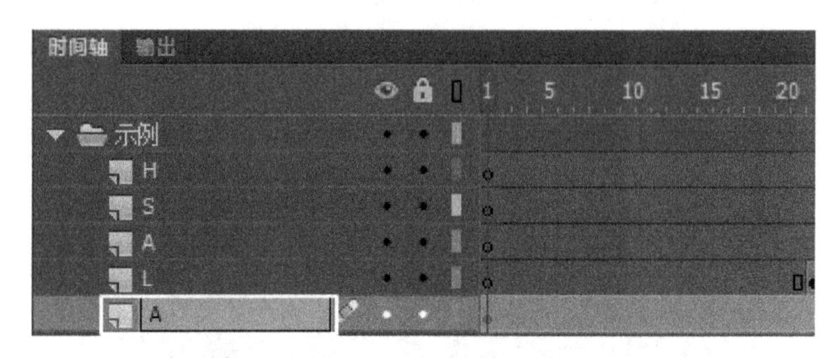

图 9-10 修改图层名称

(7)重复操作 4-6 步，分别将图层“L”“A”“S”“H”中元件实例替换为“M”“A”“T”“E”，并将图层名称修改为“M”“A”“T”“E”，修改完成后的动画效果如图9-11所示。

9.1.2 演示文稿

在 Animate CC 中，通过使用“演示文稿”模板，可以创建出简单和复杂两种演示文稿的效果，“演示文稿”以用幻灯片的形式播放库中的图片。

执行“文件>新建”命令，或者按快捷键 Ctrl+N，弹出“新建文档”对话框，单击“模板”标签，在预设的模板中选择“演示文稿”模板，该模板中包含了两种类型的模板，分别为“简单演示文稿”和“高级演示文稿”，如图 9-12 所示。

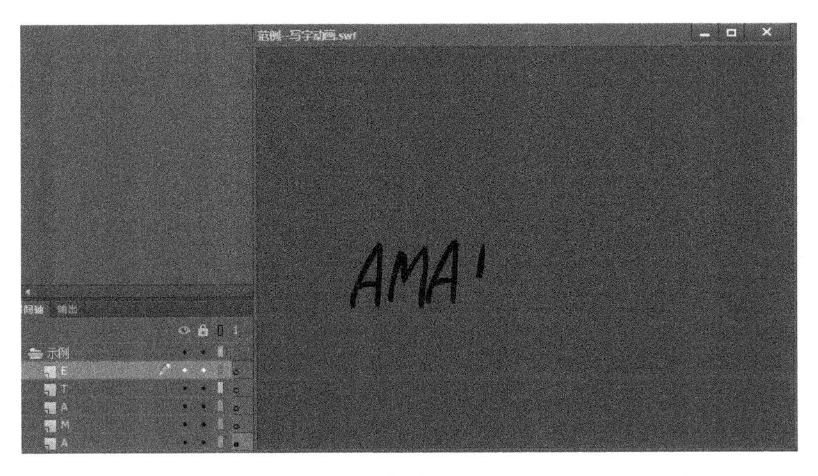

图 9-11　写字动画“AMATE”

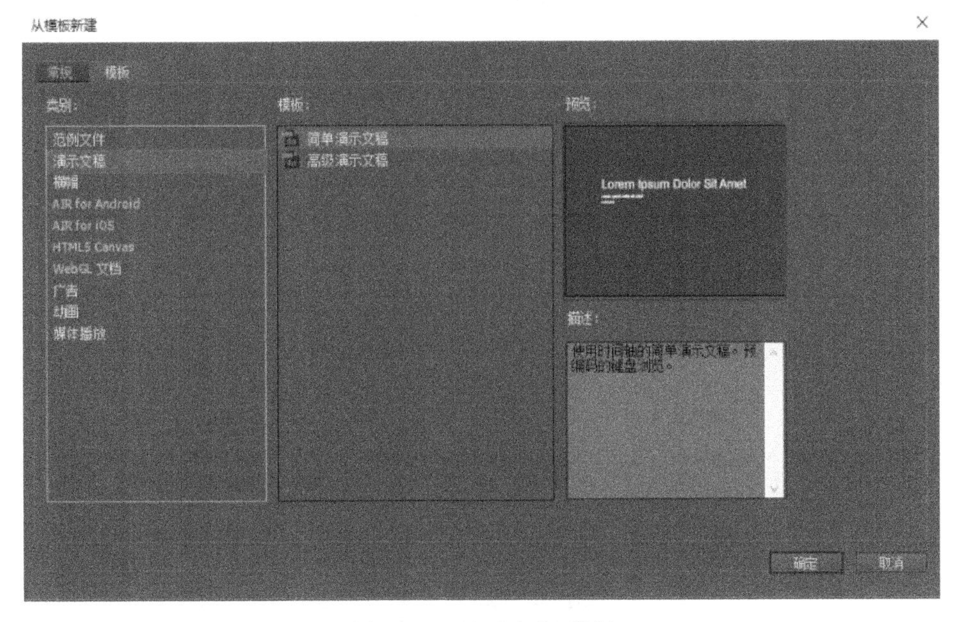

图 9-12　“演示文稿”模板

9. 1. 3　横幅

在 Animate CC 中，可以通过“横幅”模板制作水平或垂直横幅样式效果，用户可在模板中替换资源内容，自定义尺寸及光标效果。

执行“文件>新建”命令，或者按快捷键 Ctrl+N，弹出“新建文档”对话框，单击“模板”标签，在预设的模板中选择“横幅”模板，该模板中包含了 4 种类型的模板，分别为“160×600 简单按钮 AS3”“160×600 自定义光标”“468×60 加载视频”和“728×90 动画按钮”，如图 9-13 所示。

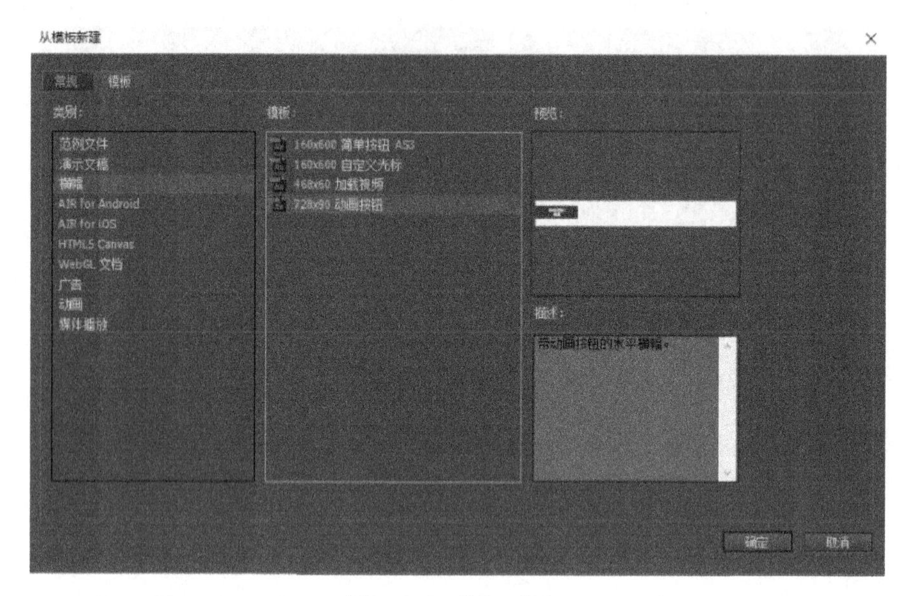

图 9-13 “横幅”模板

9.1.4 AIR for Android

AIR for Android 模板用于创建基于 Android 系统的 AIR 移动应用程序。在该选项的模板中包括了 5 个模板，分别是“选项菜单”“800×400 空白”“加速计”“投掷”和“滑动手势库”，如图 9-14 所示，选择其中任意一个模板，单击“确定”按钮，即可创建基于所选择模板的 Animate 文件，如图 9-15 所示。

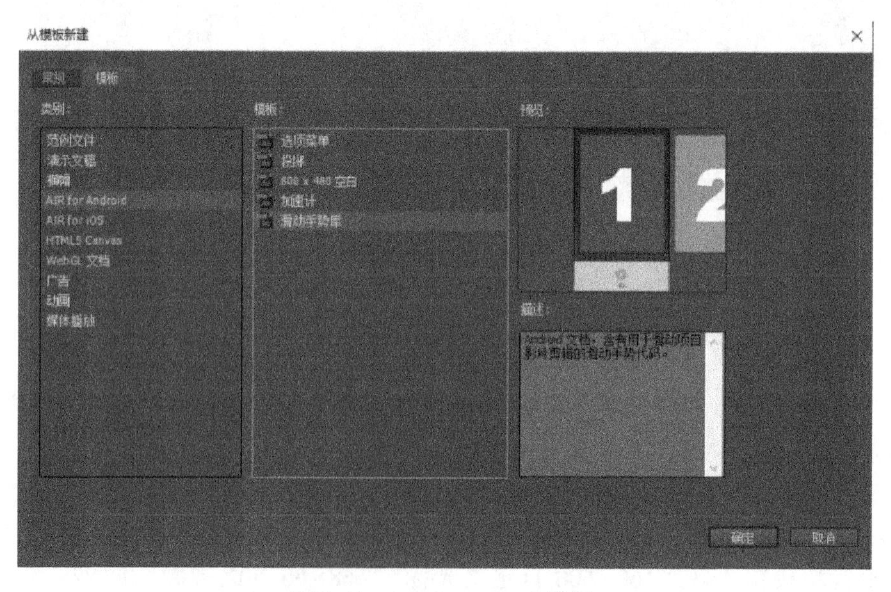

图 9-14 AIR for Android 模板

图 9-15 “滑动手势库”模板

9.1.5 AIR foriOS

AIR foriOS 模板用于创建基于 iOS 系统的 AIR 移动应用程序。在该选项的模板中提供了 5 种不同尺寸的适用于 iOS 系统的空白模板文件，分别是“480×320 空白”“960×640 空白”“1024×768 空白”“1136× 640 空白”和“2048×1536 空白”，选择其中任意一个模板，单击“确定”按钮，即可创建基于 iOS 系统的空白模板文件，如图 9-16 所示。

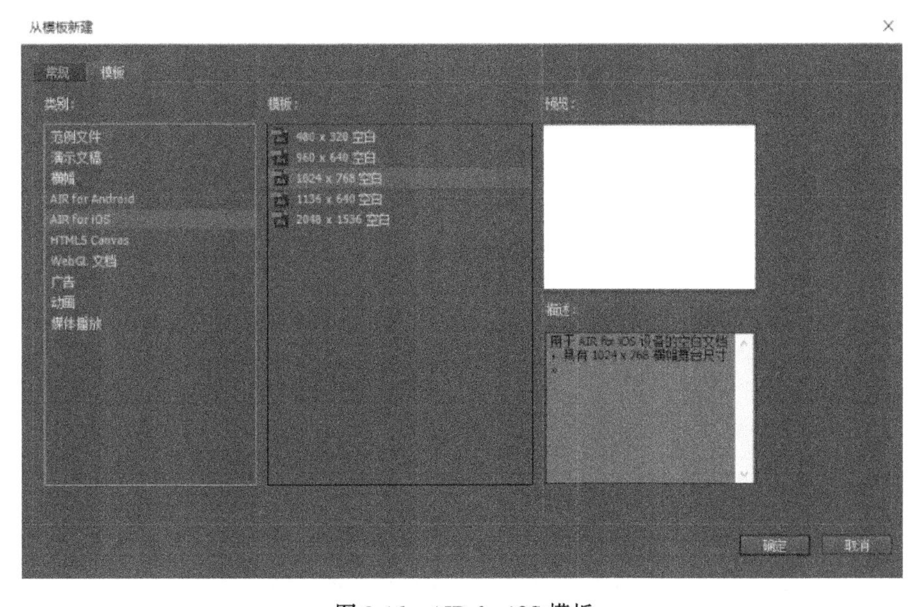

图 9-16 AIR for iOS 模板

9.1.6 HTML5 Canvas

HTML5 Canvas 模板主要用于创建基于 HTML5 Canvas 类型的文档，该选项提供了 3 种 HTML5 Canvas 文档模板，分别是交互动画示例、动画示例、拼字游戏示例，选择其中任意一个模板，单击“确定”按钮，即可创建基于 HTML5 Canvas 类型的模板文件，如图 9-17 所示。

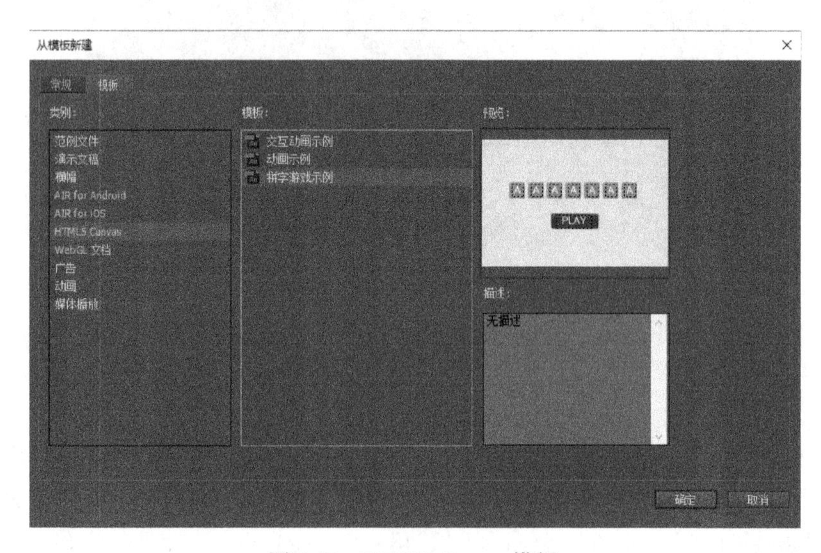

图 9-17　HTML5 Canvas 模板

9.1.7 WebGL 文档

WebGL 文档模板主要用于创建基于 WebGL 开放 Web 标准的文档，该选项提供了 1 种 WebGL 文档模板，也即是动画示例，选择该示例模板，单击“确定”按钮，即可创建基于 WebGL 的模板文件，该模板的内容效果如图 9-18 所示。

图 9-18　WebGL 动画示例

9.1.8　广告

在 Animate CC 中“广告”模板有助于创建由互动广告局（IAB）定义并被在线广告业广泛接受的标准的富媒体类型和大小，该模板侧重于推动丰富式媒体广告的发展以及提供出色的在线广告体验。

在 Animate CC 中，“广告”类型的模板共有 16 种，如图 9-19 所示。这 16 种广告模板是根据互动广告局（IAB）的准则设置的 Animate 广告的尺寸，其主要功能及尺寸如表 9-1 所示。

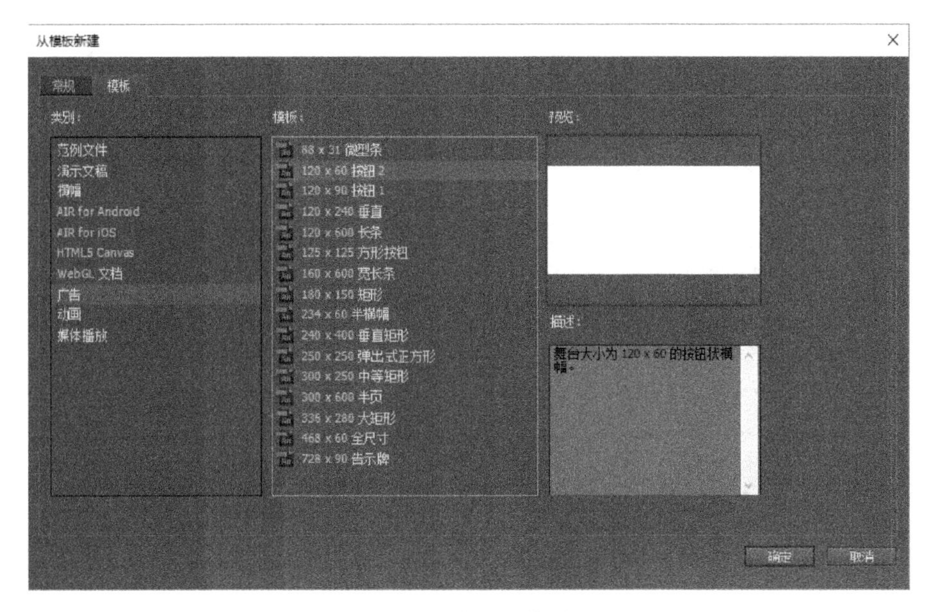

图 9-19　广 告 模 板

表 9-1　广 告 类 型

广告类型	尺寸(像素)	广告类型	尺寸(像素)
宽擎天柱广告	160×600	纵向横幅广告	120×240
擎天柱广告	120×600	方形按钮	125×125
半页广告	300×600	告示牌广告	728×90
全横幅广告	468×60	中等矩形广告	300×250
半横幅广告	234×60	弹出式正方形广告	250×250
图标链接广告	88×31	纵向矩形广告	240×400
按钮 1	120×90	大型矩形广告	336×280
按钮 2	120×60	矩形广告	180×150

9.1.9 动画

动画模板主要用于创建补间、遮罩、文本发光、加亮显示等各种类型的动画文档，该选项提供了 8 种动画文档模板，分别是“补间动画的动画遮罩层”“补间形状的动画遮罩层”“加亮显示的动画按钮”“文本发光的动画按钮”“随机布朗运动”“随机纹理运动”“雪景脚本”和“雨景脚本”，选择其中任意一个模板，单击“确定”按钮，即可创建动画效果，如图 9-20 所示。

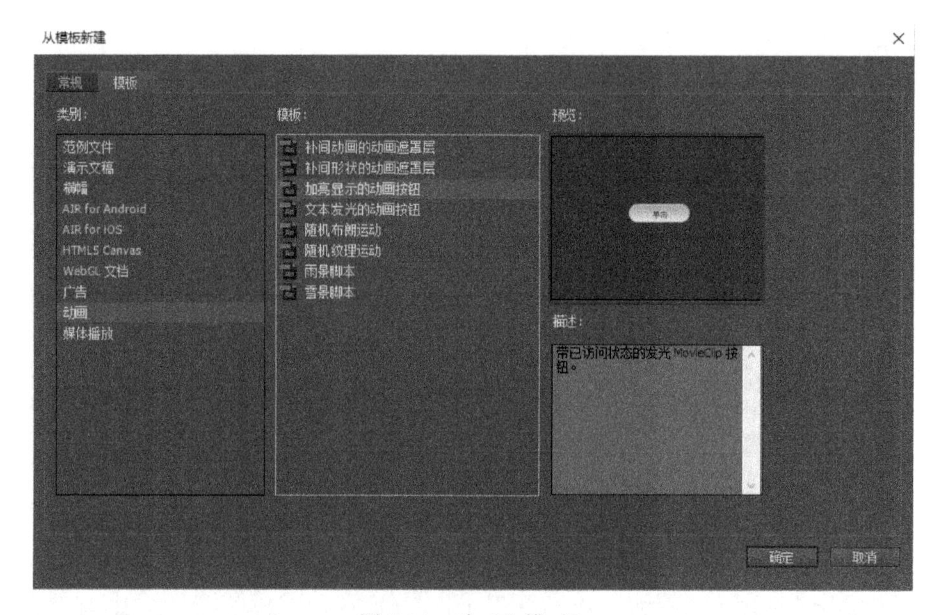

图 9-20　动 画 模 板

实践案例——制作图片展示动画

本实例以“动画”模板选项中的“补间动画的动画遮罩层”模板为基本框架，创建新的动画文档，并通过替换其中的位图来制作图片的渐隐展示动画效果。

(1)执行“文件”>“新建”命令，在弹出的“新建文档”对话框中单击“模板”标签，选择“动画”选项，并从示例列表中选择“补间动画的动画遮罩层”模板，单击“确定”按钮后新建文档，如图 9-21 所示。“补间动画的动画遮罩层”模板是图片遮罩展示的动画，默认的动画效果如图 9-22 所示。

(2)从时间轴上选择“内容”选项图层，并在舞台中单击选中位图“tree. png”，在属性面板中单击“交换”按钮，如图 9-23 所示，弹出“交换位图”对话框，如图 9-24 所示，对话框中显示 tree. png 位图图片。

图 9-21　“补间动画的动画遮罩层”模板

图 9-22　图片渐隐显示

图 9-23　“交换”按钮

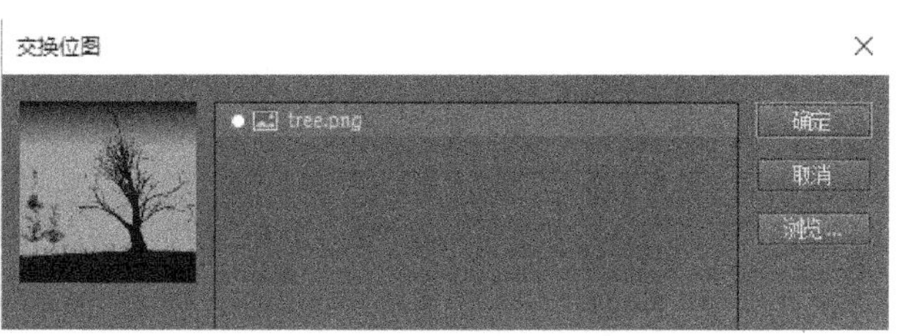

图 9-24　“交换位图”对话框

(3)在图 9-24 对话中单击“浏览”按钮，在弹出的“导入位图”对话框中选择尺寸为 400×400 像素的目标位图，如图 9-25 所示。导入位图后新的场景中位图“tree. png”将被替换为新的位图，如图 9-26 所示。

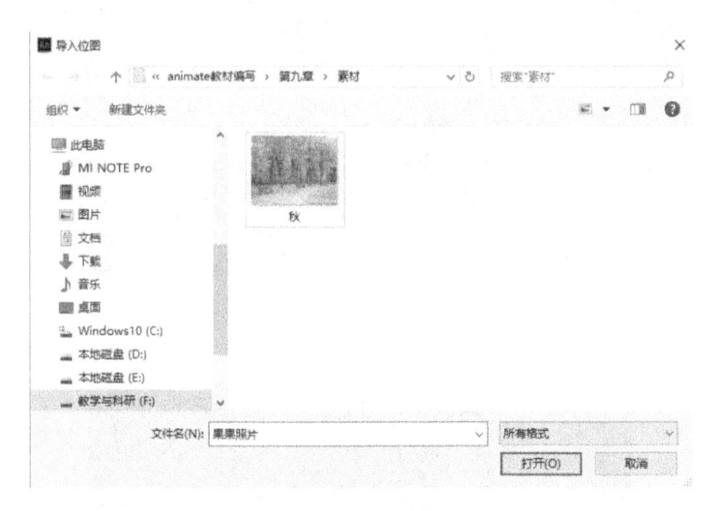

图 9-25 导 入 位 图

图 9-26 替换位图后的效果

(4)完成动画编辑后保存动画，并通过快捷键“Ctrl+Enter”键测试动画，效果如图 9-27 所示。

9.1.10 媒体播放

在 Animate CC 的“媒体播放”模板中预设了多种类型的视频尺寸和高宽比的照片相册，用户可以通过该模板来制作常用的视频文件和照片相册。

选择“文件>新建”选项命令，或者按快捷键 Ctrl+N，在弹出的“新建文档”对话框中单击“模板”标签，在预设的模板中选择“媒体播放”选项，在中间的模板区列出了 10 个不同类型的模板，如图 9-28 所示。10 个模板可以分为视频和相册模板两大类，其中视频模板

图 9-27　测 试 动 画

包括“标题安全区域 HDTV720”“标题安全区域 HDTV 1080”“标题安全区域 NTSC D1”“标题安全区域 NTSC D1wide”“标题安全区域 NTSC DV”“标题安全区域 NTSCDVwide”“标题安全区域 PAL D1DV”“标题安全区域 PAL D1 DVwide”，相册模板包括“简单相册”和“高级相册”两种。

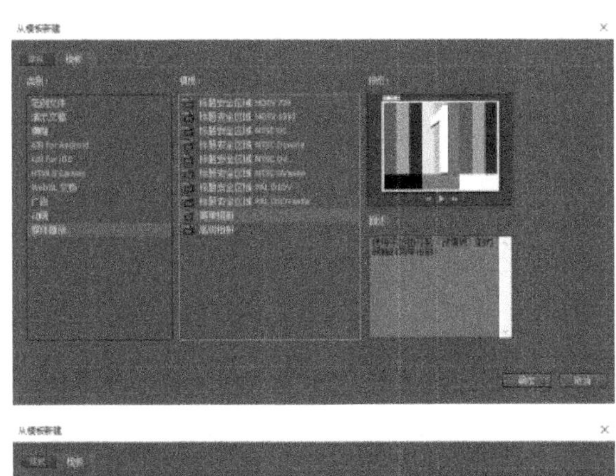

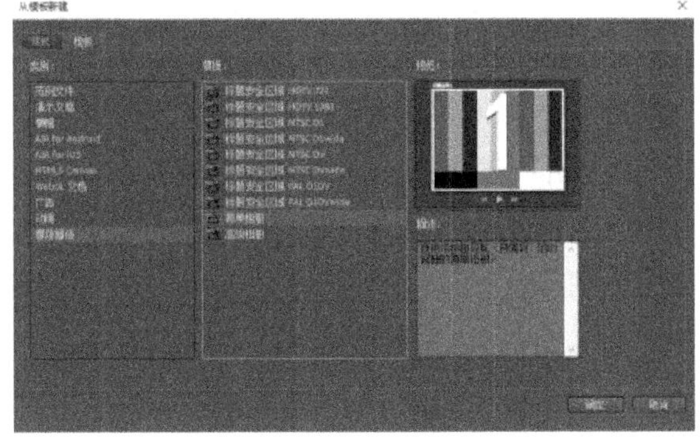

图 9-28　媒 体 播 放

9.2 逐帧动画

逐帧动画是一种传统的动画形式，是由若干个连续的关键帧组成的动画序列。逐帧动画的每个帧都可以是关键帧，并可单独进行编辑，这使得每一帧的内容均不同且丰富，也更能表达动画设计师的思想，因而成为使用最为广泛的动画形式。

9.2.1 逐帧动画的基本原理

逐帧动画的基本原理是把一系列差别较小的图形或文字放置在一系列的关键帧中，从而使得播放起来就像是一系列连续变化的动画效果。逐帧动画利用人的视觉暂留原理，在短暂的时间内连续播放静态画面，使其看起来像是在运动的画面。

9.2.2 逐帧动画的特点

因为逐帧动画的帧序列内容不一样，不但给制作增加了负担，而且最终输出的文件量也很大；但优势也很明显，逐帧动画具有非常大的灵活性，几乎可以表现任何想表现的内容，类似于电影的播放模式，很适合表演细腻的动画，例如人物或动物急剧转身、树叶或头发的飘动、走路摆动、说话或表情变化等等。

9.2.3 制作逐帧动画

在 Animate CC 中，可以通过序列组将一系列的外部图像导入到场景中并制作成动画，也可以在软件中直接绘制图形或文本来制作逐帧动画。接下来通过实例的制作向大家进行详细讲述。

实践案例——街舞逐帧动画

(1)执行“文件>新建”命令，弹出“新建文档”对话框，设置文档参数如图 9-29 所示。单击“确定”按钮，新建一个 Animate 文档。执行“文件>导入>导入到舞台”命令，选择需要导入的 PSD 图像，单击“打开”按钮，如图 9-30 所示。

(2)在弹出的对话框中选中“选择所有图层”选项，并在底部选择“将图层转换为关键帧”选项，如图 9-31 所示。

(3)导入图像序列后在时间轴上自动添加图层并生成关键帧，如图 9-32 所示。双击图层 1 的名称，进入编辑状态后，将其命名为“背景”。选择背景层的第 1 帧，并执行“文件>导入>导入到舞台”命令，导入图片作为背景，如图 9-33 所示。

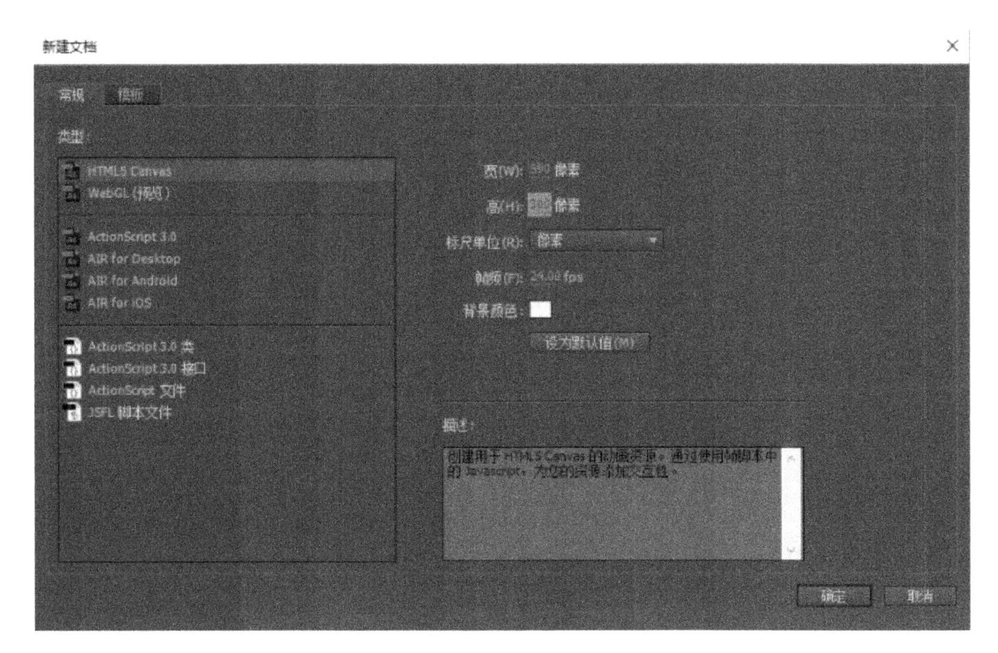

图 9-29　新 建 文 档

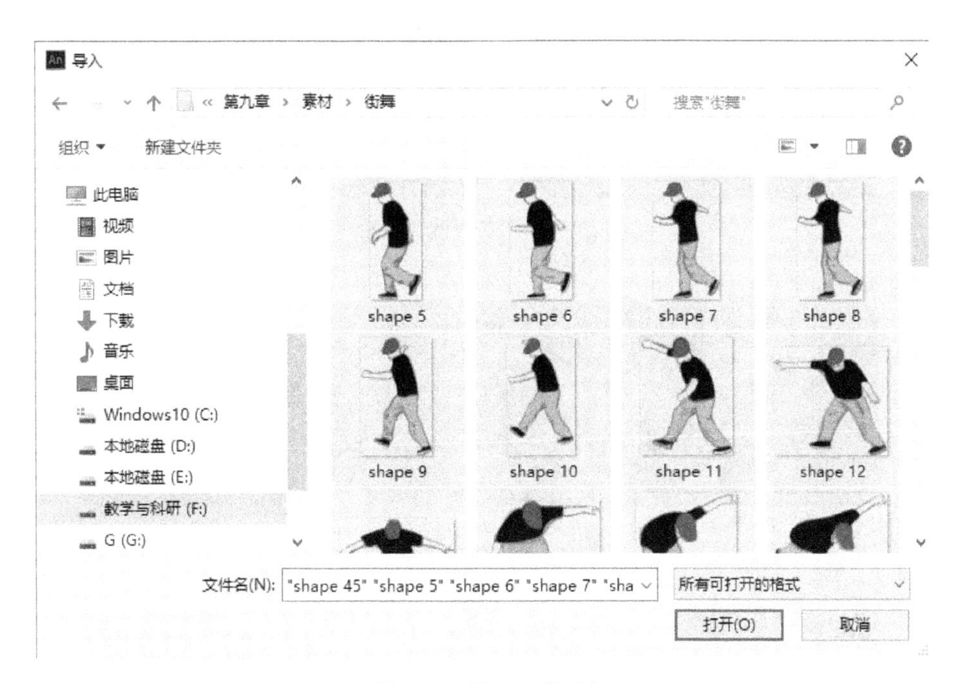

图 9-30　导 入 素 材

(4)在背景图层中插入普通帧延长背景图出现的帧数，使其和街舞图片所在图层的最后一个关键帧齐平，如图 9-34 所示。保存动画，并按快捷键“Ctrl+Enter”测试动画，效果如图 9-35 所示。

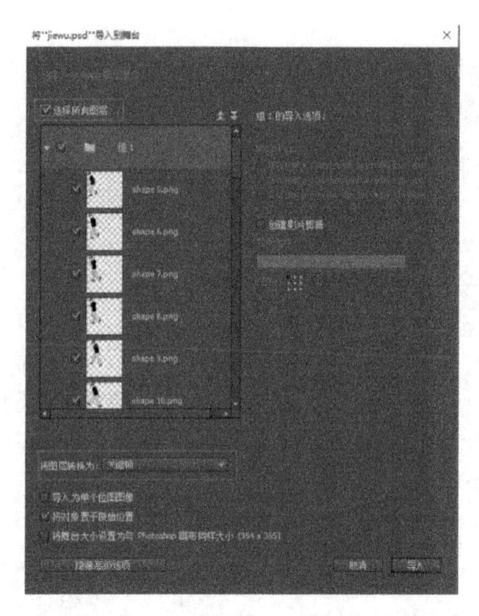

图 9-31　导 入 选 项

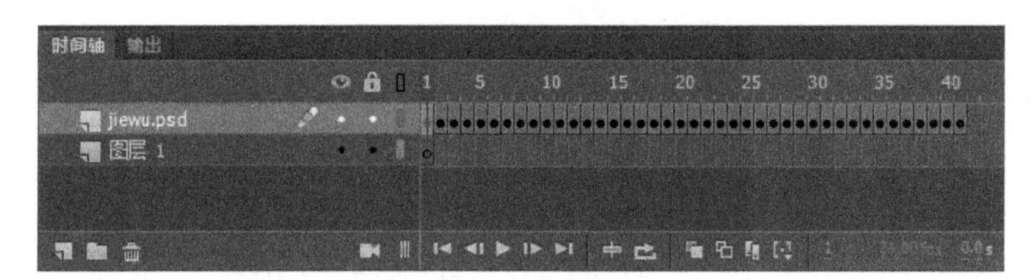

图 9-32　生 成 关 键 帧

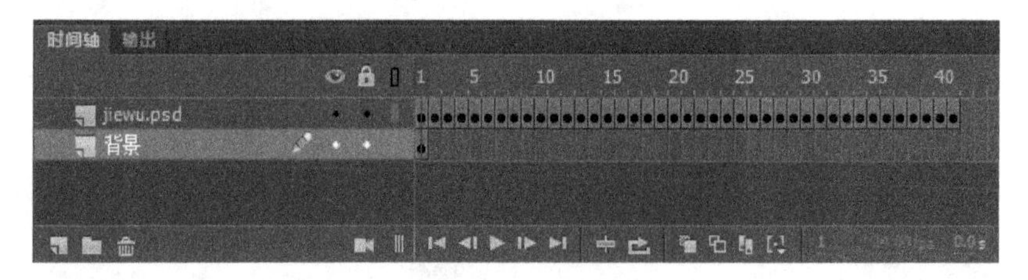

图 9-33　添 加 背 景 图

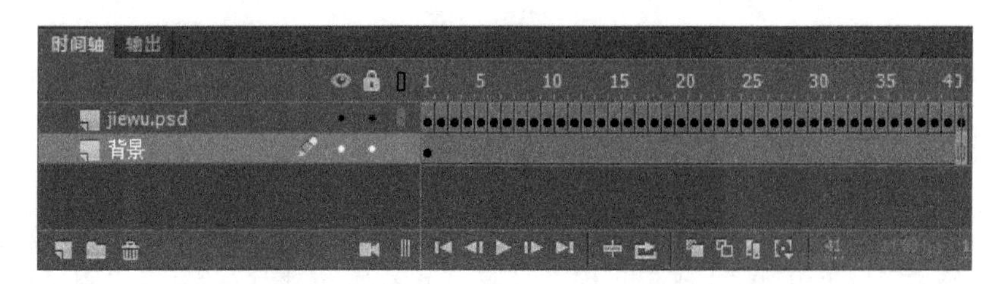

图 9-34　插入普通帧延长背景图时长

图 9-35　动 画 效 果

9.3　形状补间动画

我们经常会在动画作品中看到由一种形态自然而然地转换成为另一种形态的画面，这种效果被称为形状变化。在 Animate CC 中，形状补间就是这样一种动画形式，能够在不同形状的两个对象之间做出自然的变换，接下来将对形状补间动画的原理与应用作详细介绍。

9.3.1　形状补间动画的原理

在形状补间中，用户在时间轴上的一个特定帧上绘制一个矢量形状，并更改该形状或是在另一个特定帧上绘制另一个形状。然后，Animate 为这两帧之间的帧内插这些中间形状，创建出从一个形状变形为另一个形状的动画效果。如图 9-36 所示，由长方形变为多边形的动画，其中第 1 帧和最后 1 帧是由用户添加的两个关键帧形状，中间的帧由 Animate 软件添加，从而形成连续形状变化的动画效果。

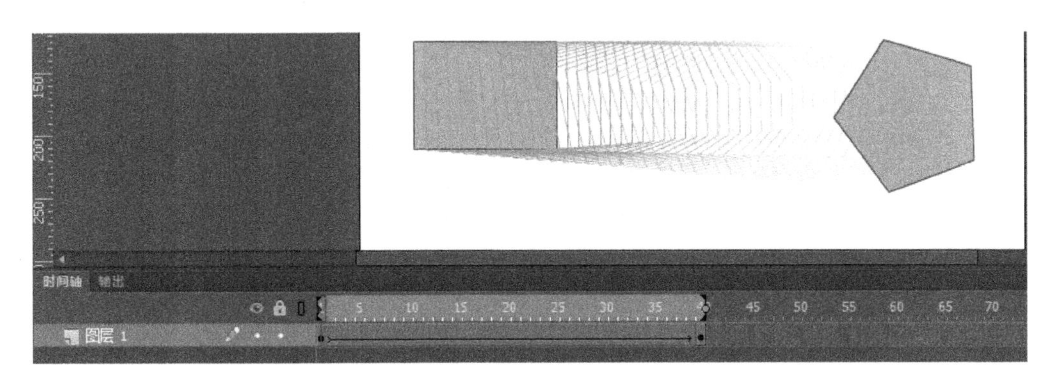

图 9-36　形 状 补 间

9.3.2 形状补间动画的特点

与逐帧动画每一帧都是关键帧不同的是，创建形状补间动画只需要在运动的开始和结束的位置插入不同的对象，即可在动画中自动创建中间的过程，但是插入的对象必须具有不同的属性。

在 Animate CC 中，形状补间是一种非常灵活的动画形式，可以对均匀的实心笔触添加补间形状，也可以对不均匀的花式笔触添加补间形状，还可以对使用可变宽度工具增强的笔触添加补间形状，也可以对补间形状内的形状的位置和颜色进行补间。此外，可以对组、实例或位图图像应用形状补间，或者对文本应用形状补间，但前提是要将位图或文本分离，将穹们转换为对象。

9.3.3 制作形状补间动画

本实例向大家介绍形状补间动画的制作方法。实例中首先导入一张位图作为舞台背景，然后使用“矩形工具”创建两组不同大小和位置的矩形，并通过形状补间，作出类似于舞台幕布从中间往两边打开的效果。

(1)执行“文件>新建”命令，弹出“新建文档”对话框，设置文档参数如图 9-37 所示。单击“确定”按钮，新建一个空白的 HTML5 Canvas 文档。

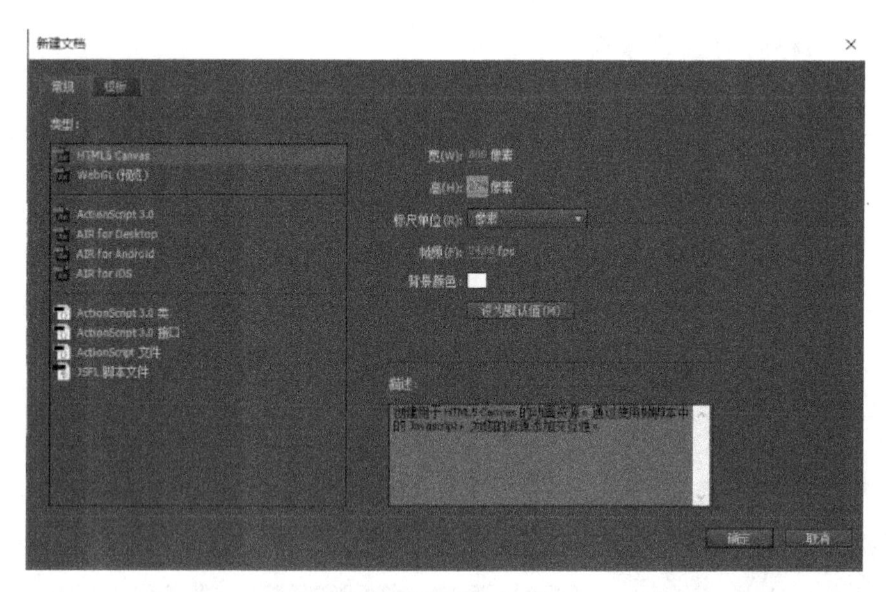

图 9-37　新 建 文 档

(2)执行“文件>导入>导入到舞台”命令，选择需要导入的 PNG 图像，单击“打开”按钮，将位图导入到舞台中，调整其位置和大小，如图 9-38 所示，并将图层命名为“背景”。

图 9-38　导 入 位 图

(3)在“时间轴”面板中的图层区单击“新建图层”按钮，新建一个图层，并重新命名为“左幕布”，如图 9-39 所示。

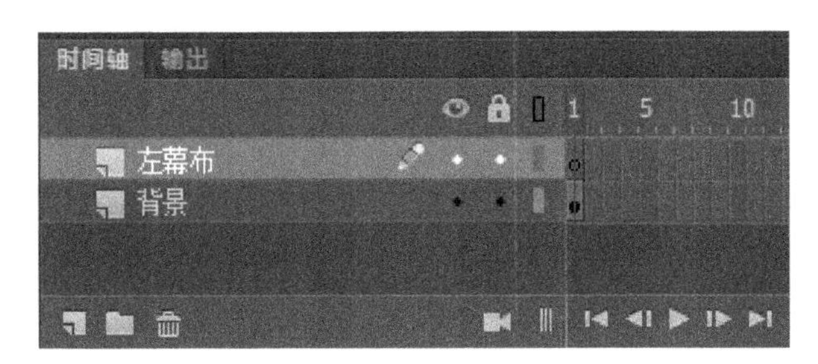

图 9-39　新建“左幕布”图层

(4)从工具箱中选择“矩形工具”选项，设置其属性参数，并在“左幕布”图层的第 1 帧绘制适当大小的矩形，使其能覆盖舞台背景图片的左侧半区，效果如图 9-40 所示。

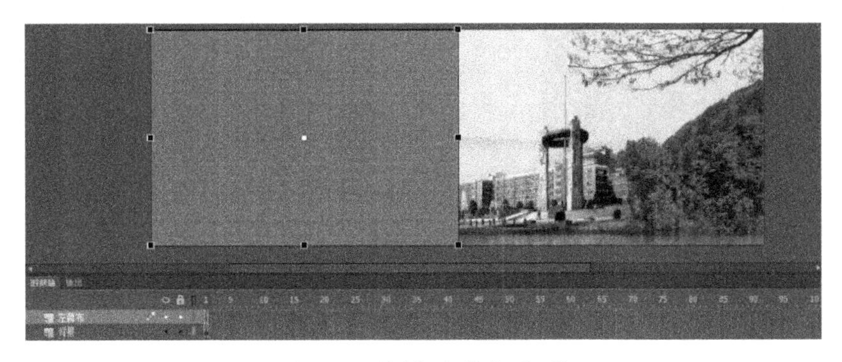

图 9-40　绘制“左幕布”矩形

(5)在“左幕布”图层的第 40 帧处插入关键帧，并调整“左幕布”矩形的大小和位置。同时在“背景”图层的第 40 帧处插入普通帧，延长背景图的帧数，如图 9-41 所示。

图 9-41　第 40 帧的效果

(6)选择“左幕布”图层，在时间轴第 1 帧和第 40 帧之间的任意区域单击右键，并在弹出菜单中选择“创建补间形状”选项，如图 9-42 所示，在“左幕布”图层的第 1 帧和第 40 帧之间创建补间形状，效果如图 9-43 所示，可以看到在第 1 帧和第 40 帧之间出现了深蓝色背景及形状补间的箭头。

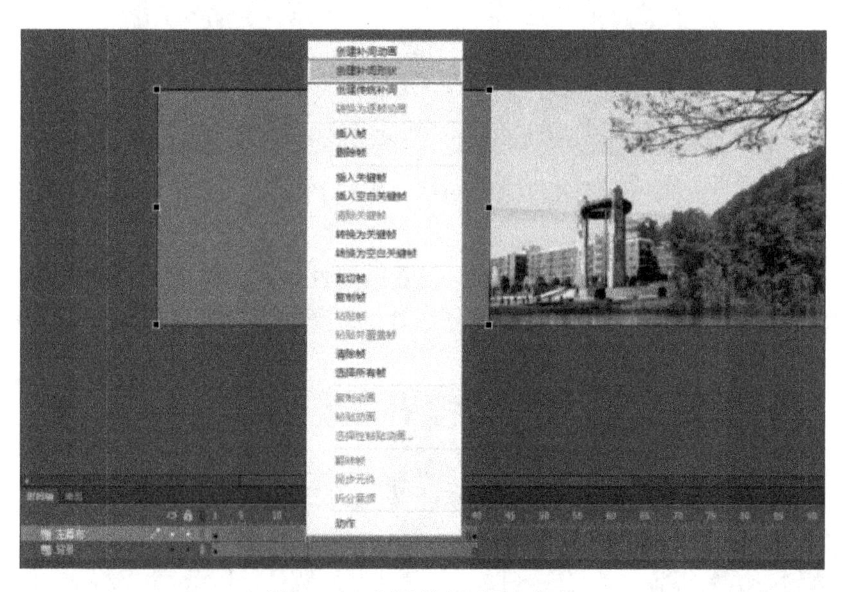

图 9-42　“创建补间形状”命令

(7)在“时间轴”面板中的图层区单击“新建图层”按钮，新建一个图层，并重新命名为“右幕布”，如图 9-44 所示。

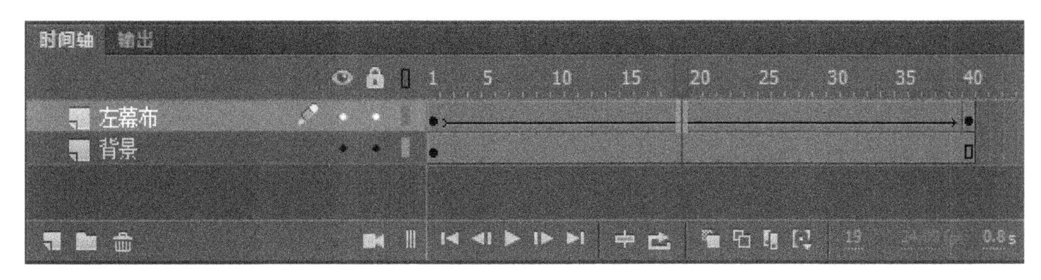

图 9-43　补间形状的时间轴效果

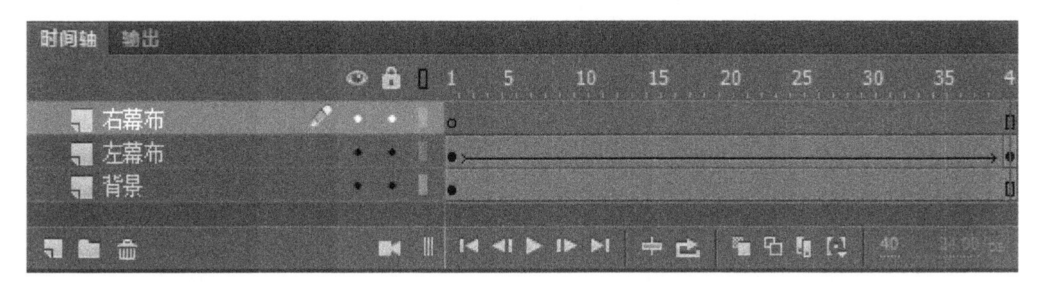

图 9-44　新建“右幕布”图层

(8)从工具箱中选择“矩形工具”选项，设置其属性参数，在“右幕布”图层的第 1 帧中绘制适当大小的矩形，使其能覆盖舞台背景图片的右侧半区，效果如图 9-45 所示。

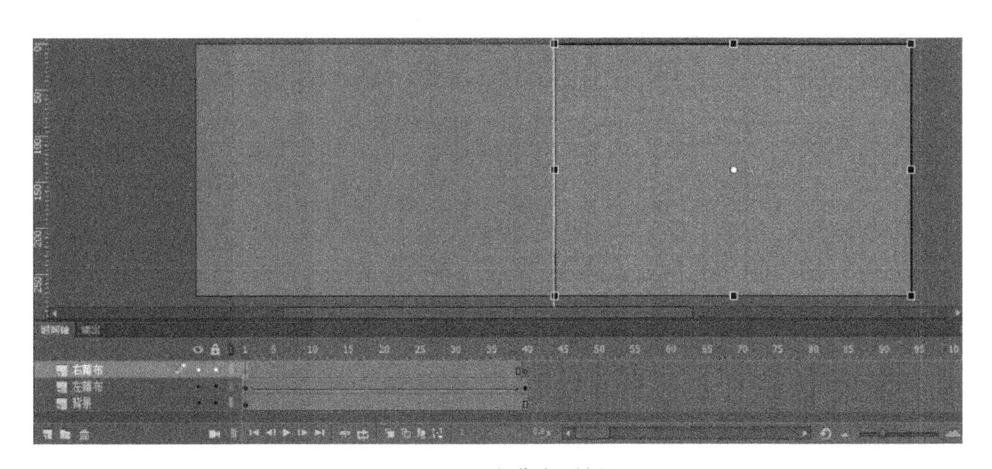

图 9-45　“右幕布”效果

(9)在“右幕布”图层的第 40 帧处插入关键帧，并调整“右幕布”矩形的大小和位置，如图 9-46 所示。

(10)选择“右幕布”选项图层，在时间轴第 1 帧和第 40 帧之间的任意区域单击右键，并在弹出菜单中选择“创建补间形状”选项，在“右幕布”图层的第 1 帧和第 40 帧之间创建补间形状，效果如图 9-47 所示。

图 9-46　第 80 帧的效果

图 9-47　“右幕布”的形状补间

(11)完成动画效果后保存动画，并按快捷键“Ctrl+Enter”测试动画，效果如图 9-48 所示。

图 9-48　在浏览器中测试动画

9.4　传统补间动画

传统补间是早期用来在 Animate 中创建动画的一种方式。这些补间类似于较新的补间动画，但创建过程有点儿复杂，并且不够灵活。不过，传统补间所具有的某些类型的动画控制功能是补间动画所不具备的。

9.4.1　传统补间动画的特点

传统补间动画中的变化在关键帧中定义。创建传统补间动画需要先设定起始帧和结束帧的位置，然后在动画对象的起始帧和结束帧之间建立传统补间。传统补间动画的插补帧显示为紫色，并会在关键帧之间绘制一个箭头，如图 9-49 所示。

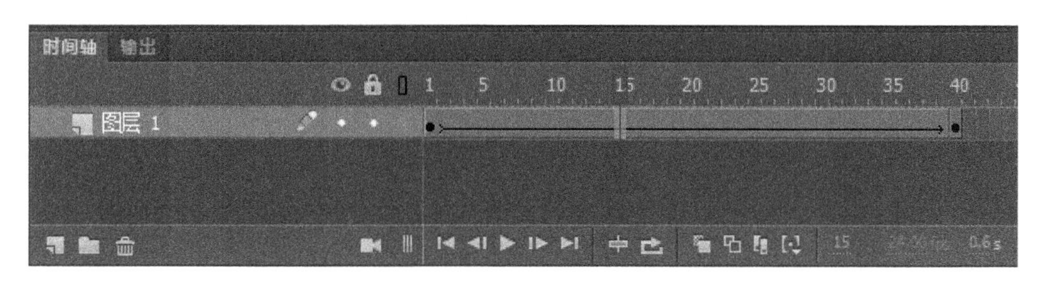

图 9-49　传统补间动画

9.4..2　创建传统补间动画

本实例向大家介绍传统补间动画的制作方法。实例中首先导入一张位图，并通过传统补间动画，实现位图照片从透明到逐渐清晰的动画效果。

(1)执行“文件>新建”命令，弹出“新建文档”对话框，设置文档参数如图 9-50 所示。单击“确定”按钮，新建一个空白的 HTML5 Canvas 文档。

(2)执行“文件>导入>导入到舞台”命令，选择需要导入的 PNG 图像，单击“打开”按钮，将位图导入到舞台中，调整其位置和大小，如图 9-51 所示，并将图层命名为“秋分”。

(3)在“秋分”图层的第 40 帧中插入关键帧，使得第 40 帧的内容与第一帧相同，如图 9-51 所示。

(4)在“秋分”图层的第 1 帧和第 40 帧之间的任意位置单击鼠标右键，从弹出菜单中选择“创建传统补间”选项，如图 9-53 所示，在第 1 帧和第 40 帧之间创建传统补间，效果如图 9-54 所示。由于传统补间的第 1 帧和第 40 帧的位图属性完全相同，因此动画没有任何变化效果。

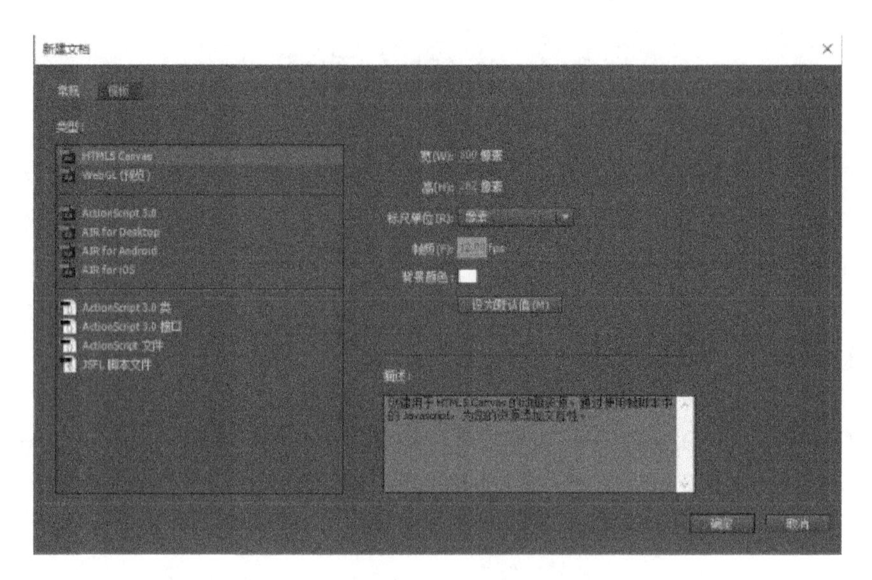

图 9-50　新建 HTML5 Canvas 文档

图 9-51　添 加 位 图

图 9-52　在 40 帧中插入关键帧

图 9-53 “创建传统补间”命令

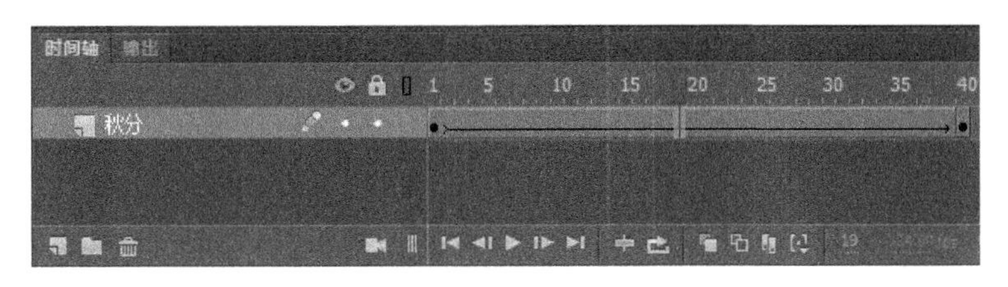

图 9-54 创建传统补间

(5)选择“秋分”选项图层第 1 帧中的位图，执行“窗口”>“属性”命令，打开属性面板，在“色彩效果”面板中选择“Alpha”选项，并将“Alpha”值设置为 10%，如图 9-55 所示。“Alpha”值用于修改位图的透明属性，通过将位图的“Alpha”值调整为 10%来提高位图的透明度，如图 9-56 所示。

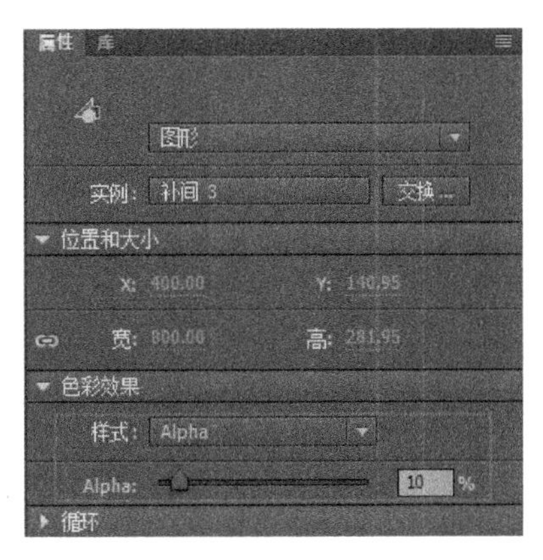

图 9-55 设置位图的“Alpha”值

图 9-56　调整位图的透明度

(6)完成动画效果后保存动画，并按快捷键“Ctrl+Enter”测试动画，效果如图 9-57 所示。此时位图的透明度从 10%逐渐恢复为 100%。

图 9-57　测 试 动 画

(7)对于传统补间动画还可以通过修改其属性实现更丰富的动画效果。使用鼠标左键在“秋分”图层的第 1 帧和第 40 帧之间的补间动画区域任意位置单击，然后执行“窗口”>“属性”命令，打开属性面板，如图 9-58 所示。在属性面板中可以为传统补间动画的帧添加标签、设置缓动及旋转、添加声音。本实例中为动画添加缓动效果来说明其用法。

(8)在传统补间动画的“属性”面板中打开补间选项，从“缓动”选项列表中选择“Bounce EaseIn”选项。缓动属性通过调整动画变化曲线来实现更丰富的动画效果，例如汽车的加速与减速等。单击“Bounce EaseIn”选项右侧的铅笔图标，从弹出窗口可以查看变化曲线，如图 9-59 所示。添加了缓动曲线后，位图的透明度变化由原来的线性变化，改变为跳跃性的曲线变化，如图 9-60 的左侧所示。在图 9-60 左侧应用了“Bounce EaseIn”缓动后第 26 帧的透明度，右侧则是为未应用缓动的效果。

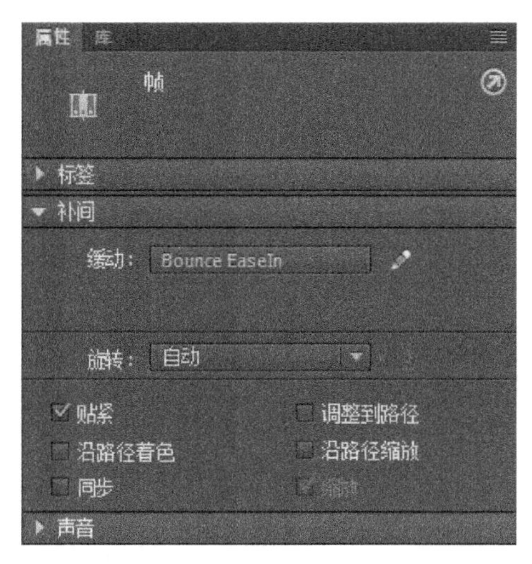

图 9-58　传统补间动画“属性”

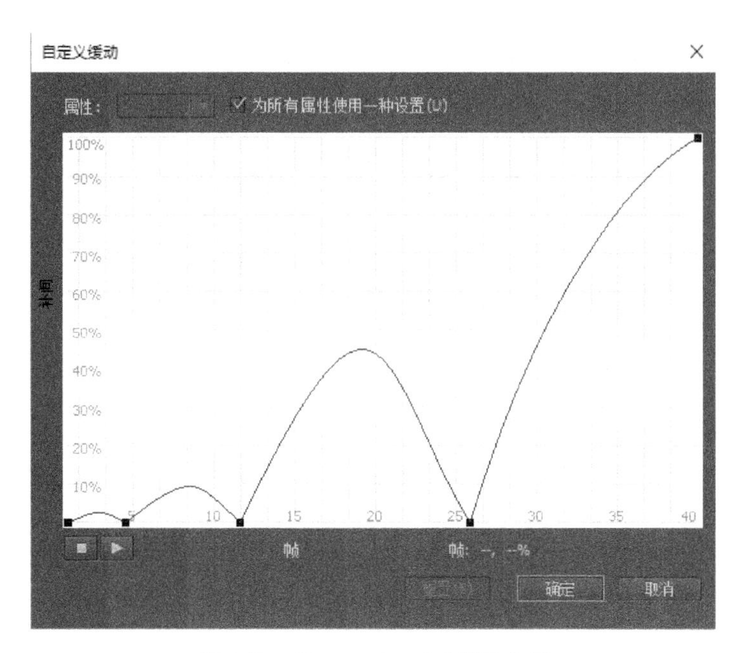

图 9-59　“Bounce EaseIn”缓动曲线

9.5 补间动画

补间动画是在传统补间动画基础上发展起来的一种更为便捷的动画形式，是一种在最大程度地减小文件大小的同时创建随时间移动和变化的动画的有效方法。与传统补间动画

图 9-60　第 26 帧的透明度

需要两个关键帧不同的是，补间动画只需提供一个关键帧和补间范围即可创建补间动画，并通过调整帧中对象的属性来实现预期的动画效果，如图 9-61 所示。

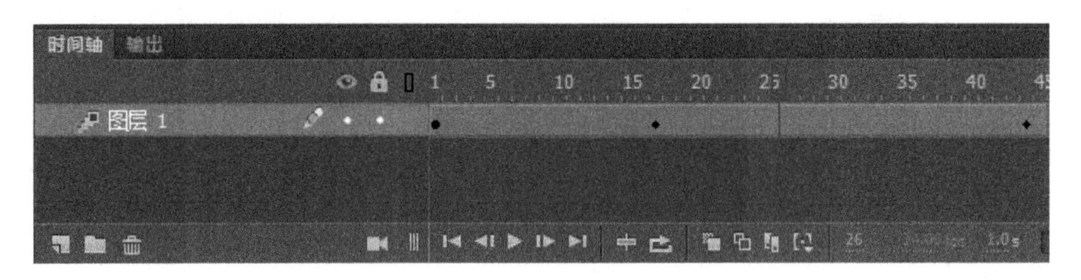

图 9-61　补 间 动 画

9.5.1　了解补间动画

补间动画通过为不同帧中的对象属性指定不同的值而创建的动画，Animate 将计算这两个帧之间该属性的值。补间动画的补间范围在时间轴中显示为具有蓝色背景的单个图层中的一组帧。可将这些补间范围作为单个对象进行选择，并从时间轴中的一个位置拖到另一个位置，包括拖到另一个图层。

调整补间动画对象的属性将生成属性关键帧，用于在补间范围中为补间目标对象显式定义一个或多个属性值的帧。这些属性可能包括位置、alpha(透明度)、色调，等等。如果在单个帧中设置了多个属性，则其中每个属性的属性关键帧会驻留在该帧中。

如果补间对象在补间过程中更改其舞台位置，则补间范围具有与之关联的运动路径。此运动路径显示补间对象在舞台上移动时所经过的路径。可以使用选取、部分选取、转换锚点、删除锚点和任意变形等工具以及“修改”菜单中的命令来编辑舞台上的运动路径。

在补间动画中，可补间的对象类型包括影片剪辑、图形和按钮元件以及文本字段。可补间的对象的属性包括：2D X 和 Y 位置；3D Z 位置；2D 旋转；3D X、Y 和 Z 旋转；倾斜 X 和 Y；缩放 X 和 Y；颜色效果，包括 alpha、亮度、色调和高级颜色设置；滤镜属性等。

9.5.2　补间动画和传统补间之间的差异

Animate 支持两种不同类型的补间用于创建动画。补间动画功能强大，易于创建。通过补间动画可对补间的动画进行最大程度的控制。传统补间(包括在早期版本的 Animate 中创建的所有补间)的创建过程更为复杂。

补间动画和传统补间之间的差异包括：

(1)传统补间使用关键帧，而补间动画只能具有一个与之关联的对象实例，并使用属性关键帧而不是关键帧。

(2)补间动画在整个补间范围上由一个目标对象组成。传统补间允许在两个关键帧之间进行补间，其中包含相同或不同元件的实例。

(3)补间动画和传统补间都只允许对特定类型的对象进行补间。在创建补间时，如果将补间动画应用到不允许的对象类型，Animate 会将这些对象类型转换为影片剪辑。应用传补间会将它们转换为图形元件。

(4)补间动画会将文本视为可补间的类型，而不会将文本对象转换为影片剪辑。传统补间会将文本对象转换为图形元件。

(5)在补间动画范围上不允许帧脚本，而传统补间允许帧脚本。

(6)补间目标上的任何对象脚本都无法在补间动画范围的过程中更改。

(7)可以在时间轴中对补间动画范围进行拉伸和调整大小，并且它们被视为单个对象。

(8)对于传统补间，缓动可应用于补间内关键帧之间的帧组。对于补间动画，缓动可应用于补间动画范围的整个长度。若要仅对补间动画的特定帧应用缓动，则需要创建自定义缓动曲线。

(9)利用传统补间，可以在两种不同的色彩效果(如色调和 Alpha 透明度)之间创建动画；补间动画可以对每个补间应用一种色彩效果。

(10)只可以使用补间动画来为 3D 对象创建动画效果，而无法使用传统补间为 3D 对象创建动画效果。

(11)只有补间动画可以另存为动画预设。

(12)对于补间动画，无法交换元件或设置属性关键帧中显示的图形元件的帧数。

(13)在同一图层中可以有多个传统补间或补间动画，但在同一图层中不能同时出现两种补间类型。

9.5.3　创建补间动画

本实例向大家介绍补间动画的制作方法。实例中首先导入一张位图作为背景，并通过补间动画，实现月亮升起来的动画效果。

(1)执行“文件>新建”命令，弹出“新建文档”对话框，设置文档参数如图 9-62 所示。单击“确定”按钮，新建一个空白的 HTML5 Canvas 文档。

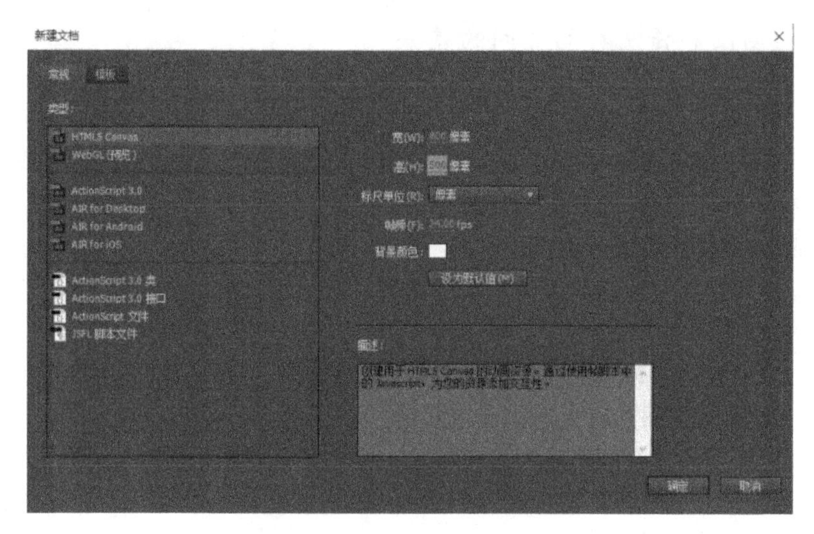

图 9-62　新建 HTML5 Canvas 文档

(2)执行“文件>导入>导入到舞台”命令，选择需要导入的 PNG 图像，单击“打开”按钮，将位图导入到舞台中，调整其位置和大小，如图 9-63 所示，并将图层命名为“星空”。

图 9-63　导 入 位 图

(3)执行“插入”>“新建元件”命令，在弹出的对话框中设置参数如图 9-64 所示，将元件名称设置为“月亮”、元件类型为“影片剪辑”，单击“确定”按钮后进入到元件编辑窗口。

(4)将“月亮”元件编辑窗口的背景色调整为黑色。然后选择工具箱中的“椭圆工具”，在属性面板中设置笔触、填充等参数，并在“月亮”元件编辑窗口中绘制圆形，效果如图 9-65 所示。

图 9-64　新 建 元 件

图 9-65　月 亮 元 件

(5)单击场景左上角的图标退出元件编辑窗口回到场景中。在图层区域新建一个图层，重命名为“月亮”，并将“月亮”元件从“库”面板中拖入舞台中，产生该元件的实例，调整其位置和大小，如图9-66所示。

图 9-66　“月亮”元件拖入场景

(6)选择“月亮”选项元件，在其属性面板中单击“滤镜”选项，并单击图标，如图9-67所示。从弹出的滤镜功能列表中选择“模糊”和“发光”选项效果，并设置其参数如图9-67 所示，完成以后的效果如图 9-68 所示。

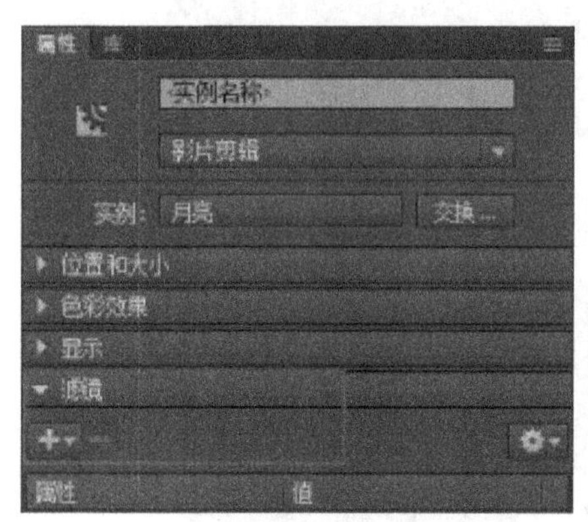

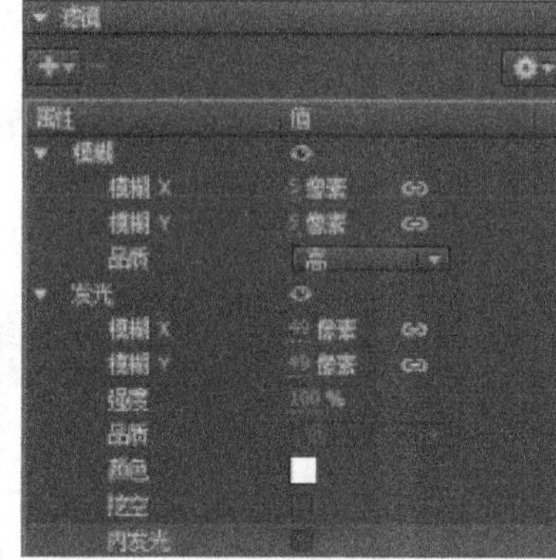

图 9-67 “滤镜”属性

图 9-68 “月亮”发光效果

(7)在“月亮”和“星空”图层的第 50 帧处插入普通帧，增加两个图层中帧的数量，以延长“星空”背景在动画中出现的时间，并为“月亮”图层制作补间动画做好准备，如图 9-69 所示。

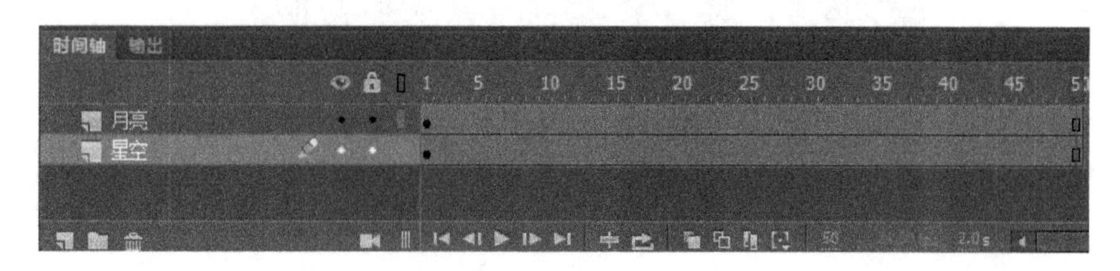

图 9-69 插 入 帧

(8)择选项“月亮”图层，在第 1 帧和第 50 帧之间的任意域单击鼠标右键，并从下拉菜单中选择“创建补间动画”选项，效果如图 9-70 所示。在补间范围内以蓝色背景显示，此时只有第 1 帧为关键帧，其余帧均为普通帧。

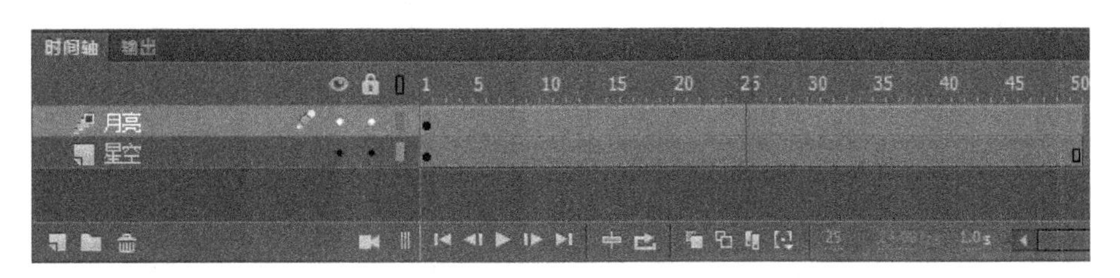

图 9-70　创建补间动画

(9)在“月亮”图层的第 50 帧处单击鼠标左键，将“播放头”定位在第 50 帧。在场景中将月亮元件实例拖动到舞台中上部，如图 9-71 所示，此时在第 1 帧和第 50 帧的“月亮”之间出现运动轨迹，并在时间轴的第 50 帧处产生一个“属性关键帧”。

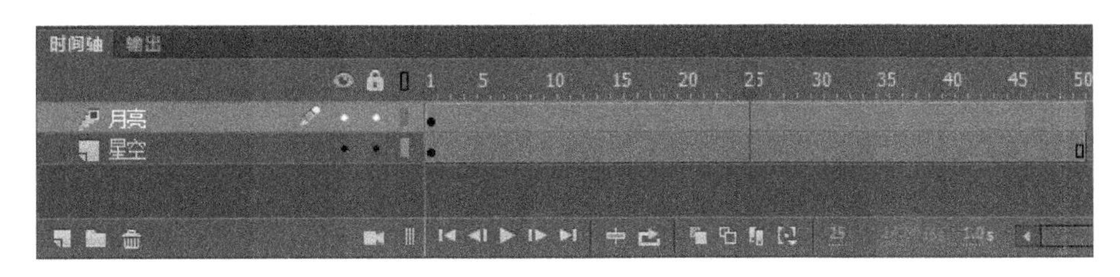

图 9-71　移 动 月 亮

(10)选择工具箱中的“移动工具”，将鼠标指针移动到补间动画的运动轨迹附近，当鼠标指针变为形状时，可以将运动轨迹由直线调整为曲线，如图 9-72 所示，调整后“月亮”将沿着曲线路径运动。

图 9-72　调整路径为曲线

(11)成动画效果后保存动画，并按快捷键“Ctrl+Enter”测试动画，效果如图 9-73 所示。

图 9-73　月亮升起动画

9.6　本章小结

本章为读者介绍了 Animate CC 中基本的动画制作方法，包括从范例文件、广告、动画等模板中创建动画，制作传统的逐帧动画，使用补间的方法创建传统补间动画、形状补间动画和补间动画，通过本章的学习，读者应该能够掌握基本的动画制作方法。

第 10 章　Animate CC 高级动画制作

本章主要介绍引导层动画和遮罩动画两种高级动画的相关知识。引导层动画和遮罩动画在 Animate CC 中是非常重要的两种动画制作技术，通过学习这两种动画制作方法，读者可以制作出更为丰富的动画效果。

10.1 引导层动画

引导层动画是通过在引导层中设计运动路径，使得动画对象沿着轨迹运动的动画效果。在上一章中大家已经发现，在创建补间动画的时候，会自动生成引导线，可以让动画对象沿着轨迹运动，但没有运用引导层。如果要对传统补间动画运用引导路径，那么则需要先使用绘图工具绘制路径，再将对象移至紧贴开始帧的开头位置，最后将对象拖动至结束帧的结尾位置即可。

10.1.1 创建引导层

引导层动画是由引导层和被引导层组成，引导层内通常包含的是运动路径，被引导层中包含的是运动对象。创建引导层的方法很简单，在图层上单击鼠标右键，从弹出菜单中选择“引层层”或“添加传统运动引导层”选项即可将当前图层转换为引导层，如图 10-1 所示。

1. 引导层

“引导层”命令可以将当前图层转换为引导层，效果如图 10-2 所示，其中图层 1 是引导层，在图层名称的左侧有图标。

2. 添加传统运动引导层

执行“传统运动引导层”命令可以为传统补间动画添加引导层，如图 10-3 所示，该命令自动在传统补间动画所在图层上面添加引层图，用于添加运动轨迹。

10.1.2 实践案例—秋天落叶

本实例将通过引导层动画的方法为大家介绍秋天落叶动画的制作方法。动画中首先导入“秋叶”位图并将其背景分离，接下来分别制作引导层路径和秋叶下落的传统补间动画，并将叶子紧贴路径，实现动画效果。

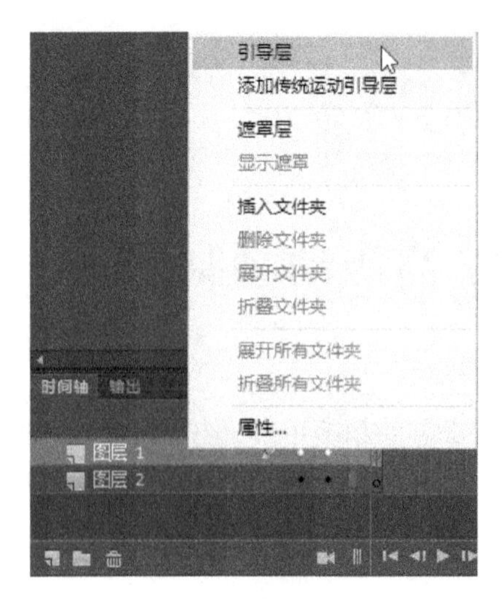

图 10-1 创建“引导层”

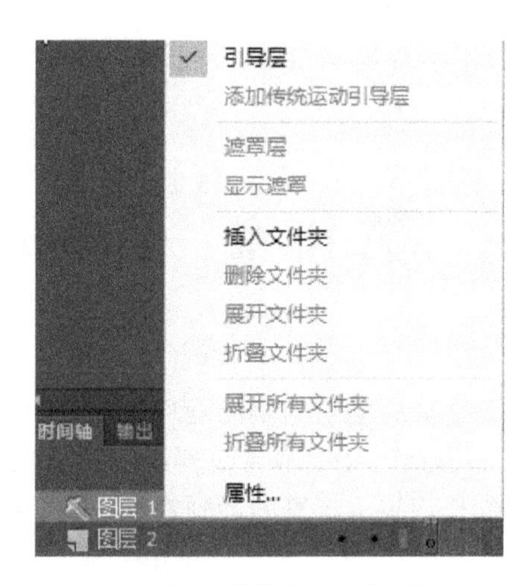

图 10-2 转换为“引导层”

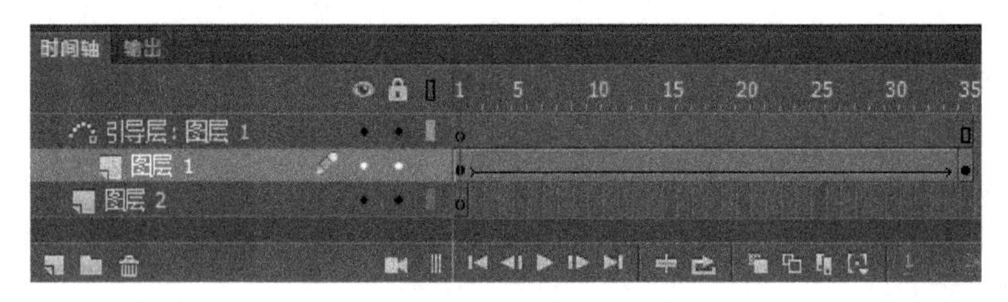

图 10-3 添加“传统运动引导层”

(1)执行“文件>新建”命令，弹出“新建文档”对话框，设置文档参数如图 10-4 所示。单击“确定”按钮，新建一个空白的 HTML5 Canvas 文档。

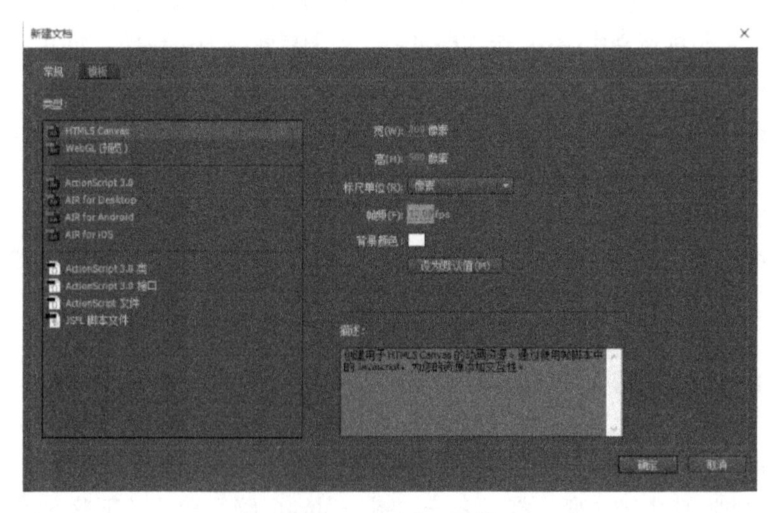

图 10-4 新 建 文 档

（2）执行“文件>导入>导入到舞台”命令，选择需要导入的 JPEG 图像，单击“打开”按钮，将位图导入到舞台中，调整其位置和大小，如图 10-5 所示，并将图层命名为“秋天背景”。

图 10-5　导入背景

（3）在“时间轴”面板中的图层区单击“新建图层”按钮，新建一个图层，并重新命名为“落叶”，如图 10-6 所示。

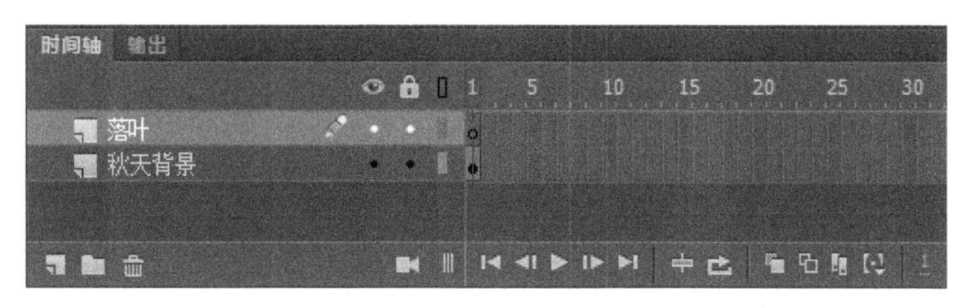

图 10-6　新建“落叶”图层

（4）执行“文件>导入>导入到舞台”命令，选择需要导入的“秋叶”JPEG 图像，单击“打开”按钮，将位图导入到舞台中，如图 10-7 所示。

（5）选择“秋叶”图片，执行“修改”>“分离”命令，如图 10-8 所示，或按“Ctrl+B”快捷键对图像进行“分离”操作。

（6）从工具箱中选择“魔术棒工具”选项，设置其“阈值”，并在图像中白色背景处单击鼠标，如图 10-9 所示。再次用“魔术棒工具”单击白色背景并拖动鼠标将背景分离，只保留叶子部分图像，如图 10-10 所示。

图 10-7　导入“秋叶”图片

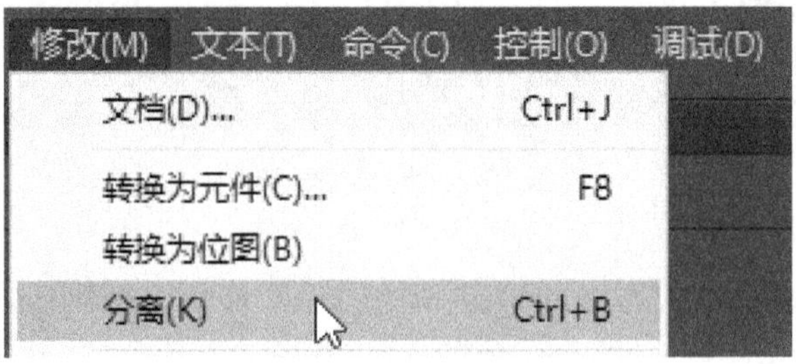

图 10-8　“分离”位图

图 10-9　使用“魔术棒”分离背景

图 10-10　移出背景白色

(7)选择工具箱中的“套索工具”，将所需的要叶子图片勾选出来，将其余叶子删除，如图 10-11 所示。调整叶子的大小，并将其转换为图形元件，命名为“叶子”。

图 10-11　选 择 叶 子

(8)选择“落叶”图层，在第 30 帧处插入关键帧，并在“秋天背景”图层的第 30 帧处插入普通帧。选择工具箱中的“移动工具”将 30 帧处的“叶子”元件实例移动到背景图的底部，如图 10-13 所示。

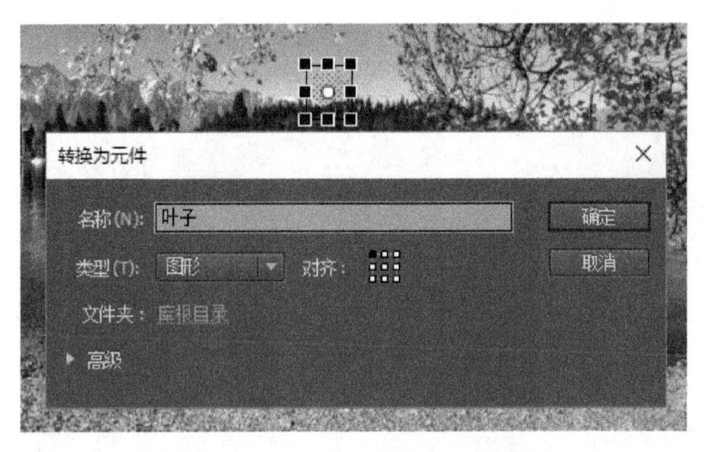

图 10-12　将“叶子”转换为图形元件

图 10-13　插入关键帧

(9)选择“落叶”图层，在第 1 帧和第 30 帧之间创建传统补间动画，如图 10-14 所示。在舞台边缘的草稿灰色区单击，然后在舞台的“属性”面板中设置动画播放的帧速率为 8FPS。按“Enter”键测试动画，可以看到叶子缓慢下落的效果。

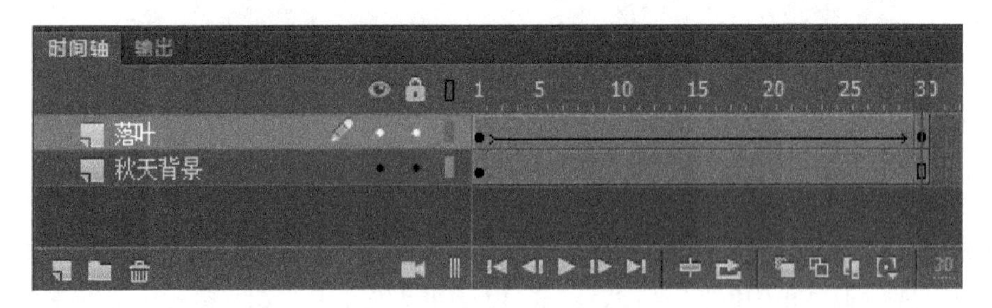

图 10-14　传统补间动画

(10)选择“落叶”图层，在图层上单击鼠标右键，从下拉菜单中选择“添加传统运动引导层”选项，在“落叶”图层上方添加引导层，如图 10-15 所示。

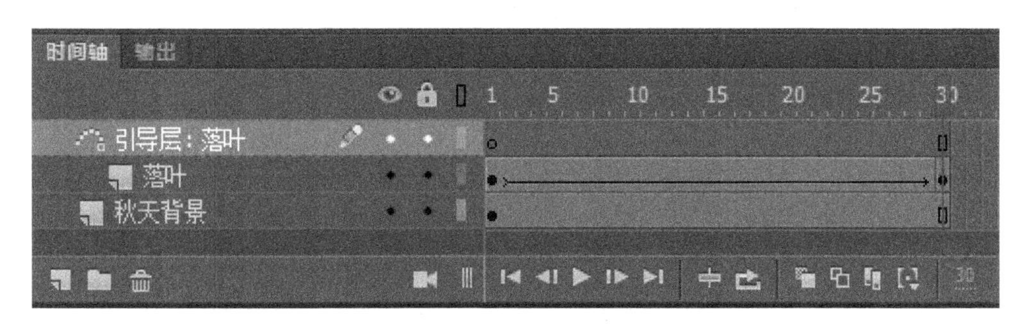

图 10-15　添加传统运动引导层

(11)选择铅笔工具在引导层中的第 1 帧绘制树叶下落的路径，如图 10-16 所示。在引导层的第 30 帧处插入关键帧，延长引导路径的帧范围。

图 10-16　绘制引导路径

(12)回到引导层的第 1 帧，将叶子图片与路径的起点贴合，如图 10-17 所示。用同样的方法单击引导层的第 30 帧，将叶子图片与路径的终点贴合，如图 10-18 所示。按“Enter”键测试动画，可以看到叶子沿着引导路径缓慢下落的效果。

(13)选择落叶所在的传统补间动画图层，在属性面板中设置补间参数“调整到路径”，如图 10-19 所示，此时叶子会沿着路径的切线方向下落，同时叶子会有摆动下落的过程，而不会显的很生硬，如图 10-20 所示。

图 10-17　叶子紧贴路径起点

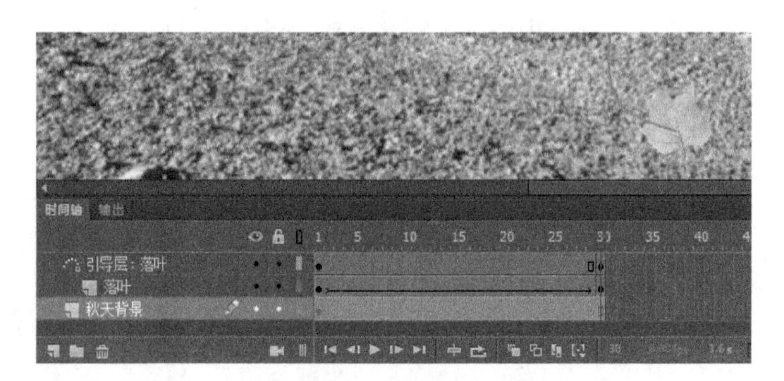

图 10-18　叶子紧贴路径终点

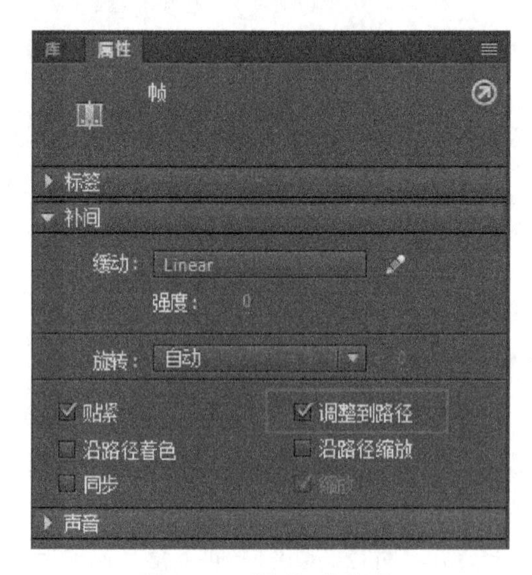

图 10-19　调整到路径

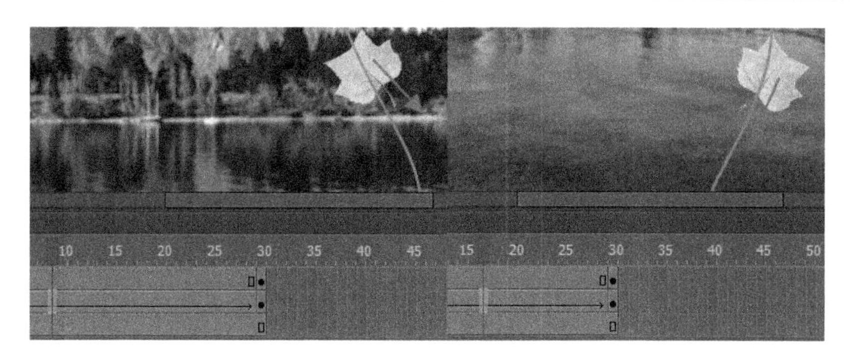

图 10-20　叶子调整到路径

（14）单击“落叶”传统补间图层，分别选择第 1 帧和第 30 帧中的叶子图片，从工具箱中选择“任意变形工具”选项调整“叶子”的形状，使其形态更为自然，在落在时更贴合地面，如图 10-21 所示。完成动画后保存并发布测试动画，最终效果如图 10-22 所示。

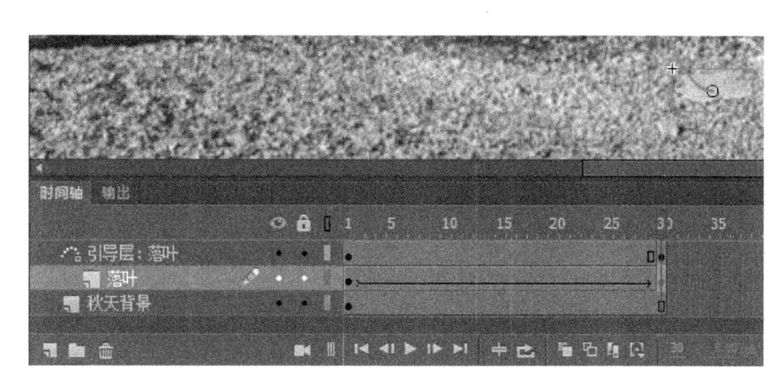

图 10-21　调整叶子形状

图 10-22　完成后的动画效果

10.2 遮罩动画

遮罩动画是通过遮罩层来实现的。使用遮罩动画的制作方法可以获得类似于聚光灯和过渡效果，例如可以使用遮罩层创建一个孔，通过这个孔可以看到下面的图层中的内容。此外，也可以对遮罩层创建补间动画让遮罩层动起来。本小节将介绍遮罩动画制作方面的知识。

10.2.1 创建遮罩层

遮罩动画由遮罩层和被遮罩层组成，遮罩层内包含的通常是用于作为遮罩的填充形状、文字对象、图形元件的实例或影片剪辑等，而被遮罩层内包含的是内容。如果要创建遮罩层可以在图层上单击鼠标右键，从弹出菜单中选择“遮罩层”选项即可将当前图层转换为遮罩层，如图 10-23 所示。

图 10-23 创建遮罩层

遮罩层创建完成后，可以将被遮罩层移动到遮罩层下，也即在遮罩层与被遮罩层之间建立关联，如图 10-24 所示。

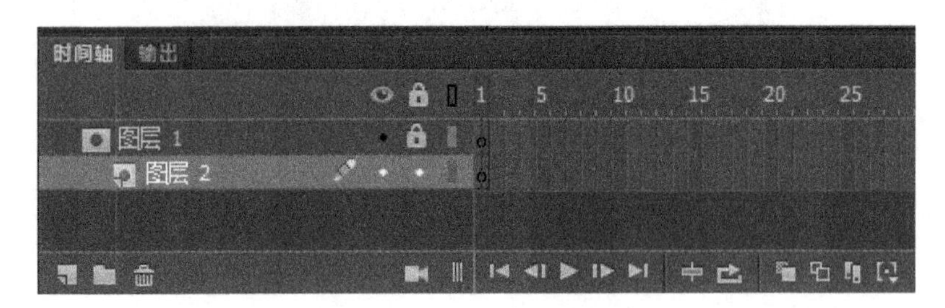

图 10-24 遮罩层与被遮罩层

10.2.2　实践案例—图片遮罩动画

接下来通过实例介绍遮罩动画的制作方法。在本例中首先导入一张需要通过遮罩显示的照 片，将其作为被遮罩层，然后新建图制作多角星形遮罩，实现照版图像的遮罩显示动画效果。

(1)执行“文件>新建”命令，弹出“新建文档”对话框，设置文档参数如图 10-25 所示。单击“确定”按钮，新建一个空白的 HTML5 Canvas 文档。

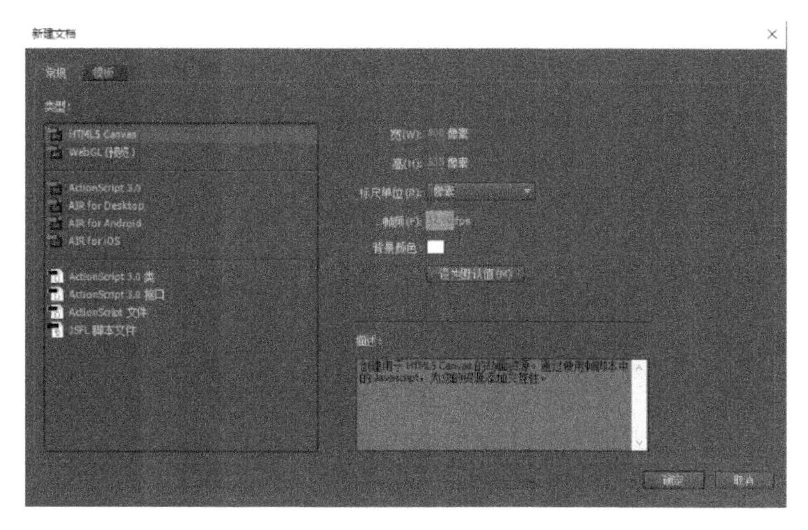

图 10-25　新 建 文 档

(2)执行“文件>导入>导入到舞台”命令，选择需要导入照片图像，单击“打开”按钮，将位图导入到舞台中，调整其位置和大小，如图 10-26 所示，并将图层命名为“校园”。

图 10-26　导 入 图 像

(3)在“时间轴”面板中的图层区单击“新建图层”按钮，新建一个图层，并重新命名为“星形遮罩”，如图 10-27 所示。

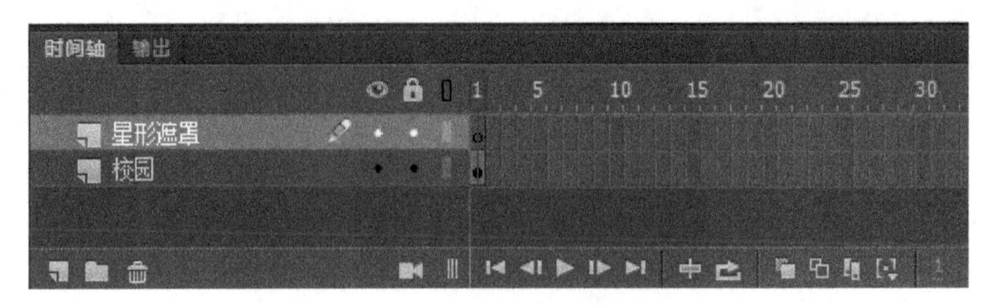

图 10-27　创建“星形遮罩”图层

(4)从工具箱中选择“多角星工具”选项，并设置笔触颜色为空、填充色为红色，并单击“选项”按钮，在弹出的“工具设置”对话框中选择“星形”样式、“边数”为 6，“星形顶点大小”为 0.7，如图 10-28 所示。

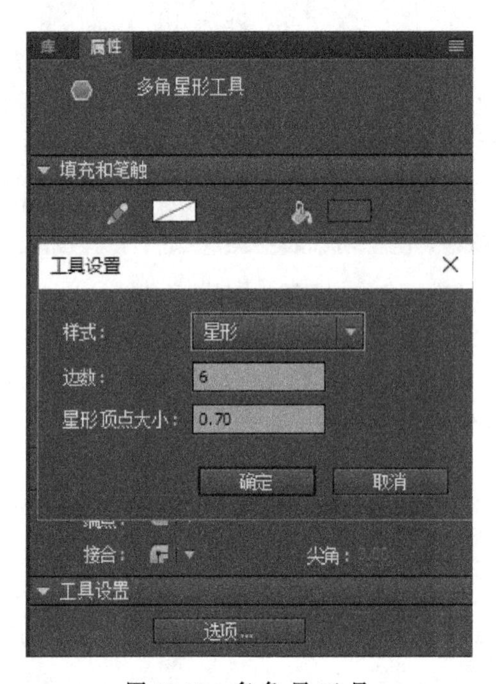

图 10-28　多 角 星 工 具

(5)在“时间轴”面板中选择“星形遮罩”选项图层，在舞台中绘制星形图形，并将其转换为图形元件，并调整其尺寸，使其尽可能小，如图 10-29 所示。

(6)在“校园”图层的第 30 帧插入普通帧，延长图像显示帧数。在“星形遮罩”图层的第 30 帧处插入关键帧，调整星形元件实例尺寸，使其能覆盖整个校园图片，效果如图 10-30 所示。

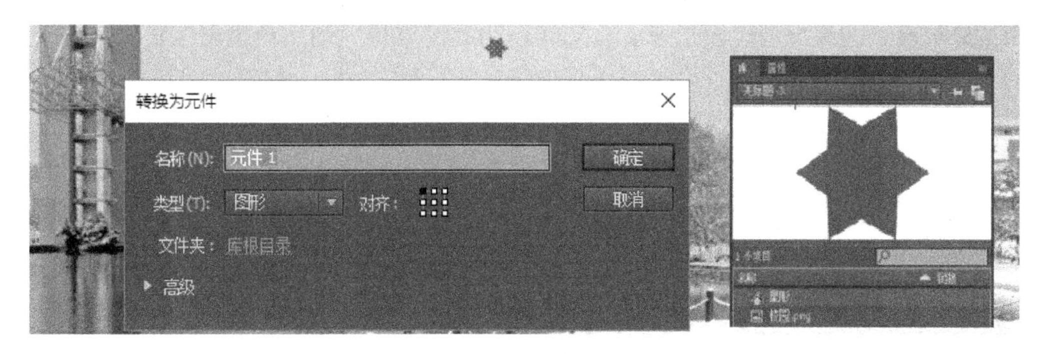

图 10-29 创 建 元 件

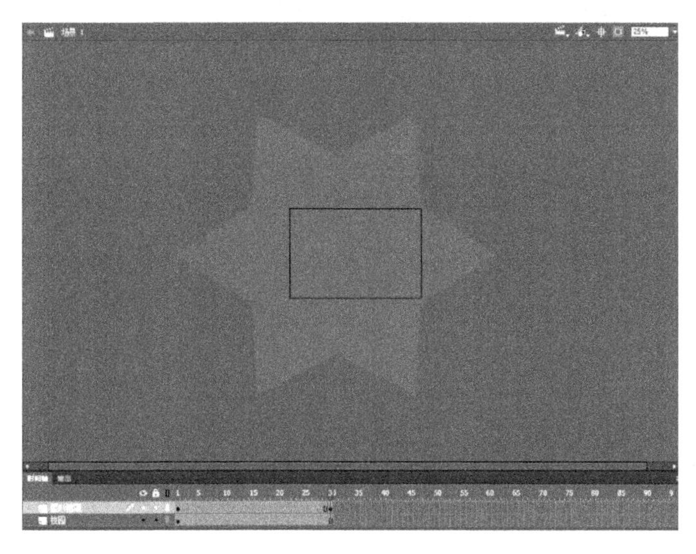

图 10-30 放大“星形”元件

(7)在“星形遮罩”图层的第 1 帧和 30 帧之间任意位置单击鼠标右键，从弹出菜单中选择“创建传统补间”选项。然后再次单击鼠标右键“星形遮罩”图层，从弹出菜单中选择“遮罩层”选项，将“星形遮罩”图层转换为遮罩层，如图 10-31 所示。

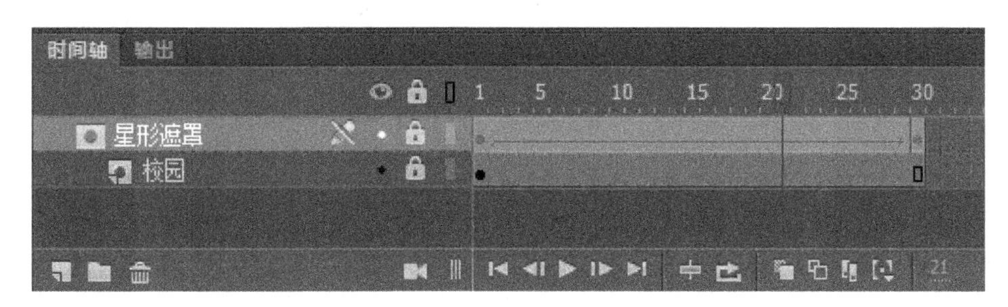

图 10-31 创建传统补间

(8)从图 10-31 中可以看出，将“星形遮罩”图层转换为遮罩层后，“校园”图层自动转换为被遮罩层。如果“校园”图层没有自动转换为被遮罩层，则用户也可以将“校园”图层移动到“星形遮罩”图层下面，在遮罩层与内容层之间建立关联，如图 10-32 所示，完成后的效果如图 10-33 所示。

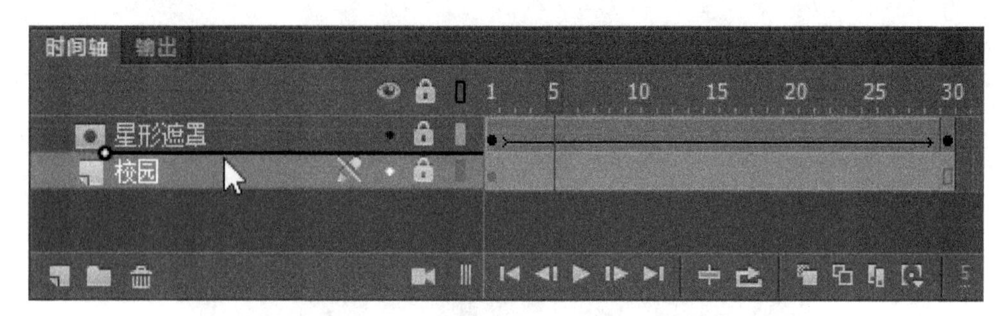

图 10-32　将“校园”图层移动到“星形遮罩”图层下

图 10-33　动 画 效 果

(9)在“星形遮罩”图层的补间动画帧范围中任意区域单击鼠标左键，并在属性面板中设置传统补间动画的旋转属性，将旋转方式设置为顺时针，如图 10-34 所示。

(10)在舞台属性面板中设置帧速率为 9 帧每秒(FPS)，动画完成后可以保存动画作品，并按“Ctrl+Enter”测试动画，效果如图 10-35 所示。

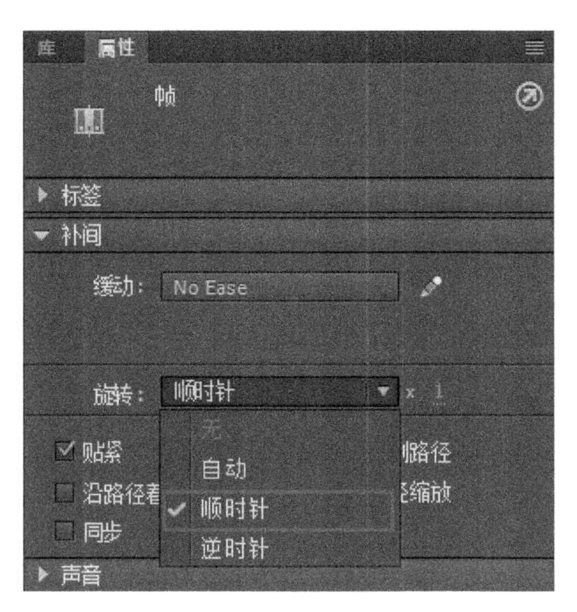

图 10-34　传统补间“旋转”属性

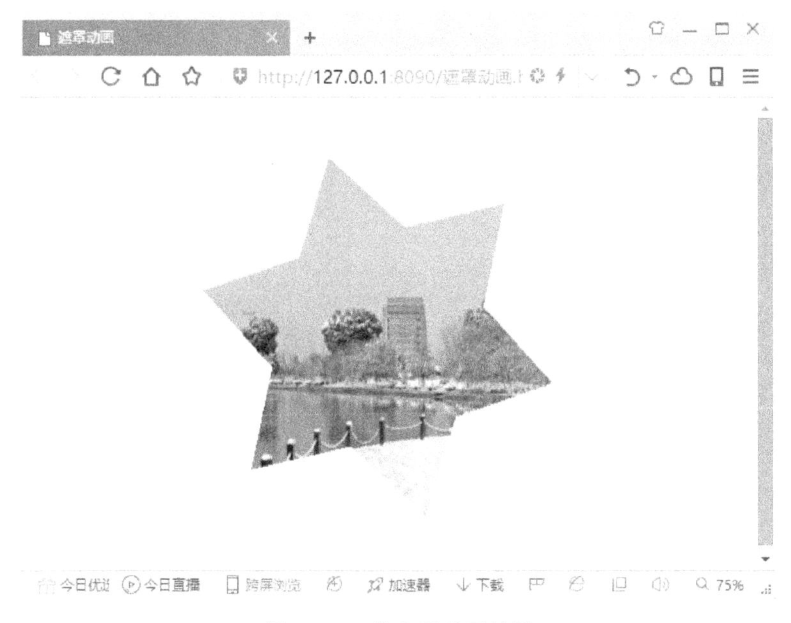

图 10-35　发布后动画效果

10.3　本 章 小 结

本章主要为读者介绍了引导层动画和遮罩动画两种高级动画的相关知识与应用。具体包括引导层的创建、遮罩层的创建，并通过两个实例详细讲解了引导层动画和遮罩动画的制作步骤与方法。通过本章的学习读者对 Animate CC 中制作动画的技术应该会有更深入的理解。

第 11 章　发布与导出 Animate CC 动画

Animate CC 动画作品完成后，需要通过发布或导出功能将其输出为适合各种平台与环境浏览的格式。由于 Animate 作品主要应用于互联网环境中，因此在制作过程中应尽量减小文件的数据量，并通过发布优化作品，降低用户下载的时间，提高用户体验。本章将为大家介绍 Animate CC 动画作品的发布方法及相关设置。

11.1　测试 Animate 动画

在 Animate CC 动画制作过程中，或者对已完成的作品，可以通过测试动画来检查动画存在的问题，以便作进一步的修改与完善。用户可以在编辑环境中测试、在浏览器中测试、也可以通过 Scout CC 软件来测试动画作品。

11.1.1　在编辑环境中测试

在动画制作过程中，用户可以在 Animate CC 软件环境中对动画进行测试。对于当前正在编辑的 Animate 文档，可以按“Enter”键或在时间轴面板的动画测试区单击“播放”等按钮来测试动画，如图 11-1 所示。

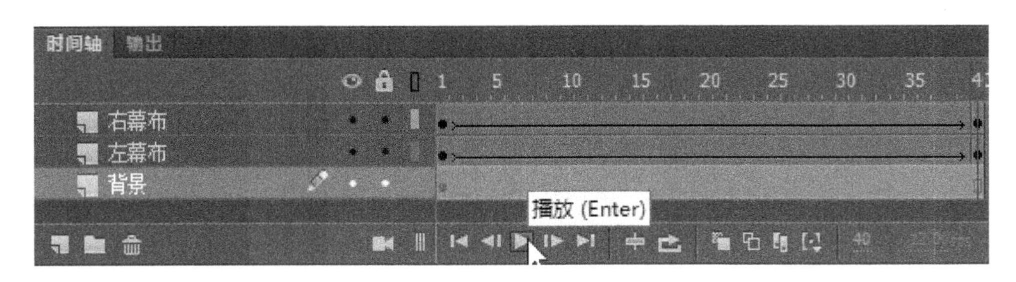

图 11-1　播放测试动画

但是，在编辑环境中测试动画存在一定的局限性，部分类型的元件或 ActionScript 编码不能测试，具体包括：

1. 影片剪辑元件实例

影片剪辑元件实例中的声音、动画和动作在编辑环境中将不可见或不起作用，而只有第 1 帧会出现在编辑环境中。

2. 按钮元件实例

与影片剪辑元件实例一样，按钮元件的实例在场景中测试也不会起作用，按钮无法响应鼠标的单击、滑动等事件。

3. ActionScript 动作

用户无法在编辑环境中测试交互效果、鼠标事件或其他动作功能。

11.1.2 在浏览器或 Flash Player 中测试

对于包含影片剪辑元件、按钮元件、ActionScript 编码的动画作品，用户可以通过按“Ctrl+Enter”键在浏览器或 Flash Player 中测试动画。如果用户创建的是 HTML5 Canvas 类型的文档，通过“Ctrl+Enter”可以进入到浏览器环境中测试作品，如图 11-2 所示。如果是 ActionScript 3. 0 类型的文 54 档将以 SWF 文件在 Animate CC 内置的 Flash Player 环境中测试，如图 11-3 所示。

图 11-2　在浏览器中测试 HTML5 Canvas 文档

图 11-3　Swf 文件测试

11.1.3　在 Scout CC 中测试

Adobe Scout 是一个内存概要分析工具，可以对 ActionScript 应用程序(桌面上运行的 Flash Player)以及在 Adobe AIR 上运行的移动设备应用程序进行内存分配、帧时间、传输速度等概要分析。Adobe Scout 使用遥测功能帮助用户对自己的 Animate 动画内容进行概要分析。Adobe Scout 提供许多高级遥测选项，供用户在对应用程序进行概要分析时使用。

Adobe Scout CC 针对在计算机上运行的任何 SWF 文件，提供了基本的遥测数据。安装 Adobe Scout CC 后，Animate CC 可以与其进行集成，利用 Adobe Scout CC 提供的高级遥测功能对 SWF 文件进行分析。

1. 在 Animate CC 中启用遥测数据

在 Animate CC 中执行“文件>发布设置”命令，弹出“发布设置”对话框，在高级选项中选中“启用详细的遥测数据”选项(见图 11-4)，单击“确定”按钮，即可与 Adobe Scout CC 进行通信。

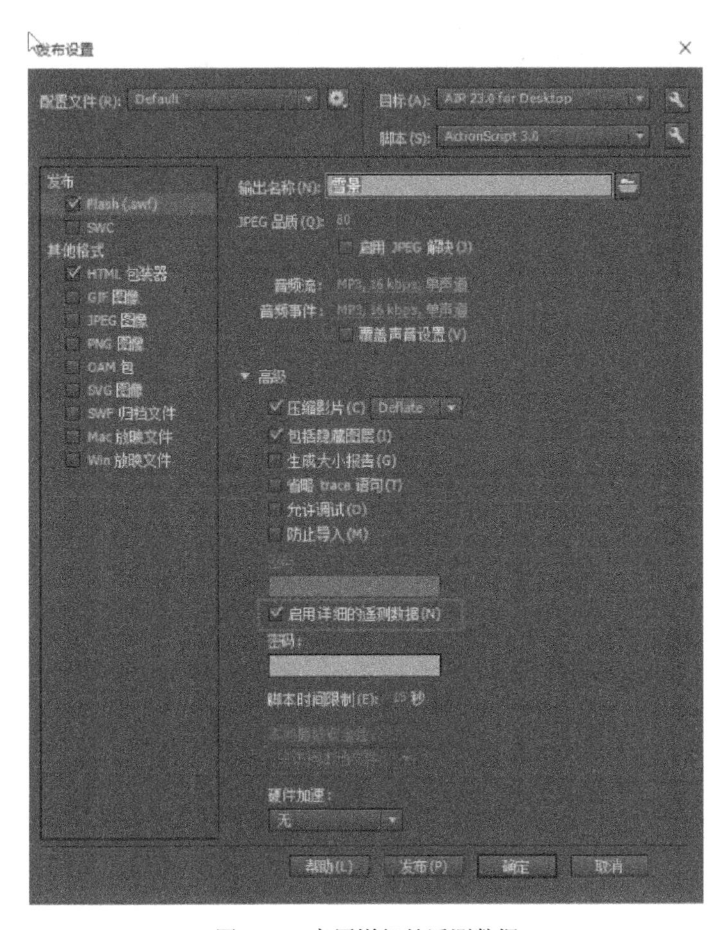

图 11-4　启用详细的遥测数据

2. 在 Adobe Scout CC 中测试 Animate 动画

首先启动 Adobe Scout CC 软件，如图 11-5 所示。运行中 Adobe Scout CC 会即时监听桌面上或 Adobe AIR 移动设备上运行的 SWF 文件，并与之建立通信息，获取 SWF 文件运行的状态信息。

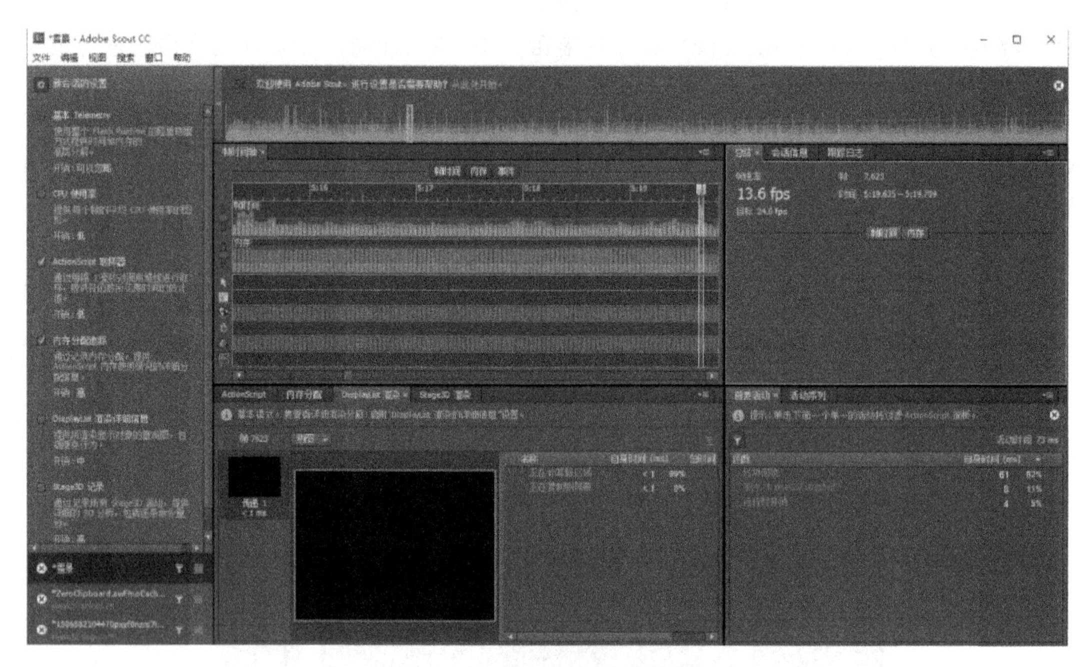

图 11-5　Adobe Scout CC 软件界面

Adobe Scout CC 软件就绪后，回到 Animate CC 软件中，打开需要测试的文件，在“属性”面板中的“目标”下拉列表中选择“AIR 25.0 For Desktop”选项，如图 11-6 所示。按“Ctrl+Enter”组合键，测试 SWF 动画，Animate CC 软件会生成 SWF 文件，关在 AIR 桌面环境中运行，如图 11-7 所示。

图 11-6　设置“目标”

图 11-7　测 试 动 画

此时 Adobe Scout CC 软件自动与 SWF 文件建立通信息，可以监听到 SWF 文件的运行信息，如图 11-8 所示。通过 Adobe Scout CC 对 SWF 进行详细的数据分析，用户可以很方便地看到 SWF 在某一帧中的内存资源使用情况，以及该时间点所执行的事件任务等情况，根据这些数据去优化和调整 Animate 动画的内容，以便使作品播放更加流畅。

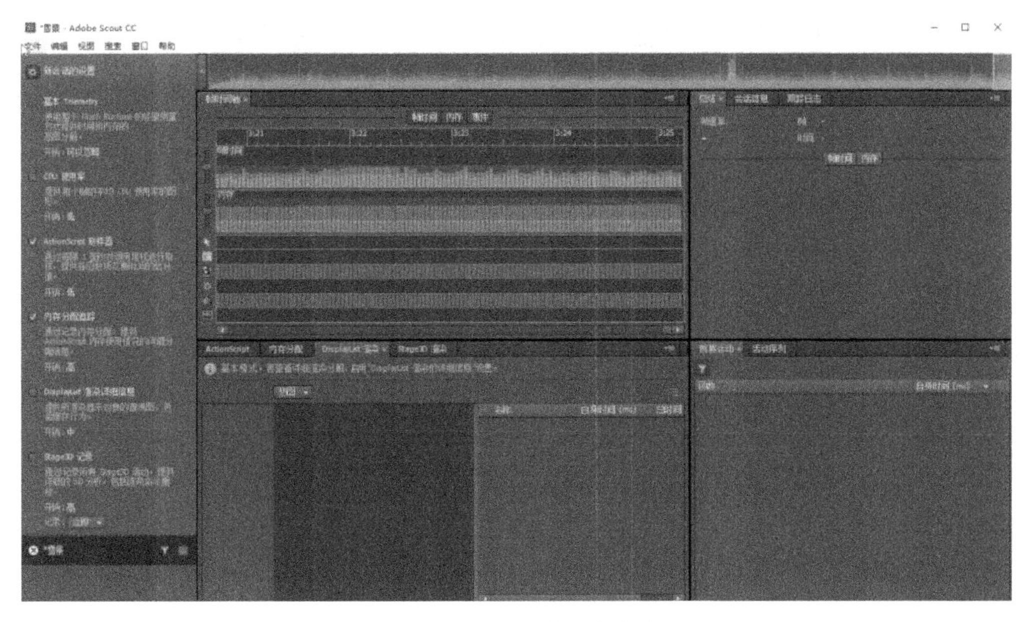

图 11-8　SWF 文件运行信息

11.2　Animate 动画发布设置

制作完成后的 Animate 动画，可以通过“发布”功能将其输出为不同的格式的动画文件，并应用在不同的其他文档中，以便更多的人能浏览与欣赏动画，实现动画的价值。在

Animate 中动画可以以多种格式发布，用户可以执行“文件>发布设置”命令，在弹出的“发布设置”对话框中选择需要的发布格式并进行设置，实现一次设置多次输出，发布后的文件将会存放在动画源文件所存的磁盘目录中。

11.2.1 “发布设置”对话框

执行“文件>发布设置”命令，可以打开“发布设置”对话框，如图 11-9 所示。从对话框中用户可以根据输出的需要选择或创建发布的配置文件。

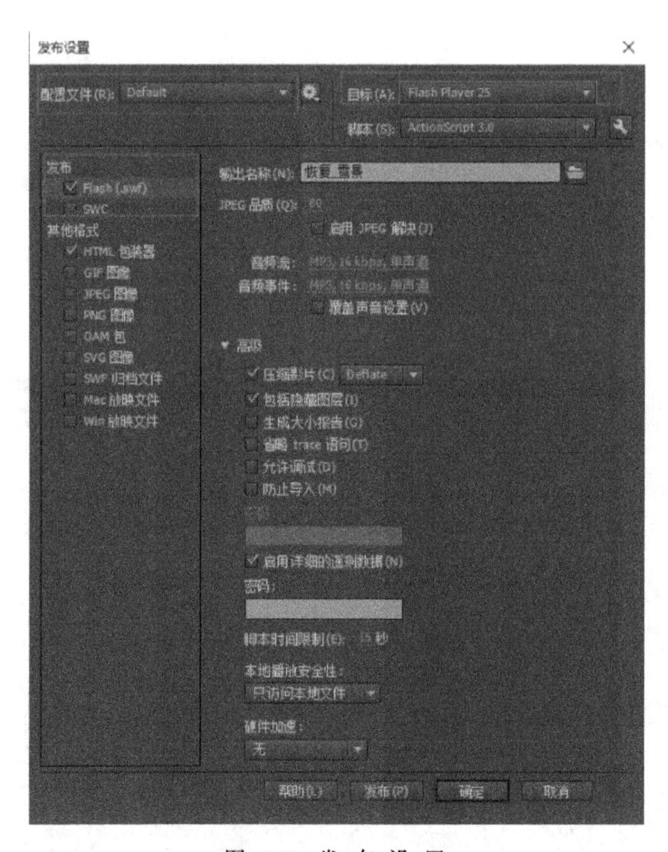

图 11-9 发 布 设 置

1. 配置文件

显示当前正在使用的配置文件，默认为 Default。配置文件实际上是一组发布参数的组合，用户可根据需要配置发布参数。

2. 配置文件选项

通过配置文件选项用户可以创建新的配置文件、直接复制配置文件、重命名配置文件、导入配置文件、导出配置文件、删除配置文件等。导出的配置文件将以 *.apr 的格式保存在系统的发布文件夹内(见图 11-10)。

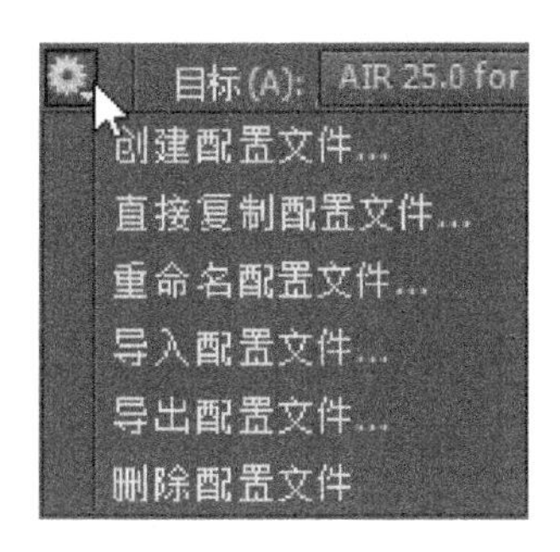

图 11-10　配置文件选项

11.2.2　发布 SWF 影片

对于 ActionScript 3.0 类型的文件，执行"文件>发布设置"命令，可以打开"发布设置"对话框，在其中设置发布相关选项，即可以发布 SWF 影片，如图 11-11 所示。

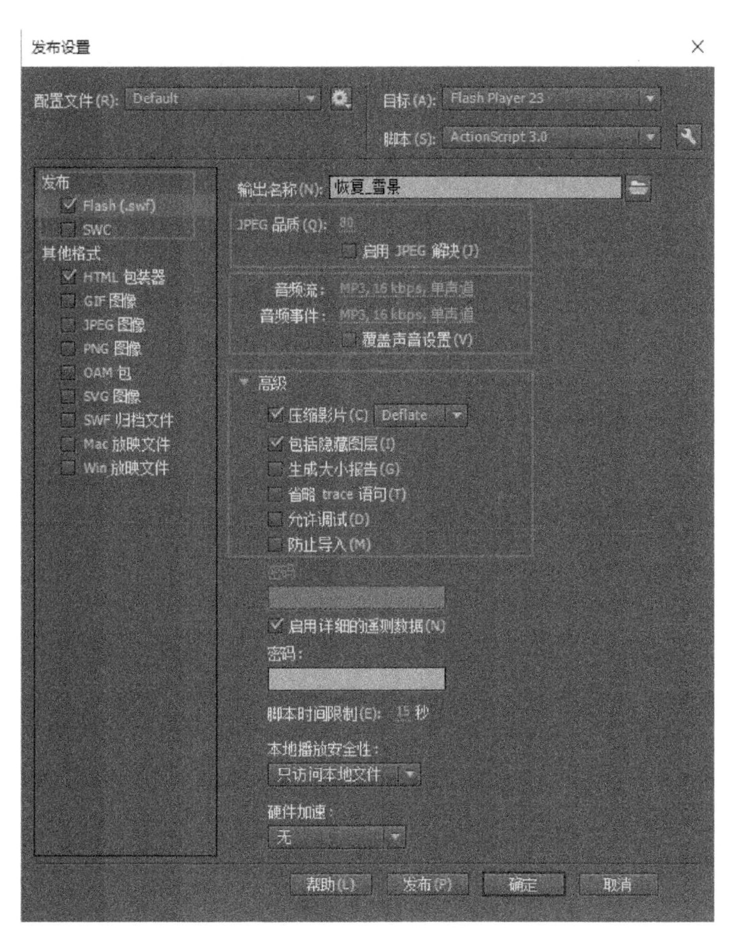

图 11-11　发布 SWF 影片

1. JPEG 品质

可以设置输出的位图图像的品质，通过拖动数值可以改变 JPEG 输出的品质，也可以直接在数值框输入数值。JPEG 品质的数值范围为 0～100，数值越大，图像的品质越高，但同时文件数据量也越大。

2. 启用 JPEG 解决

启用该选项可以减少低品质图像的失真问题。

3. 音频流/音频事件

从音频流或音频事件中可以设置音频内容的压缩方式、比特率和品质。单击音频流或音频事件后的设置数据流选项可以打开声音设置面板，如图 11-12 所示。

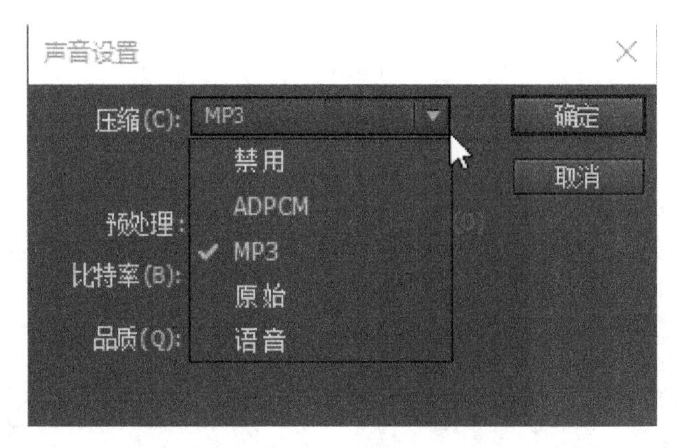

图 11-12 声 音 设 置

4. 覆盖声音设置

若要创建一个较大的高保真音频文件以供本地使用，或者创建一个较小的低保真版本的 SWF 文件以供在 Web 上使用，即可选中“覆盖声音设置”复选框；若取消选中该选项，则 Animate 会扫描文档中的所有音频流，然后按照各个设置中最高的设置发布所有音频流。如果一个或多个音频流具有较高的导出设置，则可能增加文件大小。

5. 压缩影片

压缩 SWF 文件以减少文件大小和缩短下载时间。有两种压缩模式：Deflate 是旧压缩模式，与 Flash Player 6. x 和更高版本兼容。LZMA 的效率比 Deflate 模式高 40%，只与 Flash Player 11. x 和更高版本或 AIR 3. x 和更高版本兼容。LZMA 压缩对于包含很多 ActionScript或矢量图形的 FLA 文件非常有用。如果在“发布设置”中选择了 SWC，则只有 Deflate 压缩模式可用。

6. 包括隐藏图层

此选项用于导出 Animate 文档中所有隐藏的图层。如果取消选择“导出隐藏的图层”选项将阻止把生成的 SWF 文件中标记为隐藏的所有图层(包括嵌套在影片剪辑内的图层)导出。这样，通过使图层不可见，就可以方便地测试不同版本的 Animate 文档。

7. 生成大小报告

选择此选项将生成一个报告，按文件列出最终 Animate 内容中的数据量。

8. 省略 trace 语句

使 Animate 忽略当前 SWF 文件中的 ActionScript trace 语句。如果选择此选项，trace 语句的信息将不会显示在“输出”面板中。

允许调试：激活调试器并允许远程调试 Animate SWF 文件。可让您使用密码来保护 SWF 文件。

9. 防止导入

防止其他人导入 SWF 文件并将其转换回 FLA 文档。可使用密码来保护 AnimateSWF 文件。

10. 启用详细的遥感数据

可以通过选择相应的选项，为 SWF 文件启用详细的遥测数据。启用此选项可以让 Adobe Scout 记录 SWF 文件的遥测数据。

11. 脚本时间限制

若要设置脚本在 SWF 文件中执行时可占用的最大时间量，可在“脚本时间限制”中输入一个数值。Flash Player 将取消执行超出此限制的任何脚本。

12. 本地播放安全性

从该选项的弹出菜单中，选择要使用的 Animate 安全模型。指定是授予已发布的 SWF 文件本地安全性访问权，还是网络安全性访问权。

13. 硬件加速

通过该选项可以对 SWF 文件应用硬件加速，可以选择以下两种加速方法之一。

第 1 级—直接：通过允许 Flash Player 在屏幕上直接绘制，而不是让浏览器进行绘制，从而改善播放性能。

第 2 级—GPU：在“GPU”模式中，Flash Player 利用图形卡的可用计算能力执行视频播放并对图层化图形进行复合。根据用户的图形硬件的不同，这将提供更高一级的性能优势。

11.2.3 发布为 HTML5 文件

对于 HTML5 Canvas 类型的文档，可以将其发布为 HTML5 文件。执行“文件>发布设置”命令，可以打开“发布设置”对话框，在其中设置发布相关选项，即可以发布 HTML5 文件，如图 11-13 所示。

1. 基本设置

(1)输出名称。用于设置输出文件的名称以及发布后保存的目录，可以通过单击浏览按钮“ ”进行更改。

(2)循环时间轴。如果选中，则时间轴循环；如果未选中，则在播放到结尾时时间轴停止。

(3)包括隐藏图层。如果未选中，则不会将隐藏图层包含在输出中。

图 11-13　发布为 HTML 文件

(4)舞台居中。允许用户选择是将舞台水平居中、垂直居中还是这两者同时居中。默认情况下，HTML 画布/舞台显示在浏览器窗口的中间。

(5)使得可响应。允许用户选择动画是否应响应高度、宽度或这两者的变化，并根据不同的比例因子调整所发布输出的大小。结果将是遵从 HiDPI 的更为清晰鲜明的响应式输出。

(6)缩放以填充可见区域。允许用户选择是在全屏模式下查看动画输出，还是应拉伸以适合屏幕。其中符合视图大小是指在全屏模式下以整个屏幕空间显示输出，同时保持长宽比。拉伸以适合是指拉伸动画以便输出中不带边框。

(7)包括预加载器。预加载器是在指加载呈现动画所需的脚本和资源时以动画 GIF 格式显示的一个可视指示符。资源加载之后，预加载器即隐藏，而显示真正的动画。此选项允许用户选择是使用默认的预加载器还是从文档库中自行选择预加载器。

(8)导出图像资源。供放入和从中引用图像资源的文件夹。

(9)合并到 Sprite 表中。选择该选项可将所有图像资源合并到一个 Sprite 表中。

(10)导出声音资源。供放入和从中引用文档中声音资源的文件夹。

(11)导出 CreateJS 资源。供放入和从中引用 CreateJS 库的文件夹。

2. 高级选项

从发布设置对话框中单击高级选项卡，打开发布 HTML5 的高级选项，如图 11-14 所示。

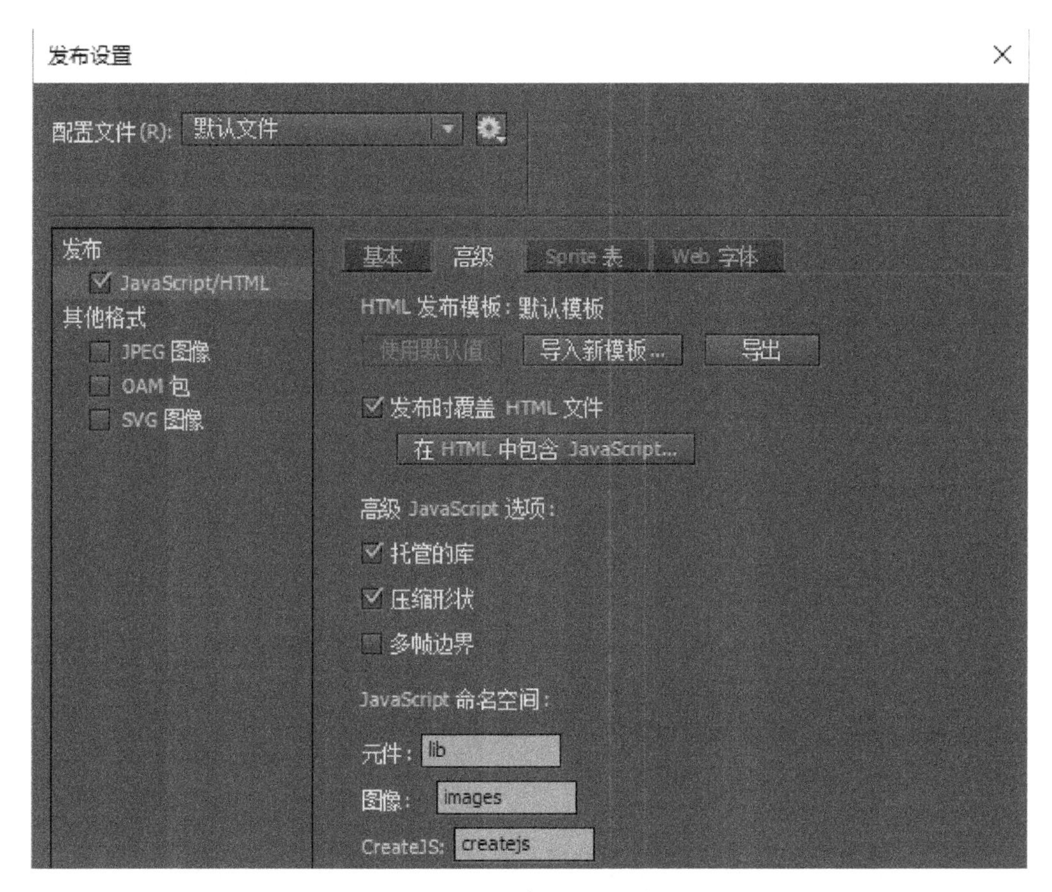

图 11-14　高 级 选 项

(1)HTML 发布模板。该选项用于选择 HTML 发布默认模板，用户可以使用默认的模板，也可以导入新的模板。

(2)管的库。如果选中，将使用在 CreateJS CDN (code. createjs. com) 上托管的库的副本。这样允许对库进行缓存并在各个站点之间实现共享。

(3)缩形状。如果选中，将以精简格式输出矢量图形。

(4)帧边界。如果选中，则时间轴元件包括一个 frameBounds 属性，该属性包含一个对应于时间轴中每个帧的边界的 Rectangle 数组，但多帧边界会大幅增加发布时间。

3. Sprite 表

Sprite 表选项用于将 HTML5 Canvas 文档中使用的大量位图导出为一个单独的 Sprite 表，可减少服务器请求次数、减小输出大小，从而提高性能。用户可以将 Sprite 表导出为 PNG 或 JPEG，或是这两者(见图 11-15)。

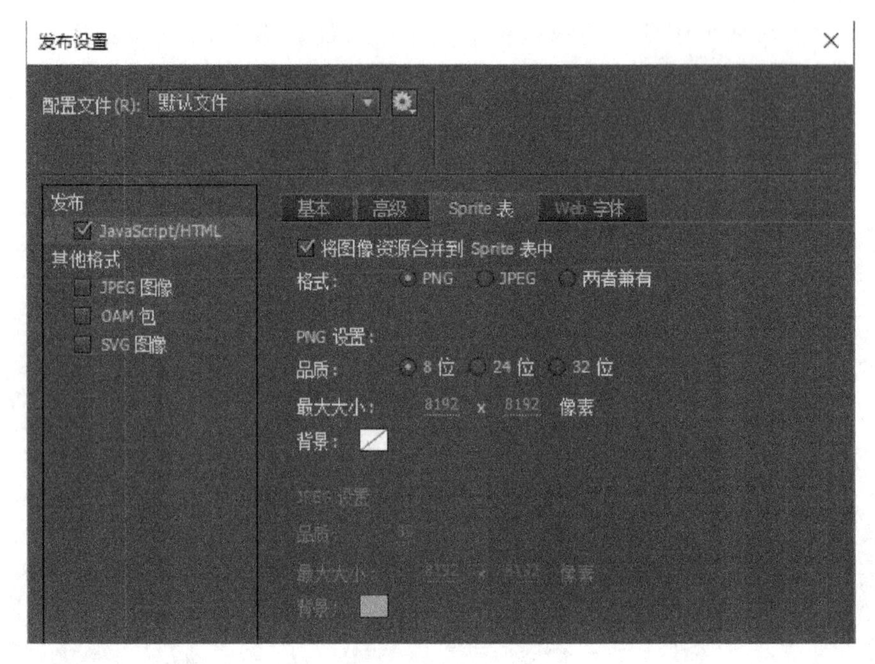

图 11-15　Sprite 表

对于 PNG 图像，可以选择品质，包括 8 位、16 位、32 位三种，另外还可以限制 PNG 图像的最大大小，以及是否包含背景色。

对于 JPEG 图像，同样可以设置其品质，数值为 1～100，最大大小为 8192×8192 像素，以及背景色，如图 11-16 所示。

图 11-16　JPEG 品 质

11.3　导出 Animate CC 动画

除了通过发布命令来输出动画作品之外，也可以以“导出”的方式将作品输出为图像、影片、动画、视频。执行“文件”>“导出”命令，可以从菜单中选择一种导出格式，如图 11-17 所示。

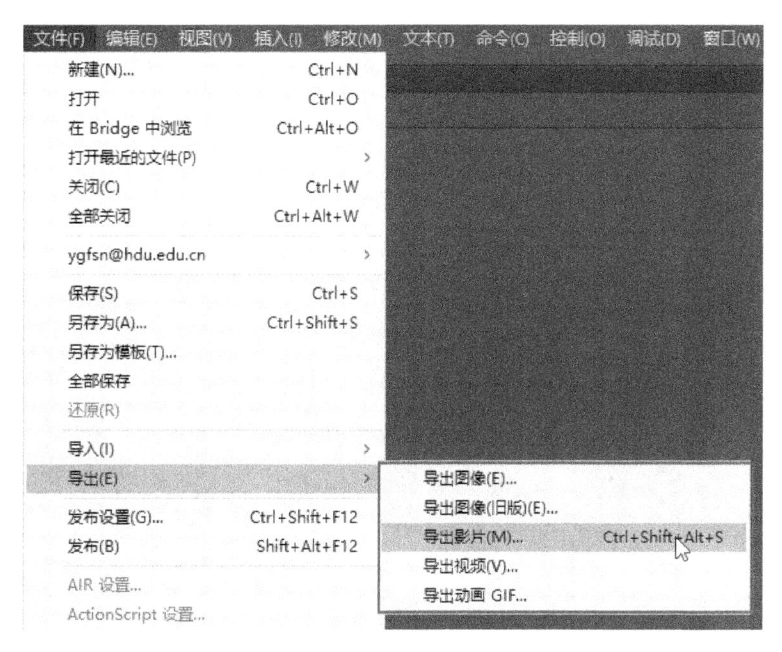

图 11-17　“导出”命令

11.3.1　导出图像文件

在 Animate CC 中可以将动画文件导出为静态图像。执行“文件”>“导出”>“导出图像”命令，打开导出图像对话框，如图 11-18 所示。可以选择将图像以 GIF、JPEG、PNG-8、PNG-24 四种格式输出，并对图像进行优化。

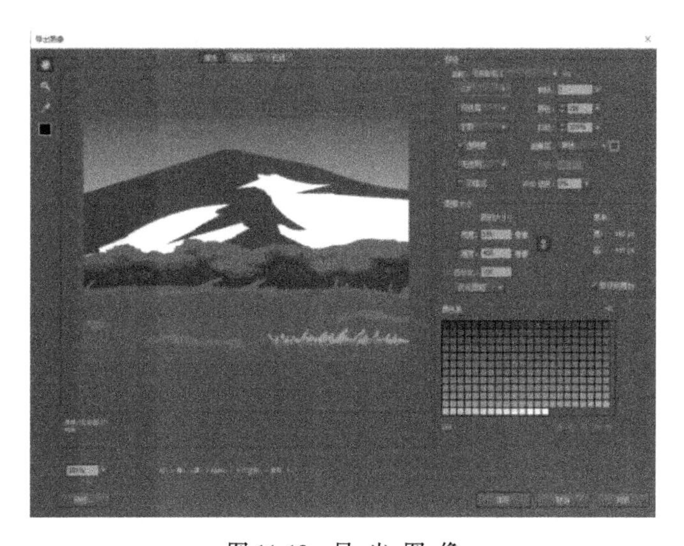
图 11-18　导 出 图 像

在“导出图像”对话框的中间区域可以以“2 栏式”方式显示源图像与优化以后图像的数据量大小。从对话框右侧选择 GIF 格式，其他参数为默认值，可以对比源图像与优化后的图像数据量，如图 11-19 所示。优化前图像数据量为 859KB，优化后的 GIF 图数据量为 18.39KB。同样，用户可以选择 JPEG、PNG-8、PNG-24 等不同格式导出图像，以优化图像的效果。

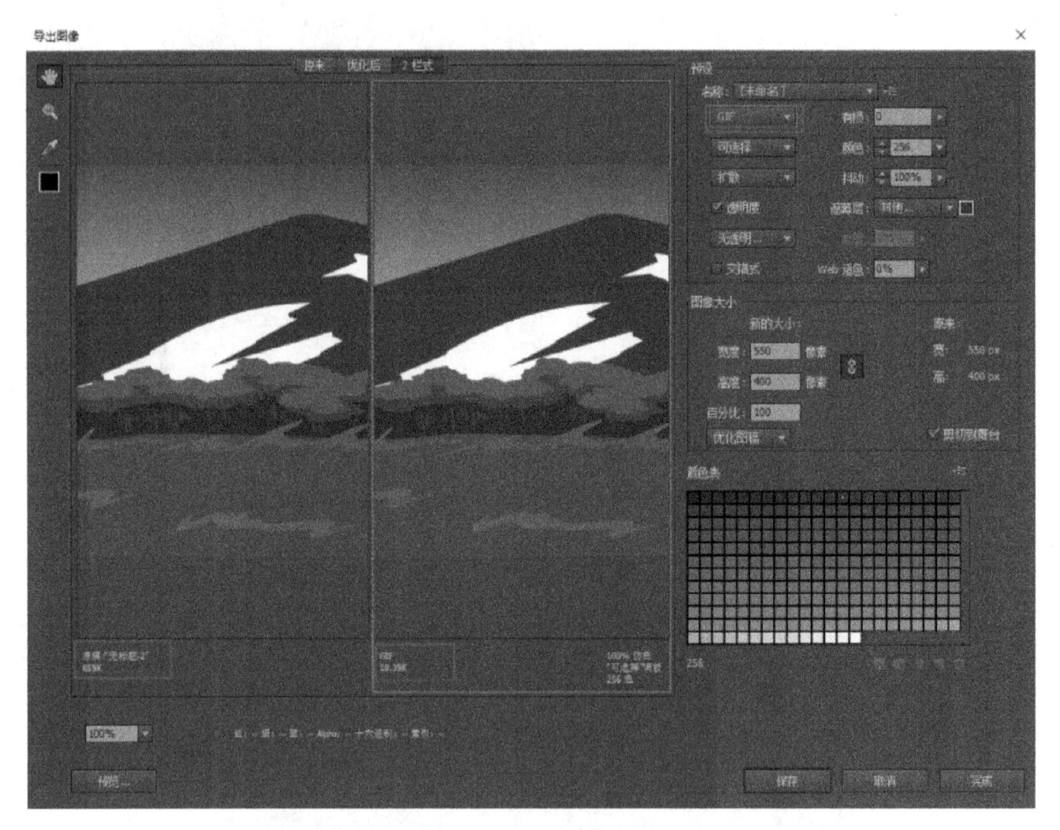

图 11-19　以 GIF 格式优化输出

11.3.2　导出影片文件

导出影片命令允许用户将动画作品导出为影片。执行“文件”>“导出”>“导出影片”命令，弹出“导出影片”对话框，可以从保存类型中选择 SWF 影片(*.swf)、JPEG 序列(*.jpg; *.jpeg)、GIF 序列(*.gif)、PNG 序列(*.png)四种格式，如图 11-20 所示。接下来以导出 JPEG 序列(*.jpg; *.jpeg)为例来介绍应用方法。

将动画作品以 *.jpg 或 *.jpeg 格式输出为序列图像，其中每一帧会输出一帧图像。打开需要导出的动画文件(见图 11-21)，这是一个传统补间动画效果，共有 40 帧。

执行“文件”>“导出”>“导出影片”命令，从保存类型中选择 JPEG 序列(*.jpg; *.jpeg)，弹出如图 11-22 对话框，单击“确定”按钮后动画作品被输出为序列图像，如图 11-23所示。

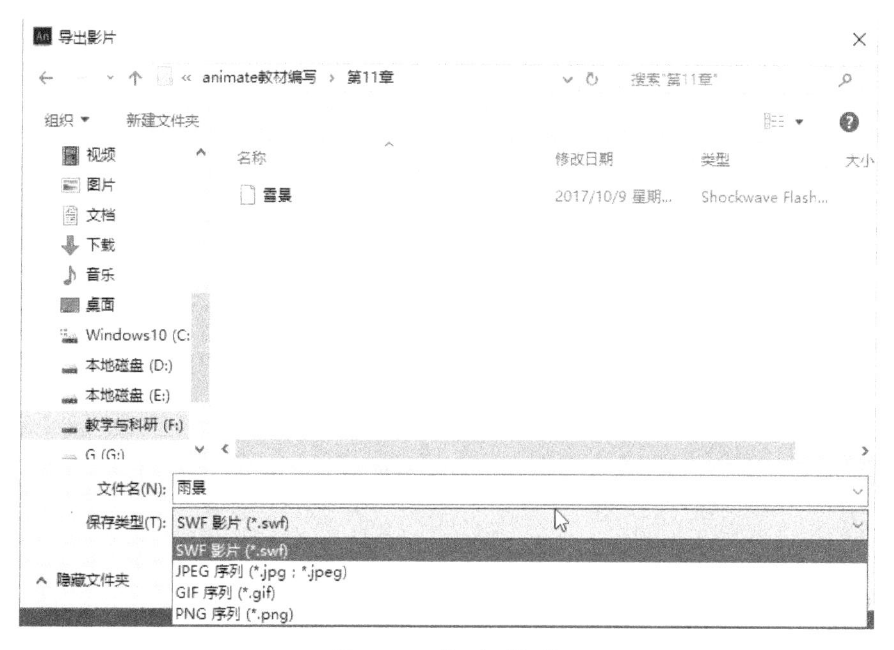

图 11-20　导 出 影 片

图 11-21　需导出为影片的文件

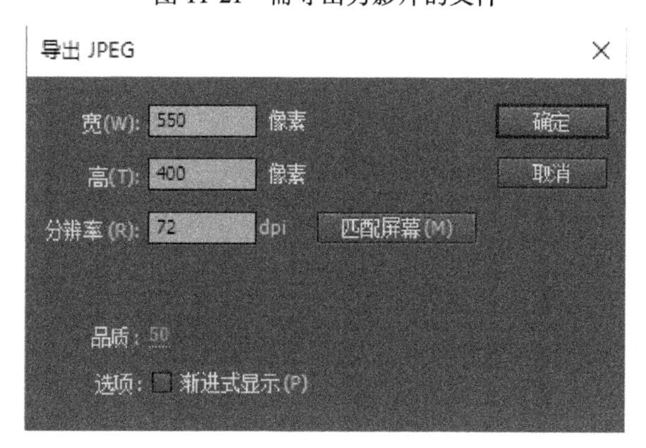

图 11-22　导出 JPEG 序列

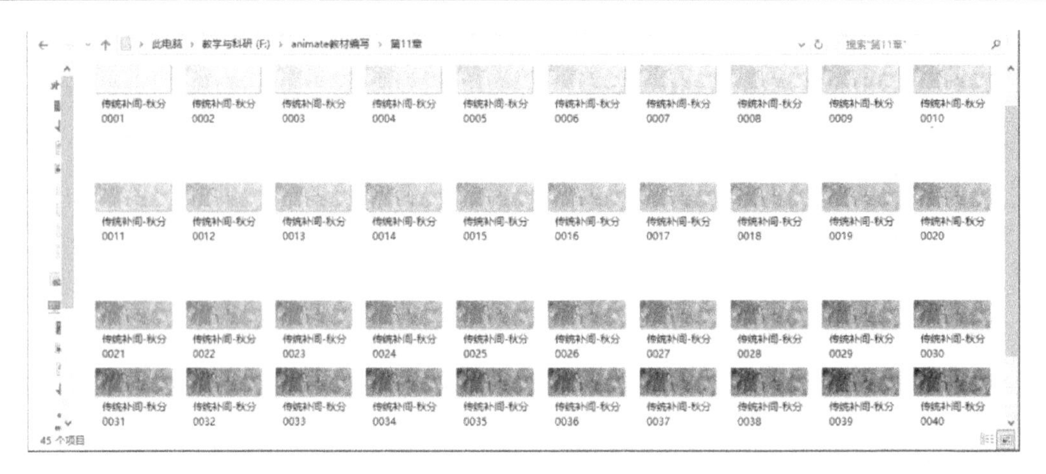

图 11-23　JPEG 图像序列

11.3.3　导出动画文件

执行“文件”>“导出”>“导出动画”命令，将弹出如图 11-24 所示对话框。此对话框与导出图像的对话框类似，主要差别是“导出动画”命令可以将动画作品导出为 GIF 动画。用户可以在对话框中设置 GIF 格式的相关参数，并可在对话框中右下角播放测试动画。此外，在导出 GIF 动画时，可以选择循环方式，包括循环一次和总是循环两种模式。

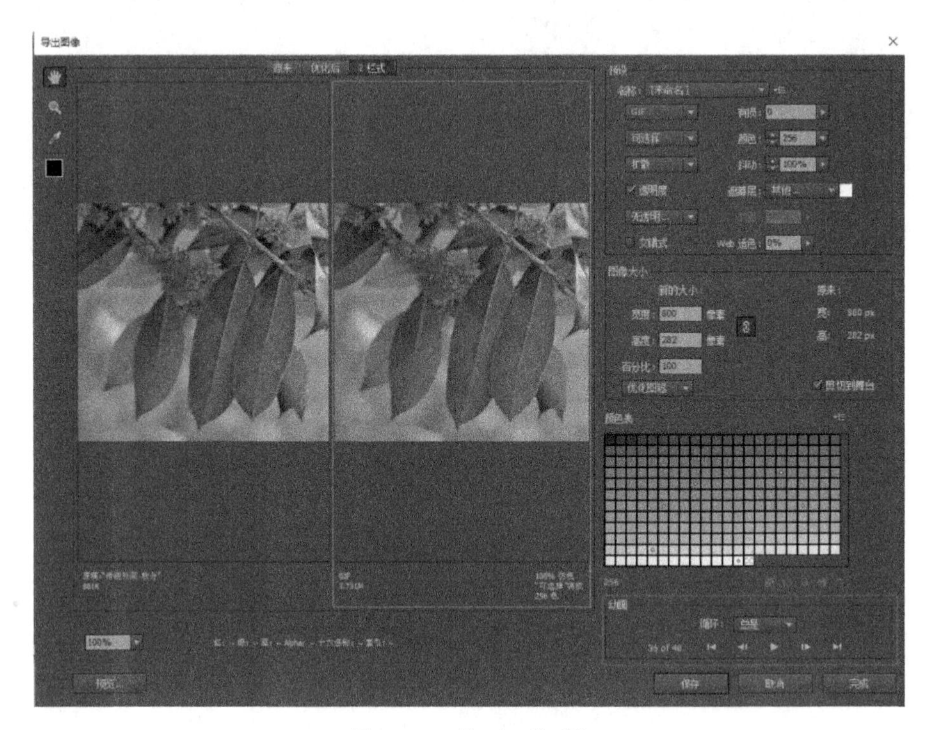

图 11-24　导 出 动 画

11.3.4　导出视频文件

执行“文件”>“导出”>“导出视频”命令，将弹出如图 11-25 所示对话框。可以将动画作品以 MOV 视频格式导出，并可设置视频宽与度、是否要使用透明背景等。此外，用户也可以选择要输出的帧数范围，如果要输出整个动画作品，可以选择“到最后一帧时”选项停止导出，也可以选择“经过此时间后”选项停止导出来控制输出的时间范围。

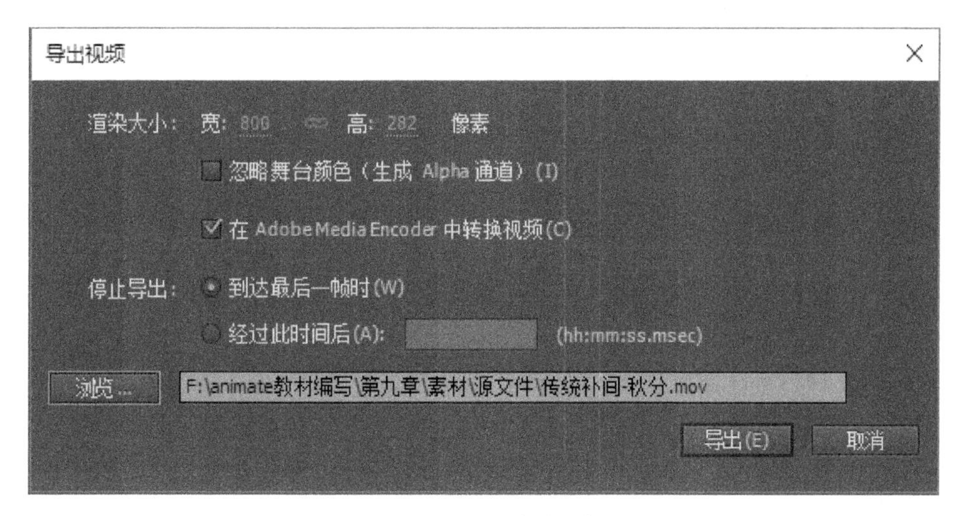

图 11-25　导 出 视 频

11.4　本 章 小 结

本章主要为大家介绍了在 Animate CC 中发布与导出动画作品的方法。在发布作品时不同的动画文件类型，其发布参数、格式不尽相同，所需要的运行环境也不一样，读者可以根据需要选择不同的发布格式。也可以将动画作品导出为静态图像、图像序列、GIF 动画、视频等格式，以适应不同的应用需求。此外，在发布或导出动画时，实际上是对作品进行优化的过程，用户应该合理设置参数，在保证作品质量的前提下，尽量减少文件大小，使其能适合各种运行平台与环境的播放需求。

参 考 文 献

[1]文杰书院 . Flash CC 中文版动画制作基础教程[M]. 北京：清华大学出版社，2016.

[2]刘玉红，侯永岗 . Flash CC 动画制作与设计实战从入门到精通：视频教学版[M]. 北京：清华大学出版社，2017.

[3]贾勇，孟权国 . 完全掌握 Flash CC 白金手册 [M]. 北京：清华大学出版社，2015.

[4]杨世英，杨雪静，胡仁喜，等 . Flash CC 中文版标准实例教程[M]. 北京：机械工业出版社，2016.

[5]朱京京 . “Flash 动作补间动画”一人同课多轮行动研究[D]. 南京：南京师范大学，2014.

[6]朱云 . flash 动画补间动画[J]. 中国多媒体与网络教学学报(电子版)，2017，(04)：96-99.

[7]36 氪. Adobe 将推出 Animate CC HTML 5 创作工具 [EB/OL]. http：//36kr. com/news-flashes/15125.

[8]Adobe 公司 . FLASH，HTML5 AND OPEN WEB STANDARDS [EB/OL]. https：//blogs. adobe. com/conversations/2015/11/flash-html5-and-open-web-standards. html.

[9]谭炜，徐鲜 . Flash CC 中文版基础教程[M]. 北京：人民邮电出版社，2016.

[10]百度百科 . Animate CC [EB/OL]. https：//baike. baidu. com/item/Animate% 20CC/18910580? fr=aladdin

[11]焦建 . Flash CC 中文版动画制作基础教程[M]. 北京：清华大学出版社，2014.

[12]Adobe 公司 . Adobe animate_reference 2016-8 [EB/OL]. https：//helpx. adobe. com/cn/animate/using/whats-new-2015-2. html.

[13]Adobe 公司 . Adobe animate_reference 2016-6 [EB/OL]. https：//helpx. adobe. com/cn/animate/using/whats-new-2015-2. html.

[14]Adobe 公司 . Adobe animate_reference 2017-6 [EB/OL]. https：//helpx. adobe. com/cn/animate/using/whats-new-cc-2016-2017. html

[15]袁敏 . 用微课辅助“动画补间”动画教学——FLASH“动画补间”动画的教学反思及改进[J]. 黑河教育，2015，(09)：71.

[16]刘小林，钱博弘，刘荃 . 动画概论 [M]. 武汉：武汉理工大学出版社，2017.

[17]聂竹明，吴钦金，袁婷婷 . 动画设计与制作[M] . 北京：电子工业出版社，2016.

[18]李静 . 基于计算思维的 Flash 教学设计[D]. 西安：陕西师范大学，2015.

[19]赵志靖，周静 . Flash 遮罩动画教学设计[J]. 中国现代教育装备，2009，(17)：28-30.

[20]齐静．Flash 中的遮罩动画技术探究[J]．数字技术与应用，2014，(10)：197.
[21]戴海源．基于 Flex 技术的远程虚拟物理实验教学系统的研究[D]．上海：华东师范大学，2010.
[22]孙玉灵．群体动画虚拟环境建模与路径规划方法研究[D]．济南：山东师范大学，2012.
[23]王超琦．浅谈静帧动画的优势与缺点[D]．武汉：湖北美术学院，2017.
[24]刘华星，杨庚．HTML5——下一代 Web 开发标准研究[J]．计算机技术与发展，2011，21(08)：54-58+62.
[25]黄永慧，陈程凯．HTML5 在移动应用开发上的应用前景[J]．计算机技术与发展，2013，23(07)：207-210.
[26]刘爱华，韩勇，张小垒，陈戈．基于 WebGL 技术的网络三维可视化研究与实现[J]．地理空间信息，2012，10(05)：79-81+7.
[27]龚旭超．基于 WebGL 的交互绘制应用研究[D]．杭州：浙江大学，2015.